2016年教育部人文社科重点研究基地重大项目
"社会主义核心价值观社会认同伦理研究"（16JJD720016）最终成果之一
项目负责人 江 畅

国家出版基金项目
NATIONAL PUBLICATION FOUNDATION

当代中国社会道德理论与实践研究丛书·第二辑

主编 吴付来

道德认同与价值认同：核心价值观的社会伦理认同研究

徐瑾　江畅　著

Moral Identification and Axiological Identification: A Study on Social Ethical Identification of Core Values

中国人民大学出版社
·北京·

总　序

　　党的十八大以来，党和国家高度重视思想道德建设，高度重视哲学社会科学繁荣发展，要求哲学社会科学工作者立时代潮头、发思想先声，积极为党和人民述学立论、建言献策。加强伦理学基础理论研究，推动思想道德建设，培育社会主义核心价值观是伦理学者不可推卸的责任。为此，中国人民大学出版社于2015年7月着手启动了"当代中国社会道德理论与实践研究丛书"第一辑，于2017年获得国家出版基金资助，10种图书于2019年3月出齐，产生了良好的社会反响。

　　第一辑立项实施以来，党和国家更加强调加快构建中国特色哲学社会科学，强调树立反映现实、观照现实的学风，加强全社会的思想道德建设的要求也更加迫切。为了进一步推动伦理学研究，激发人们形成善良的道德意愿、道德情感，培育道德责任感，提高道德判断和选择能力尤其是自觉践行能力，我们启动了"当代中国社会道德理论与实践研究丛书"第二辑的遴选出版工作。第二辑的基本思路是，在梳理新中国伦理学发展历程的基础上，从经济伦理、法伦理、生命伦理、政治伦理以及思想道德建设等领域，对当代中国社会最关切的伦理道德的理论与实践问题进行深入的研究和探讨，旨在发现新时代伦理道德领域出现的新问题，回应新挑战，推动国内伦理学的研究和社会道德的进步。

　　首先，本丛书以原创学术研究为根基，致力于推动伦理学的研究和发展，推动哲学社会科学的发展，建构中国自主的知识体系。2022年习近平总书记在中国人民大学考察时强调，"加快构建中国特色哲学社会科学，归根结底是建构中国自主的知识体系。要以中国为观照、以时代为观照，立足中国实际，解决中国问题，不断推动中华优秀传统文化创造性转化、创新性发展，不断推进知识创新、理论创新、方法创新，使中国特色哲学社会科学真正屹立于世界学术之林"。伦理学作为与人类道德生活、道德活动、道德发展密切相关的哲学二级学科，需要跟上时代的步伐，更好地发挥作用。人类社会每一次重大跃进，人类文明每一次重大发展，都离不开哲学社会科学的知识变革和思想引导所产生的影响。当代中国的社会主义道德实践也必定离不开伦理学的思想引导作用，本丛书的出版必将推进伦理学的研究和发展，推动中国自主的知识体系的建构。

其次，本丛书致力于倡导反映现实、观照现实的学术风气。2019 年 3 月习近平总书记在参加全国政协第十三届二次会议文化艺术界、社会科学界委员联组会时指出，学术研究应该反映现实、观照现实，应该有利于解决现实问题、回答现实课题。"哲学社会科学研究要立足中国特色社会主义伟大实践，提出具有自主性、独创性的理论观点，构建中国特色学科体系、学术体系、话语体系。"本丛书正是将理论与实践相结合，分析当前中国社会的道德状况和主要问题，力图用马克思主义理论指导下的伦理学基本原理解决社会现实的道德建设问题。本丛书的集中推出必将有利于倡导反映现实、观照现实的学术风气。

再次，本丛书的出版有利于加强社会主义道德建设。党和国家历来重视道德建设。2019 年习近平总书记在纪念五四运动 100 周年大会上的讲话中指出："人无德不立，品德是为人之本。止于至善，是中华民族始终不变的人格追求。我们要建设的社会主义现代化强国，不仅要在物质上强，更要在精神上强。精神上强，才是更持久、更深沉、更有力量的。"党的二十大报告也强调，要"实施公民道德建设工程，弘扬中华传统美德，加强家庭家教家风建设，加强和改进未成年人思想道德建设，推动明大德、守公德、严私德，提高人民道德水准和文明素养"。本丛书以道德实践和道德建设中的鲜活素材推动道德理论的发展，又以道德理论的成果指导道德实践和道德建设，有利于加强社会主义道德建设，能够为有关决策提供学理支持。

最后，本丛书致力于弘扬社会主义核心价值观，助推实现中华民族伟大复兴的中国梦。2014 年 5 月习近平总书记与北京大学师生座谈时指出："核心价值观，其实就是一种德，既是个人的德，也是一种大德，就是国家的德、社会的德。"道德建设是培育社会主义核心价值观的重要实践载体，本丛书关注当代中国伦理道德的理论研究和实践方式的创新，积极探索道德建设的新形式、新途径、新方法，有利于弘扬社会主义核心价值观，为实现中华民族伟大复兴的中国梦提供强大精神力量和有力道德支撑。

本丛书是在加强社会主义道德建设、推动哲学社会科学发展、建构中国自主的知识体系的宏观背景下编撰的，对于推动中国伦理学发展，倡导反映现实、观照现实的学术风气，加强社会主义道德建设，弘扬社会主义核心价值观，实现中华民族伟大复兴的中国梦具有重要意义。

本丛书得到了中国人民大学伦理学与道德建设研究中心的学术支持，得到了国家出版基金的资助，中国人民大学出版社人文出版分社的编辑为本丛书的出版付出了艰辛的努力，在此一并致谢。书中难免存在疏漏，恳请学界同仁批评指正。期待本丛书作者和编辑的辛勤努力能够得到广大读者的认可与回应。

吴付来

2023 年 2 月 8 日

前　言

　　2012 年 11 月，党的十八大正式提出了社会主义核心价值观，"倡导富强、民主、文明、和谐，倡导自由、平等、公正、法治，倡导爱国、敬业、诚信、友善，积极培育和践行社会主义核心价值观"①。"三个倡导"分别从国家层面、社会层面和个人层面高度提炼和概括了社会主义核心价值观的基本内容。社会主义核心价值观是当代中国的主流价值观，也是全体公民应当信守奉行的行为准则。不过，尽管近年来核心价值观的社会认同度日益提高，在群众中的影响力不断提升，但是面临日趋复杂的国内外形势，对于核心价值观实现广泛、彻底、持久的社会认同，我们仍然有很多工作要做。核心价值观的社会认同关涉两个维度：一个是空间维度，即在全社会乃至国际上得到广泛、彻底的认同；一个是时间维度，即在当下和未来实现持久的认同。核心价值观在空间和时间上都得到深刻的社会认同，这显然是一个"开万世之太平"的长期战略，也是一个值得研究的重大课题。

　　从人类发展的历史来看，中西方都有主流价值观实现广泛持久的社会认同的实例：在传统中国，儒家价值观就曾经盛行千年；从文艺复兴之后，西方近现代价值观一直延续至今；中国近代以来，马克思主义价值观在社会上实现了广泛认同。这些都值得我们学习借鉴，从而为社会主义核

---

　　① 胡锦涛. 坚定不移沿着中国特色社会主义道路前进　为全面建成小康社会而奋斗：在中国共产党第十八次全国代表大会上的报告. 北京：人民出版社，2012：31－32.

心价值观的社会认同服务。分析中西方历史上存在的这些主流价值观，我们发现，这些主流价值观之所以能够实现广泛持久的社会认同，其中一个重要原因是其蕴含的伦理道德因素。这既是历史发展的客观选择，同时也是这些主流价值观内在逻辑的必然结果。

在维系人类社会安定的两种主要手段中，法治的价值要求是让全体公民在社会交往和公共生活中遵循基本的行为准则。法治的价值目标定位在底线要求上，对于每个人而言，遵纪守法都是做人的最低要求。"法律只能提供社会稳定的最低条件，可以但不能最终解决社会公正、社会正义的问题，不能维系世道人心，尤其不能使人安身立命。"① 如果说，法律是做人的底线，那么道德就是做人的上限，是更高的规范和要求，具有更高的价值位次。道德的命令在价值判断上显示为"应该"，道德是崇高的、至善的、完满的，具有理想性。法治惩处违法乱纪，无论多么及时有效，违法乱纪毕竟已经发生了，所以法治的效力往往有一定滞后性。与此不同，德治的着力点在于事先的动机，换言之，德治重在教化，重在范导。德治的优势在于它自始至终都着眼于价值引导和灵魂净化。德治的重心不在于事后惩处，而在于事先感化。道德的感化之功在于，从内心深处着手，使人养成羞耻之心、责任之心和道德义务感，从而从动机上彻底使人远离违法犯罪。因此，我们认为，在维系人类社会发展的法律、道德、经济、政治、文化等重要因素中，道德起着基础性的作用。一种价值观能不能被社会认同，能不能促进社会发展，往往与这种价值观所蕴含的道德因素息息相关。

既然社会主义核心价值观本身具有天然的真理性和先进性，那么将其道德化就一定可以得到空间和时间两个维度的社会认可。基于这个目的，核心价值观可以转化为道德理论、道德观念、道德规范、道德人格，这便是本书写作的框架。以核心价值观为主导，构建一套完整的道德理论，确立正确的善恶观、是非观、美丑观、义利观，完善公共道德规范、家庭道德规范、职业道德规范，并对人们的行为做出明确指导，只有这样，才能让核心价值观道德化的作用充分发挥出来。

---

① 郭齐勇. 守先待后：文化与人生随笔. 北京：北京师范大学出版社，2011：55.

在当前实现"中国梦"，建设社会主义文化强国的过程中，社会主义核心价值观实现广泛、彻底、持久的社会认同是一项重要工作。从人类社会的发展历史来看，道德对于社会的安定和谐具有非常重要的作用。核心价值观如果能够转化为伦理道德，将极大有利于其社会认同的实现。将价值认同转化为道德认同，实际上是核心价值观道德化的过程。具体而言，首先必须予以理论上的系统建构，这便是本书第一部分"理论篇"所要解决的问题；其次必须对人类历史上实现广泛、彻底、持久的社会认同的各类价值观予以考量，以获得有益借鉴，这便是本书第二部分"经验篇"所要解决的问题。

就理论构建而言，核心价值观要想以伦理道德的方式实现社会认同，就必须做好四项工作，即将核心价值观转化为道德理论、道德观念、道德规范、道德人格。核心价值观转化为道德理论，实际上论证的是核心价值观道德化的可行性。在这个道德化的具体实施过程中，核心价值观应当转化为道德观念，即由核心价值观形成正确的善恶观、是非观、美丑观、义利观，反对道德相对主义、警惕"四个主义"（个人主义、分散主义、自由主义、本位主义）不正之风的蔓延，反对"三俗"（庸俗、低俗、媚俗）之风，反对一切形式的拜金主义等。核心价值观应当转化为道德规范，即由核心价值观形成普遍认同的公共道德规范、家庭道德规范、职业道德规范，反对导致公德失范的利己主义，反对破坏家庭的西方"性自由"等腐朽思想，反对并严厉整治"职业腐败"等。核心价值观应当转化为道德人格，即由核心价值观形成崇高的理想信念、人格品质以及正确的行为准则。

就经验借鉴而言，儒家价值观在中国传统社会长期占据主流地位，这种广泛社会认同的实现具有深刻的历史必然性和逻辑必然性。核心价值观可以借鉴的主要内容包括：对非主流文化的包容与引领，正如儒家价值观对道教、佛教以及其他思想所做的那样；要认识到实现普遍的社会认同是一个长年累月的历史进程，正如儒家价值观所经历的起伏波折那样。

发端于近代西方的价值观时至今日仍然有着广泛影响，其给予我们的启示是：正如西方近现代价值观对公民正当权益的维护那样，核心价值观实现社会认同必须落脚于人民的幸福；但同时，我们也要对西方近现代价值观进行辩证看待和批判分析，要走中国特色的社会主义道路。

近代以来，马克思主义价值观在中国社会实现了广泛的社会认同，之所以如此，是因为先进性是马克思主义价值观的理论品格，而且其实现社会认同的现实基础是走了一条中国化的道路。因此，核心价值观对马克思主义价值观实现社会认同的学习借鉴就体现为两方面，即核心价值观实现社会认同必须始终保持先进性，必须始终与中国具体实际相结合。

概而言之，从伦理道德的角度而言，我国社会主义核心价值观具有实现普遍社会认同的理论与实践优势，核心价值观的道德化有益于其广泛、彻底、持久的社会认同的实现。而且从构建适应新时代的社会主义新道德规范来说，也亟须以核心价值观为主导构建道德体系，在扬弃传统道德文化和借鉴、超越西方道德文化的基础上，实现核心价值观道德化，为价值观或道德观实现广泛社会认同打下坚实根基。

目　录

第一部分　理论篇

第二部分　经验篇

第一部分　理论篇

第一章　核心价值观转化为道德理论

社会主义核心价值观（以下简称"核心价值观"）建设的根本任务之一，是要使其得到全社会的广泛、彻底、持久的认同。核心价值观的社会认同关涉两个维度：一个是空间维度，即在全社会乃至国际上得到广泛、彻底的认同；一个是时间维度，即在当下和未来实现持久的认同。

习近平总书记在中央政治局第十三次集体学习时强调："要切实把社会主义核心价值观贯穿于社会生活方方面面。要通过教育引导、舆论宣传、文化熏陶、实践养成、制度保障等，使社会主义核心价值观内化为人们的精神追求，外化为人们的自觉行动。"① 使核心价值观内化为精神追求和外化为自觉行动的前提是核心价值观得到了贯彻，而这个问题就其根本性质而言不仅是一个价值问题，而且是一个道德问题，需要从伦理的角度重点关注。

目前国内学界有诸多成果涉及核心价值观的社会认同问题研究，但比较多的是从马克思主义理论、思想政治教育等角度进行研究，而从伦理学的角度研究核心价值观的道德化并通过其道德化使之得到社会认同的成果尚不多见。实际上，从伦理角度研究核心价值观的社会认同问题，不仅是指伦理学要研究这一问题，而且是指包括伦理学在内的相关学科（如马克思主义理论、政治学、社会学、心理学、教育学等）要从伦理的、道德的角度去研究，从而协同解决如何使核心价值观"内化"

---

① 习近平. 习近平谈治国理政. 北京：外文出版社，2014：164.

和"外化"的问题。①

一、核心价值观道德化的必要性和可行性

核心价值观作为一种价值体系，具有自身的科学性和合理性，在全社会有着日趋增大的影响，如果能够和道德实践紧密结合，那么对于其社会认可度的提升将有更大帮助。价值与道德并非两个毫不相关的范畴，而是有着一定内在联系的范畴。我们认为，从人类文明发展的角度来说，文明是最大的范畴；而在文明这个大范畴中，文化是其中重要的核心要素；而在文化这个大范畴中，价值是其中重要的核心要素；而在价值这个大范畴中，道德是其中重要的核心要素。纵观古今中外历史，道德都是影响人们价值观的形成，推动文化、文明发展，维系社会安定和谐的重要手段。因此，核心价值观道德化本身具有必要性和可行性。

（一）核心价值观实现社会认同的直接和间接方式

核心价值观在当代社会中产生了越来越大的影响，这种影响一般有直接和间接两种方式。使核心价值观得到社会认同有多种途径，如学习、宣传、教育等。这些途径的主要特点是"直接影响"，即通过这种途径使社会成员（包括个人、各种组织、党政机关等）直接接触核心价值观，或者使核心价值观直接对社会成员产生影响。必须承认，通过"直接影响"可以使社会成员认识到价值观的重要性，直接了解和掌握核心价值观的内容和精神实质，因而不能忽视这种"直接影响"。但这些途径的局限也是明显的。其局限主要在于，社会成员对核心价值观想不想了解、想不想掌握、想了解和掌握到什么程度，完全取决于个人意愿和兴趣，很难解决"真学真用"的问题，对于那些不想"真学"的人无法加以有效约束。在这种情况下，核心价值观难以在短时间内得到社会公众的普遍信奉和认

① 江畅，陶涛. 应重视核心价值观社会认同的伦理研究. 华中科技大学学报（社会科学版），2018（3）：7.

同，较难影响人们的日常生活。因此，核心价值观的社会认同仅靠"直接影响"还不够，还需要将核心价值观的精神和要求转化为法律、制度、政策、道德等。在现代社会，法律、制度、政策和道德是社会的主要控制机制，对人们生活的各个方面都有直接而深刻的影响，当核心价值观融入这些社会控制机制时，人们就会在不知不觉中感知核心价值观，进而逐渐对核心价值观产生认同感。通过使核心价值观融入社会控制机制来影响人们的日常生活，是一种不同于"直接影响"的"间接影响"。

在培育和践行核心价值观方面，我们一直非常重视"直接影响"，不过近年来"间接影响"也逐渐受到关注。正如习近平总书记所强调的，要发挥政策导向作用，使经济、政治、文化、社会等方方面面政策都有利于社会主义核心价值观的培育。要用法律来推动核心价值观建设。中共中央办公厅、国务院办公厅印发的《关于进一步把社会主义核心价值观融入法治建设的指导意见》，要求运用法律法规和公共政策向社会传递正确价值取向，把核心价值观融入法治建设。党的十九大也提出，要"把社会主义核心价值观融入社会发展各方面，转化为人们的情感认同和行为习惯"。但是，总体上看，对"间接影响"的重视尚且不够，还没有将核心价值观融入整个国家治理过程，应从国家治理的方方面面入手使核心价值观对整个社会生活产生影响。这种影响虽然是间接的，但它的影响力要比"直接影响"广泛且深刻。我们已经开始重视让核心价值观融入法治过程，但对于让它融入制度、政策、道德乃至整个国家治理的各方面和全过程还缺乏明确的要求。因此，如何将核心价值观融入国家治理过程，使之在法律、制度、政策、道德等方面都得到充分体现，是当前我国核心价值观建设面临的主要任务，也是使核心价值观得到深度社会认同的主要路径。党的十九大进一步强调，要推进国家治理体系和治理能力现代化，国家治理现代化有许多工作要做，一个根本任务是加快核心价值观真正融入国家治理体系和整个活动过程的进程。实现了这种融入，核心价值观的社会认同才会有坚实保障。

法律、制度、政策和道德是现代社会的四种主要控制机制（广义上也可以说是两种主要机制，即法律和道德），它们可以对核心价值观的社会认同发挥不同的作用，其中道德具有其他控制机制所不具有的独特优势。

道德在人们的个人生活和社会生活中无所不及，它不仅浸润社会生活，也浸润个人生活，能对人的心灵产生深刻影响。道德不仅是社会规范体系，也是社会导向体系，它既能规范人们的行为，同时也能引导人们追求远大理想，提升人生境界。因此，将核心价值观转化为道德或使之道德化（指使核心价值观转化为人们的道德观，使其精神和要求内化），能够使核心价值观转化为人们的理想、信念、品质、准则和追求，能够使人们更加自觉地遵循体现核心价值观的法律、制度、政策等社会规范的要求。当一个人自觉践行道德要求，提升德性品质，追求人生理想的时候，他就是在将核心价值观内化于心，外显于行。虽然现代道德不具有明显的强制性，但有多种手段促使人们自觉地遵循社会规范并追求社会理想，这些手段包括社会舆论、风俗习惯、道德教育、道德修养以及良心等。道德正是通过这些手段规范并引导人们成为有道德的人，而当道德体现了核心价值观的精神和要求时，道德的这些手段在使人成为道德之人的同时，也在促使人们培育核心价值观，使人成为核心价值观的信奉者和践行者。由此看来，使核心价值观道德化是使核心价值观得到社会认同的必由之路，对核心价值观的培育和践行具有不可替代的重要作用。①

（二）核心价值观的道德化要求及其可行性

经过改革开放四十多年的发展，在当代市场经济条件下，传统道德观念已经很难适应新时代的要求。因此，构建有中国特色的社会主义道德体系是当务之急。构建社会道德体系的关键是要有正确的理论定位，这就是要以社会主义核心价值观为指引和构建基础。换言之，核心价值观的道德化要求不仅是核心价值观实现社会认同的需要，也是构建新时期道德体系的需要。

自市场经济兴起以来，在利益最大化原则的冲击下，也由于价值多元化的消极影响，我国出现了道德在社会生活中隐退，甚至被边缘化的问题。人们对于赚钱、发财津津乐道，而把道德看作"高大上"的东西而束

---

① 关于这几种社会控制机制对于核心价值观社会认同作用的优势和局限，可参阅江畅，周海春，徐瑾，等. 当代中国主流价值文化及其构建. 北京：科学出版社，2017：300－346。

之高阁，敬而远之，道德甚至成了一些人调侃、嘲笑的对象。所有这些问题都是社会生活被市场法则严重浸染或侵蚀的表现。在这种情况下，即使核心价值观转化成了道德，要确立其应有的权威，使其进入人们的生活和心灵，从而得到广泛认同，真正实现大众化，仍然是需要从理论和实践上加以解决的重大问题。

我国现行的道德体系源自革命战争年代的革命道德，而完整的社会道德体系则形成于新中国成立之后。它是在继承革命道德的基础上适应社会主义计划经济体制的需要构建起来的道德体系。这种道德体系对计划经济体制以至于整个社会生活秩序起到了重要的保障和维护作用，对于那个时期我国人民的道德品质和人格形成也发挥过积极作用。然而，改革开放之后，特别是实行市场经济体制以来，由经济体制和其他社会体制逐渐深化的改革带来的深刻社会变化，以及外域价值观和道德观的广泛影响，使过去基于计划经济形成的道德体系及其功能出现了逐渐弱化的趋势。因此，原有道德体系的与时俱进成为应有之义。按照历史唯物主义的观点，作为社会意识形态的道德，其基础是社会经济关系，它在反映经济关系的同时又要反作用于经济关系。当经济关系发生重大变化时，道德也必须做出相应的改变，否则它就可能丧失对于经济关系和社会生活的积极作用。恩格斯曾指出："人们自觉地或不自觉地，归根到底总是从他们阶级地位所依据的实际关系中——从他们进行生产和交换的经济关系中，获得自己的伦理观念。"[①] 经过四十多年的改革开放，我国公众的道德观念和行为准则事实上已经发生了巨大变化，而且还正处于深刻变化的过程中。然而，我国占主导地位的道德观念和道德体系并没有多少变化，很难适应我国社会体制和社会生活的深刻变化。因此，更新道德观念，构建与当代中国现实相适应的道德体系势在必行，刻不容缓。

习近平总书记指出："核心价值观是文化软实力的灵魂、文化软实力建设的重点。这是决定文化性质和方向的最深层次要素。一个国家的文化软实力，从根本上说，取决于其核心价值观的生命力、凝聚力、感召力。"[②]

---

① 马克思恩格斯文集：第 9 卷．北京：人民出版社，2009：99.
② 习近平．习近平谈治国理政．北京：外文出版社，2014：163.

习近平总书记为我国当代道德体系建构指明了方向，我们所要构建的道德体系必须贯彻和体现核心价值观的精神和要求，它应是社会主义核心价值体系的有机组成部分，从本质上来说，就是核心价值观的道德化。

我国实行的体制改革是社会主义制度的自我完善。因此，今天构建与核心价值观相一致的道德体系不是要将现行的道德体系推倒重建，而是必须坚持现行道德体系的社会主义性质。但是，"构建当代中国道德体系不是我们通常所说的'加强建设'，而是要以更新和调整为前提的"①。就是说，当前我国构建当代中国道德体系并不是要推翻新中国建立以来一直占主导地位的道德体系，而是要在中国特色社会主义新时代，将核心价值观的精神和要求融入社会道德生活，并对现行道德体系进行必要更新和调整，把核心价值观的精神和要求贯彻于整个道德体系和道德生活，使社会道德体系构建与核心价值观建设相统一、相一致。这样构建起来的道德体系才能与我国主要矛盾的新变化相适应，才能为满足人民日益增长的美好生活需要提供道德资源和道义支持。

二、核心价值观道德化的目标和基本任务

核心价值观道德化的主要目标是构建新时代的道德体系，其具体任务包括以核心价值观为基础形成正确的善恶观、是非观、美丑观、义利观等道德观念，并对各类人群加以教育，从伦理道德的角度推动核心价值观得到普遍社会认同。

（一）核心价值观道德化的目标

如何使核心价值观道德化，特别是如何重建道德的权威性，使道德深入社会生活和人们心灵，从而通过道德的途径实现核心价值观的社会认同，这是核心价值观伦理研究所要解决的核心问题。其意义在于，通过研

---

① 江畅，范蓉. 论当代中国道德体系的构建. 湖北大学学报（哲学社会科学版），2015（1）：7.

究如何使核心价值观道德化从而使之深入人们的内心，从伦理的角度回答核心价值观社会认同的问题，为党和政府培育、弘扬与践行核心价值观提供智力支持和理论依据。

在当前情况下，研究解决这一问题，必须以两类人群为重点进行宣贯。一类是党员干部，他们是践行核心价值观的示范者和引领者。这同时也是对党员干部的严格要求。因为党员干部是社会的主要管理者，他们的一举一动为公众所关注，对社会风气的好坏有着直接影响，因此党员干部的核心价值观教育和实践是重点。从传统文化的角度来说，党员干部的核心价值观培养实际上就是"官德"的培养，官德兴则民德兴，官德衰则民德衰。要想整个社会都形成良好的道德风尚，发挥党员干部的先锋模范作用是关键。"君子之德风，小人之德草，草上之风必偃"（《论语·颜渊》）。如果每个党员干部都具有良好的品德，身处高位而廉洁自律，官居要职而心怀百姓，社会的道德风尚自然变得良善，核心价值观自然入脑入心。

另一类是社会精英人群（主要包括政界精英、商界精英和学界精英），精英人群是一个客观的说法，与地位高低无关。精英人群有的是党员干部，有的则不是，他们往往具有较大的社会影响，更能影响普通民众，当然也能影响政府的有关战略或策略的制定与实行。总的来说，精英人群由于其在经济、政治、文化等方面所处的地位，使得他们在民众中有着较大影响，因此他们的道德品质好坏直接影响到整个社会的道德风尚。最后，虽然我们重视对党员干部和精英人群的宣贯培养，但是最终落脚点仍旧是要加强对广大人民群众的宣传教育。在当代中国，人民群众不再处于"民可使由之，不可使知之"（《论语·泰伯》）的环境中，而是有着自己的思想和偏好，因此，核心价值观道德化要通过各种手段（包括党员干部、精英人群的表率作用）扩大在人民群众中的影响。

具体来说，核心价值观的社会认同需要着重从三个方面，研究并回答核心价值观如何通过道德化的途径深入人心的问题。

一是构建体现核心价值观同时与当代中国传统和现实以及世界文明相对接的理论道德体系的问题，即核心价值观的道德理论化问题。以核心价值观为基础构建新时期道德规范，所面临的第一个挑战是与中华传统道德的关系问题，中华传统道德是中国人民族性的重要体现，时至今日仍有着重大影响，核心价值观只有解决好了与传统道德观的关系问题才能为民众所深入了解和接受。其所面临的第二个挑战是与世界（主要是西方）道德规范的对接问题，这也有关我国的国际话语权问题，因为在当今世界，西方价值观及其道德观仍占据主导地位。如何在批判看待、借鉴西方价值观和道德观的基础上提升我国道德观的国际认可度，是关涉核心价值观获得更广泛认同的重要问题。

二是这种理论的道德体系现实化为得到社会公认的社会实际道德体系的问题。这实际上需要解决的是，以核心价值观为根基构建了道德体系之后，如何将这种道德体系通过人民群众的接受和实践，成为现实化的道德规范的问题。

三是这种得到公认的道德体系的要求内化为社会成员的观念并外化为其行为的问题。人民群众逐步接受了道德体系，但要养成一种良好品德，仍需要较长时间的实践，还要经受各种境遇下的挑战（如市场经济的逐利动机与道德规范的冲突等）。于国家而言，这显然是一个需要持之以恒的长期战略；于个人而言，这也是一个需要较长时间才能达到知行合一的过程。

有针对性地研究并回答核心价值观如何道德化，并通过其道德化使核心价值观得到社会普遍认同的问题，就是核心价值观社会认同伦理研究的目标。为了实现这一总体目标，还必须针对核心价值观社会认同和道德化方面存在的障碍和阻力，具体研究并回答如何使核心价值观转化为人们的善恶观念、道德品质、道德情感，并落实到道德行为上等问题。研究和回答这些问题就是核心价值观伦理研究的具体目标。实现这些目标的宗旨，是研究并回答如何使核心价值观的社会认同不只是停留在认知层面，还要贯彻到人们的知、情、意、行等各个方面，使之成为人们坚定不移的信念这一深层次的问题，从而在理论上解决核心价值观真正的、充分意义上的社会认同问题，为党和政府的核心价值观构建提供理论依据和智力支持。

（二）核心价值观道德化的基本任务

为了实现上述目标，核心价值观社会认同的伦理研究首先需要客观评价其社会认同的现状。如果我们承认核心价值观道德化是核心价值观得到普遍社会认同的根本途径，那么，我们必须了解党的十八大提出培育和践行核心价值观以来，核心价值观在社会公众道德化方面达到了多深的程度、多大的范围。这项工作只能通过社会调查研究来完成。这种社会调查主要包括问卷调查、座谈访谈、典型个案考察。在社会调查的基础上进行数据分析处理，并根据数据研究目前核心价值观道德化的程度和范围以及存在的主要问题，特别是要重点调查研究核心价值观社会认同与道德化面临的阻力和障碍是什么、来自何方以及如何克服等问题。通过调查研究，准确把握核心价值观社会认同、核心价值观道德化的现状和问题，以及道德在社会中的地位及面临的挑战，剖析核心价值观社会认同与道德化面临阻力和障碍的原因，形成对核心价值观社会认同与道德化状况的清醒认识和正确估计。这种调查不是一次性的，而是定期持续进行的，不仅需要进行全国范围的调查研究，还需要进行专题的、重点的、局部的调查研究。通过持续的、全方位的跟踪调查研究，掌握人们对核心价值观社会认同与道德化认知情况的变化，针对变化提出动态的对策。

在调查研究的基础上，还需要完成的主要任务涉及四个方面。

第一，研究根据核心价值观构建与之相适应的道德体系，运用所构建的道德体系推进核心价值观的社会认同问题。核心价值观提出之后，我们就面临着两个问题：一是如何根据核心价值观的精神和要求构建道德体系的问题；二是如何使所构建的道德体系得到社会认同的问题。

社会道德体系一般可划分为道德标准体系和道德控制体系两种。道德标准体系由道德规范和道德理想构成。道德规范是判断人们道德不道德的标准，包括判断行为正当不正当、品质是不是高尚的、情感是善的还是恶的，乃至一个人是好人还是坏人的标准；道德理想则是判断一个人道德水平高低、一个人高尚与否的标准。道德控制体系由保证人们按道德规范行事，引导人们追求道德理想、完善道德人格的各种具有道德约束力的措施构成。

与此相应，构建体现核心价值观精神和要求的道德体系也应包括构建体现核心价值观的道德标准体系和道德控制体系两方面的基本任务。构建体现核心价值观精神和要求的道德标准体系，就是要构建体现核心价值观精神和要求的一般道德原则、基本道德规范、不同生活领域的道德要求以及道德人格理想和道德社会理想，其中一般道德原则体现了整个道德要求的基本价值取向。构建体现核心价值观精神和要求的道德控制体系，就是要营造体现核心价值观精神和要求的社会舆论氛围，将核心价值观贯穿到学校德育教学和各种非教学性的德育活动中，贯穿到选人用人的道德水平考核机制，以及社会的扬善抑恶机制中。其中特别是要针对我国实际情况研究并回答如何打造学校、家庭、社区、社会和网络"五位一体"的道德教育模式，如何建立使精英人群认同核心价值观的约束机制，以及如何杜绝网络媒体的唯利是图等严重违背核心价值观的突出问题。这方面的研究对于核心价值观伦理认同研究来说是纲领性的，而且规定着其他子课题研究的方向和任务。

第二，研究核心价值观内化为人们的道德价值观特别是善恶观，通过道德价值观体现核心价值观的问题。核心价值观道德化的首要内容和任务就是根据核心价值观确立社会的善恶观，为公众将这种善恶观内化为自己的善恶观指明路径和方法。体现核心价值观的道德观不同于其他任何道德观，它是体现核心价值观精神和要求的道德观。这种道德观的含义和结构是什么？它是如何体现核心价值观的？它如何使核心价值观内化于心、外化于行？对于这些问题，作为实践哲学的伦理学不仅要提供理论主张及论证，而且要提供实施方案。

我国目前的道德观和道德体系尚未充分体现核心价值观的精神和要求，其中有些内容可能还与核心价值观相矛盾甚至相背离。在这种情况下，从理论和实践的结合上构建体现核心价值观精神和要求的道德观理论体系和实践方案就是摆在全党全社会面前的严肃问题，亟待我们解决。既要研究根据核心价值观确立的善恶观是什么，更要研究如何使这种善恶观转化为人们的道德信念。在道德价值多元的当代，要着重阐明社会主义善恶观的含义、要求及其正确性，为社会主义善恶观的合理性提供论证和辩护，并反对和驳斥一切形式的各种不正确的善恶观。

第三，研究核心价值内化为道德品质，并通过道德品质使核心价值观转变为人们的道德人格和心理定式的问题。道德品质是人们在其善恶观的指导下自发地或自觉地形成的心理定式和意向，有了道德品质就会在相应的情境下出于道德的动机行动。同时，品质又是人格的重要组成部分，它规定着人格的道德性质（是否道德），道德品质从总体上看就是道德人格。因此，当根据核心价值观确立的善恶观转化成道德的品质（德性），核心价值观就通过道德的途径成为人们的人格和动机，转化为人们的心理元素和精神支柱。为此，必须研究如何使体现核心价值观的善恶观以及相应的一般道德原则转化为个人的品质和人格，从而使核心价值观得到深度认同。特别是要针对目前突出的"坑蒙拐骗""假冒伪劣"以及职务犯罪等严重社会问题，研究并回答如何使爱国、敬业、诚信和友善等核心价值理念普遍转化为人们的德性路径的问题。

第四，研究核心价值观外化为道德行为，通过道德行为体现对核心价值观的认同的问题。道德的重要使命之一是要使人们道德地行动，即行善，而使人们行善的主要手段是利用责任、义务等规范来约束人们的行为。在一定意义上可以说，社会规范规定着道德行为。因此，我们要关注核心价值观的原则和要求如何体现为社会规范（包括道德规范）的问题，更要关心体现核心价值观的社会规范如何转化为个人的行为准则的问题，尤其要着重研究并回答党政干部、知识分子和优秀企业家这几个社会精英群体如何贯彻落实党的十八大提出的八个"必须坚持"，并使之成为其执政为民、建设祖国、服务社会的行为准则和内心信念的问题。对道德行为的研究往往关涉道德情感，即通过道德情感体现核心价值观。人们的健康生活和幸福离不开情感，人们对价值观和道德观的认同也离不开情感。实际上理智也离不开情感，缺乏情感可能会导致不理智的行为，"如果一个人失去所有情感，他将变成'理智的傻瓜'"①。道德情感是推动人们确立道德信念、培养道德品质和做出道德行为的强大动力。因此，核心价值观伦理认同研究必须重视如何培养人们特别是青少年对体现核心价值观的善恶观及相应的一般道德原则的道德情感，研究解决如何通过培养道德情感来促进核心价值观的深度社会认同。

---

① 麦特·里德雷．美德的起源：人类本能与协作的进化．刘珩，译．北京：中央编译出版社，2004：150.

三、核心价值观实现社会伦理认同的具体路径

改变人们的认识，让人们接受一种不同于以往的价值体系或道德规范体系是一个长期的过程，因此核心价值观实现普遍的社会伦理认同也是一个长期战略。而一旦核心价值观的社会认同得以形成，将发挥稳定、长期的作用，能极大促进社会的长治久安或安定和谐。在具体路径上，要求理论和实践相结合，适应时代的发展变化，采取各种灵活适宜的方式来促进这一战略的实现。

（一）将核心价值观的社会伦理认同视为长期战略

一种价值观得到普遍社会认同往往需要一个相当长的过程，价值观的道德化同价值观的社会认同几乎是同一个过程，因而也是一个长期的过程。在这个过程当中，需要我们将其视为一项极为重要的长期战略来加以实施，只有这样才能实现核心价值观深入人心的普遍认同，才能从根本上推动文明进步和社会发展。

从历史上来看，每一种主流的、核心的价值观的普遍认同都经过了一个比较长期的过程。西方的基督教从公元1世纪产生和开始传播，到米兰敕令颁布（公元313年）承认其合法性，经历了300多年。从这时到它的价值观得到社会较普遍的认同，即使从西罗马帝国灭亡（公元476年）算起，也经历了150多年。西方近现代价值观得到社会普遍认同也经历了一个漫长的过程。如果我们以约翰·密尔（又译"穆勒"）的《论自由》（1859年）和《论代议制政府》（1861年）的出版为西方资本主义价值观最终形成的标志，而这种价值观严格来说到第二次世界大战后才得到了西方各国及其公众的普遍认同，那么其间也经历了100年左右的时间。如果从英国资产阶级革命成功（1688年）这种价值观开始被推行算起，到第二次世界大战结束，它在西方世界普遍得到认同经历了250多年的时间。中国传统社会的儒家价值观从孔子提出（从孔子于公元前479年去世算起）到汉武帝以"罢黜百家，表彰六经"（公元前136年）为标志正式

"独尊儒术"，经历了300多年。当然，在汉武帝之前，儒家价值观一直没有得到统治者的赏识和推行，这是它没有得到社会普遍认同的重要原因之一。

当代我国社会主义核心价值观建设是党的十八大才正式提出的，迄今也就10年时间，而且它尚未完成诸如中国传统文化、西方近现代价值观涉及社会生活方方面面的庞大理论体系的构建，因此，它要得到社会普遍认同还有一个较长的过程。然而，中国特色社会主义建设事业的快速发展与当代世界各种价值和文化的激烈竞争格局迫切需要加快我国的价值观建设，党和国家也将建设核心价值观的任务上升到了前所未有的战略高度。在这种情况下，我们必须加快核心价值观建设的进程，特别是要通过核心价值观的道德化推进其实现普遍社会认同的进程。

（二）实现核心价值观社会伦理认同的当前着力点

就我国目前的情况而言，通过核心价值观道德化推进其社会认同需要着力做好以下几项紧要工作。

第一，根据核心价值观的精神和要求，结合我国当前道德的实际情况，构建与核心价值观相一致并能使之得到贯彻的道德体系。

目前，我国在进行全面深化改革，而这种改革主要是指体制改革，而对思想观念（包括道德观念）的更新重视不够。从目前我国学界的研究情况看，道德观念更新问题尚未明确提出，更没有对这一问题做系统深入的研究，这值得我们高度重视。我们需要根据核心价值观更新道德观念，并以此为基础在内容和结构上对我国现行的道德体系做出必要的调整，构建与核心价值观相一致并能使其落实到人们道德生活中的道德体系。

从理论的角度看，构建体现核心价值观的道德体系包括两个方面：一是对核心价值观道德化做出理论阐述和论证，完成体现核心价值观的道德体系的理论建构，特别是确立道德体系的总体价值取向、一般道德原则、基本道德规范以及不同领域的道德要求；二是根据这种理论设计使体现核心价值观要求的道德观入心入脑的实施方案，主要包括如何使道德观进入不同学段的学生教材和课堂，进入普通公众的日常生活，并成为他们的生活需求，还要引导社会精英成为道德精英。这个问题实质上就是根据核心价值观的原则和要求构建与之相适应，并能使之进入社会生活和人们内心的具有感召力、亲和力的理论（观念）道德体系，以及使这种理论道德体系得到社会普遍认同的同时具有约束力，最终通过道德的途径使核心价值观入心入脑。

从理论上解决了这个问题，就从根本上解决了道德意义上的核心价值观的社会认同问题。为了突破这一重点问题，首先要弄清楚核心价值观道德化的现状，然后立足于对这种现状的科学分析，根据核心价值观的精神和要求以及中国特色社会主义建设的实际需要进行理论上的研究和创新，从而提供有关我国未来道德建设的方向、重点、路径、措施的理论和方案。

第二，从道德的不同维度研究并回答核心价值观的道德化及相应的社会认同问题。

在我国，关于道德的主导观念认为，道德是调整人和人之间关系的一种特殊的行为规范总和，其实质在于它是社会意识中的一种特殊规范体系。[①] 这种观念的实质在于，它把道德理解为行为规范，与其他行为规范（如法律）的不同之处在于它是一种诉诸传统习惯、社会舆论和内心信念来实现的非制度化的内在规范。这种规范论认为道德是行为规范并没有错，问题在于道德不只是行为规范，其实质也不是规范。

道德是什么？道德是人类借以更好地生存的智慧，因而它是人类智慧的生存方式。作为人类智慧的生存方式的道德不只是一种行为规范，而且是一种价值体系（其中包括行为规范）。道德涉及对什么是道德的（善的）、什么是不道德的（恶的），以及什么是最高的善（至善）的认识，人的情感、品质、行为都存在着善恶问题。总之，道德是一个由道德认识、道德情感、道德品质和道德行为构成的复杂社会现象，也是以一定善恶观为指导，以追求善为指向的社会价值体系，社会可以通过这一体系来规范和引导人们。我们必须将道德理解为由道德价值、道德情感、道德品质、道德行为几个部分构成的有机系统。

与此相应，在研究并回答核心价值观的道德化及相应的社会认同的过程中，不仅仅要使核心价值观成为相应的道德规范，更要使之成为人们的

---

① 罗国杰. 伦理学. 北京：人民出版社，1989：51.

善恶标准、价值信念、人格理想、道德品质、道德动机、道德追求、道德情感等，从而使核心价值观深入人们的内心和生活，使人们真正从深层次认同核心价值观。

第三，针对核心价值观社会认同及其道德化过程中面临的难题提供重点治理的有效对策。

从理论上构建与核心价值观相一致并能促进其社会认同的道德体系固然重要，难度也很大，但要在当前道德被"祛魅"、许多人对道德存在逆反心理的情况下，使在理论上构建起来的道德体系"返魅"，让人们普遍认同和接受它，这是一个难度更大的问题。解决这个问题的前提是重新确立道德在社会生活和人们心目中的权威地位，使人们认同它、信赖它。

目前，核心价值观的社会认同和道德化乃至道德本身面临着诸多难题，如学校、家庭、社区、社会、网络教育的对立甚至反向影响；部分党政干部、知识分子、商界名流等社会精英与党和政府不同心同德，缺乏道路自信、理论自信、制度自信和文化自信；一些影响极其广泛的媒体大亨、网络大亨被资本绑架，使其所把控的互联网成为与核心价值观唱对台戏的隐身舞台；等等。因此，要针对这些严重阻碍核心价值观社会认同的问题提出有效对策。我们要通过社会调查对核心价值观道德化的现状特别是存在的突出问题，做出较为系统和正确的评估，并在此基础上分析导致问题的原因，针对严重阻碍核心价值观社会认同和道德化的突出问题提出相应的对策。

除此之外，我们还需要从以下几个方面为从根本上克服这些问题的发生创造条件：首先，努力使我们根据核心价值观构建的道德体系科学、合理、可行，同时又人性化、人道化、人情化，既接地气又暖人心，能很好地满足人们对道德的期待；其次，提供如何利用各种途径有效地对人们进行道德宣传教育，特别是提供如何利用好现代技术和新媒体（如互联网、手机客户端、微信、博客、短信等）方案，寻求加大道德对社会生活和个人心灵浸润的力度、使道德的影响像空气一样无所不在的有效途径；最后，努力从传统文化中寻求智慧资源，弘扬崇尚仁义道德的优秀传统，将传统文化中有效、实用的教化手段进行现代转换，使之服务于核心价值观的社会认同和道德化。

第二章　核心价值观转化为道德观念

　　核心价值观要想获得广泛、彻底、持久的社会认同，较好的方式是转化为道德理论，引导人们形成正确的道德观念。虽然当代社会最根本的治理方式是法治（包括当前我国采用的法律、制度、政策等），但是法治毕竟是一种外在的"他律式"的硬性规范，而在涉及人们的理想信念、行为习惯、生活方式等方面时，法律不可能面面俱到，而这就需要道德治理以辅助法治。

　　道德治理从根本上来说是一种"自律式"的自我管理，可以涵盖社会生活的方方面面。如果人们时时刻刻都以道德为行为准则，那么这样的社会一定是一个道德水平很高的和谐社会。一方面，我们承认，在法律是道德的底线这个意义上，法治具有特别重要的价值和地位。另一方面，我们也必须承认，法治虽然能守住道德底线，让人做到遵纪守法，但很难引导社会道德风尚的不断改良。为什么有法律制度，依然还有人违法乱纪？更严重的情况是有人甚至知法犯法。这就要求我们将对法治的讨论向德治延伸，看看德治对法治具有怎样的价值优先性。如果说法治主要是从实用性上做出的考量，更多基于"事实"，那么强调德治优先则是从理想性上做出的考量，更多基于"价值"。

　　因此，核心价值观要想获得普遍的社会认同，通过道德的方式进入人们的内心是必经之途，这个必经之途的首要之义是道德观念的确立，主要包括以核心价值观为主导，建立正确的善恶观、是非观、美丑观、义利观等，其中善恶观是最根本、最重要的道德观。当然，从构建适应 21 世纪的社会新道德体系来说，也迫切需要以核心价值观为主导，建立具有中国特色的社会主义道德体系。

一、由核心价值观形成正确的善恶观

善恶观是道德观的核心范畴，简单来说，道德观就是如何判断善恶的思想观念。所谓善，就是好的、令人称赞的行为；所谓恶，就是坏的（恶的）、令人反感和反对的行为。善恶的判断标准并不在自己，而在作为旁观者的理性判断，即作为一个丝毫不涉及其中利益的、能够保持理性的旁观者，对行为所做出的判断。道德观涉及多个方面，如善恶、是非、美丑、义利、荣辱等，也涉及个人道德观、社会道德观等层面，但其中最基础的道德观是善恶观。狭义而言，所谓道德就是关于什么是善、什么是恶的理论。

（一）善恶观的历史变迁

什么是善？亚里士多德曾经说："人的善我们指的是灵魂的而不是身体的善。"① 换言之，善所考量的是人的精神追求，这就是对德性的追求。可以说，道德观念中最重要的就是善恶观。善恶观是构成法律的基础，是维系社会稳定的重要基础，爱尔维修明确指出，"人们善良乃是法律的产物"，"一个民族的美德和幸福并非其宗教神圣的结果，而是其法律明智的结果……法律造成一切"②。

对于善恶观来说，可以分为两个层面：一个层面是理论上对人性善恶的分析，包括对个人品质的善恶评价；另一个层面是对行为的善恶评价。对人性善恶的分析，历史上有孟子的"性善论"、荀子的"性恶论"、董仲舒的"性三品论"、扬雄的"性善恶混"等，这些都是对普遍的抽象人性

---

① 亚里士多德 . 尼各马可伦理学 . 廖申白，译 . 北京：商务印书馆，2003：32.
② 北京大学哲学系外国哲学史教研室 . 十八世纪法国哲学 . 北京：商务印书馆，1963：525，524，537 - 538.

的分析，具体到社会实践中则存在对个人品质的善恶分析，即评价这个人是"好人"还是"坏人"。相对于对人性以及对个人品质的评价而言，目前所说的善恶观很大程度是对一个人的行为的评价，即使是对人性、人品的评价也是建立在对行为的善恶评价基础上的。

善恶观涉及的根本问题就是善恶的界定标准，即什么是善？什么是恶？比如在中国传统社会，认为符合"仁义礼智信"及其相关风俗、律法的行为就是善的，反之就是恶的。在现当代社会，认为符合自由、平等、民主、正义等价值观的行为就是善的。

在漫长的历史发展过程中，善恶观经历了诸多变化。善恶观的变迁，主要是指善恶观作为社会道德观念的核心，会随着社会发展及其物质条件的改变而改变。曾经大家认为善的会在一定条件下变成恶的，恶的会变成善的；当然有时候善恶是交织在一起的、不明显的。当某一社会事物或行为体现或符合了该社会所倡导的道德理想，它就具有善的价值属性；而当某一社会事物或行为背离或违反了该社会最起码的道德规范，它就具有恶的价值属性。不过，在善与恶之间还存在着一个广阔的中间地带，处于这一地带的社会事物或行为既没有体现道德理想，也没有背离起码的道德规范，因而在伦理价值属性上很难给予清晰的善恶界定。

善恶的内涵、依据、评价标准等在不同的时代是不一样的，即使在同一时代也会有差异。翻开中国传统伦理思想史，善恶观的变迁主要经历了春秋战国时期、秦汉至清代时期、清末到五四之前的时期、五四新文化运动以来的时期。春秋战国时期由于百家争鸣，道德标准是多种多样的。比如儒家强调仁义道德的重要性，但主张爱有差等；墨家主张兼爱，爱一切人；道家认为道德仁义是对人的天性的桎梏，要返璞归真；法家则认为仁义道德会扰乱政治，只有严刑峻法才是正当的。秦汉至清代这一时期的主流文化是儒家思想，儒家主张的"仁义礼智信"成为社会的核心价值观和道德观，儒家道德观和谶纬迷信结合在一起，成为统治者操纵人民的思想工具。清末到五四之前的时期是思想最为动荡的时期，外来思潮蜂拥而入，作为统治工具的传统儒家学说（及释道两家文化）被质疑和摈弃，旧思想遭到了终结。五四新文化运动以来的时期是中华民族救亡图存的关键时期，西方文化、传统文化、马克思主义文化三者相互交融和论争，道德观也呈现出复杂的态势，这种复杂性一直延续至今。

在当代中国社会，善恶观的变迁是社会主义市场经济发展条件下的客观事实，也是传统善恶观向现代善恶观转化的必然过程。改革开放四十多年来，中国的经济、政治、文化、社会经历了前所未有的变化。然而，在物质生活逐渐富裕或现代化的同时，精神层面的需求也日益凸显。如果不能很好地满足人们日益增长的精神需求，回应人们道德生活中出现的新现象、新问题，那么，富裕的物质生活可能就会导致各种非道德的甚至是非法的现象和行为出现。可以说，中国在经济飞速发展的同时，道德教育、善恶认知、善恶评价标准以及适应经济发展的美德的践行是相对滞后的。就新时期社会善恶观的变迁而言，主要体现为复杂性、多层次性和不稳定性等特征。

复杂性表现为，当代社会，马克思主义以及革命道德观中有关善恶的道德观，中国传统道德中的善恶观念，西方文化中的善恶观念，以及市场经济条件下的各种非主流价值观相互交织在一起，使得善恶判断具有空前的复杂性。这种复杂的善恶观念导致人们在经济生活中很难做出正确的选择，由于普遍的、统一的道德判断标准的丧失，出现各种片面的、极端的善恶判断就在所难免了。

多层次性表现为，在社会公德、家庭道德和职业道德等层面上呈现出各自不同的倾向。在公共道德方面，虽然近年来在遵守社会公德、生态保护方面达成了共识，但是由于种种原因，比如"碰瓷"讹诈现象的存在，使得人们不愿意去善意对待他人。由于市场经济逐利动机的驱使，也使得人们在做出善良行为的同时不得不考虑需要承担的后果，当这种善良意愿与逐利动机产生冲突的时候，人们往往会屈从于逐利动机。当然，屈从于逐利动机虽然不高尚，但无可厚非，因为在市场经济中，教育、购房、升职等各种压力都是人们所不得不面对的，而这一切往往需要多赚钱才能解决。同样，家庭道德的缺乏也是失去传统美德的同时，迫于各种社会压力，以及西方"性自由"等各种不良思潮的影响所导致。职业道德缺失的原因基本上也是如此。

不稳定性表现为，随着社会的发展，善恶观念在快速发生变化。曾经被认为是不高尚、不道德的事情逐渐被淡化，甚至被认为是正当的；相反，以前被认为是道德的、高尚的事情也可能被否定。这些都对人们的道德观念产生了巨大冲击。

正是因为新时期的社会主义中国的善恶观处在复杂的、多层次的、不稳定的状态下，因此善恶观很难有一个确定无疑的、普遍认同的标准，这种状况对于社会主义建设是非常不利的。因此，以社会主义核心价值观为指引，建立正确的善恶观是当务之急。

（二）道德相对主义及其对善恶观的侵蚀

为什么要反对道德相对主义？一言以蔽之，虽然道德相对主义有其存在的合理性，但是道德相对主义不符合中国国情，道德相对主义的盛行将严重削弱核心价值观的社会认同，严重影响社会的安定团结。

1. 道德相对主义概述

道德相对主义（moral relativism）是 20 世纪以来在西方比较流行的一种文化思潮。道德相对主义的主要观点是，没有绝对的、不变的、永恒的道德法则，对于善恶的判断没有绝对的标准；所有道德原则都是相对的，都是主观化的和个体化的，每个人都有权利选择自己认可的道德标准。在道德相对主义者看来，人们可以树立不同的道德理想、选择不同的道德价值、遵循不同的道德规范。社会生活中的道德价值和道德规范具有主观性和相对性，不存在客观的、普遍的或统一的道德价值和道德规范。在道德价值的不同层次之间，没有高低、优劣或好坏之分。当人们面对道德选择时，究竟遵循何种道德价值和道德规范，往往取决于人们对所处境遇的直观判断，换言之，在道德判断和选择的过程中，个人特殊的、主观的喜好以及个人的情感起着重要的作用。

从历史上来看，西方道德相对主义思潮的发端可以追溯到公元前 5 世纪古希腊智者学派的代表人物普罗塔哥拉的观点，他认为，"人是万物的尺度"[①]，每一个人的知觉以及由此而产生的信念或意见都是同样真实的，人是真、善、美的判定者，所以人是一切事物的价值评判标准。与古希腊

---

① 宋希仁. 西方伦理思想史. 北京：中国人民大学出版社，2010：21.

自然哲学家强调道德的自然性（绝对性）不同，智者学派更看重道德的人为性，人有权利按照自己的思考来决定自己的生活方式。此后，以皮浪为代表的"怀疑派"成为古希腊时期道德相对主义的另一种表现形式，因为怀疑主义者不认为有一种共同认可的、绝对的道德标准，所有道德标准都是存疑的。中世纪神学统治时期，道德相对主义一度沉寂，因为统治者规定基督教道德是唯一的、绝对的标准。但是文艺复兴很快打破了这一局面。文艺复兴所倡导的人道主义观念，是从绝对的基督教神学伦理走向世俗化伦理的标志，以宗教诫命为道德标准的束缚被打破，个性得以彰显，道德判断走向多元化。之后，理性主义伦理学和感性主义伦理学得到了充分发展，其中既有以斯宾诺莎、康德为代表的理性主义和绝对主义伦理观，又有以贝克莱、休谟为代表的感性主义和相对主义伦理观。进入 20世纪以后，随着个性自由日益被提倡，道德相对主义思潮的影响比以往任何时期都愈加深刻。

在对道德相对主义的分类上，依据主体不同，道德相对主义可以分为个体相对主义与社会相对主义；依据道德内容上的侧重点不同，道德相对主义可以分为规范性相对主义、语义学相对主义、知识论相对主义和本体论相对主义。理查德·布兰特则按照伦理学的不同，区分出三种类型的道德相对主义：描述性相对主义、元伦理相对主义和规范性相对主义。①

所谓描述性相对主义，主要是指人类社会包含许多不同的文化群体，而且这些群体各自有不同的道德原则和观念，这些道德原则和观念之间可能存在着巨大的分歧。描述性相对主义只是描述了一个客观存在的事实，而并没有对这些事实进行规范意义上的评价。

所谓元伦理相对主义，主要是指当不同的价值或道德原则发生冲突的时候，认为我们并没有唯一正确的、客观的道德评判标准来协调冲突。所谓的"在道德上是善的"与"习惯性的"是同样的意思，道德观念只不过是某一文化群体中的各种习惯而已，因而是内在于该群体中的；既然道德判断无非是习俗的同义词，而不同的社会又有着不同的习俗，那么道德判断就无所谓"对"与"错"。

---

① 曲伟杰. 道德相对主义的局限及其实践困境. 伦理学研究，2018（5）：6.

与描述性相对主义和元伦理相对主义有所不同，规范性相对主义则强调，道德主体的行为正当性与有效性都只是相对于既定的道德规范框架而言的，构成这些道德规范框架的既可以是个人所接受的根本道德信念，也可以是一个社群所拥有的根本道德信念。换言之，我们关于行为的好与坏、对与错的诸多判断都可能只是相对于某个特定的文化或群体中的成员而言，规范性相对主义认同的是局部的道德规范的正当性，而普遍性的、适合所有人的道德规范是不存在的。

无论是哪种类型的道德相对主义，其本质都是一样的，即否定道德标准的绝对性和统一性。道德相对主义拒斥一切普遍主义的、客观主义的价值诉求，"我们所有的观念与理论从根基上都可以被视为地方性的文化形态，都是扎根并限定在特定时空之中的"①。既然我们相互之间根本就没有一个为大家所普遍接受的、跨文化的衡量标准，有的只是各种各样的"我的"标准，因而在道德实践中，相对主义否认"我"有权利对"他者"的信念进行判断，反之亦然；每个人都生活在特定的道德文化传统当中，每一种特定的传统又都体现出特定的价值观念和道德规范，身处该传统之外的人无法对其进行评判。道德相对主义在当今社会非常流行，似乎"相对主义比客观主义更加民主，因而，相对主义更加符合像我们这样的多元社会的需要"②。道德相对主义有着广泛影响的根本原因，在于当代社会是一个强调个性的多元化社会，传统社会那种大一统的价值观和道德观已经被完全打破了。每个人都有着强烈的自我意识（这也是文艺复兴思想家所强调的自由意志），不愿意接受别人或群体的道德观念。而随着经济全球化、网络全球化的发展，社会的多元化趋势也越来越明显，因此，在这个多元化的、纷繁复杂的社会中，道德相对主义有着日益增强的影响。

2. 道德相对主义的社会危害

道德相对主义既然存在，自然有其积极的社会作用。但是道德相对主

---

① 保罗·博格西昂. 对知识的恐惧：反相对主义和建构主义. 刘鹏博，译. 南京：译林出版社，2015：3.

② 乌戈·齐柳利. 柏拉图最精巧的敌人：普罗塔哥拉与相对主义的挑战. 文学平，译. 北京：中国人民大学出版社，2012：236.

义是一把双刃剑，在产生积极社会作用的同时，也存在较大的社会危害。尤其是在社会主义中国，道德相对主义正在产生日益严重的危害。

道德相对主义虽然是对抽象性的和教条式的道德普遍主义思想传统的反思，但是却走向了另外一个极端，即取消了道德标准。道德相对主义认识到了社会道德生活的复杂性和变动性，主张从实际生活境遇出发做出道德判断，尊重个体自主的道德选择和道德权利。然而，道德相对主义存在着一个致命的理论缺陷，这就是在坚持道德的相对性和多样性的同时，否定了伦理原则与道德规范的普遍性和客观性。如果完全按照道德相对主义的观点，人们的道德生活将失去具有普遍意义的价值标准与道德评价尺度，道德势必成为完全依凭个人的意愿和偏爱而可以随意取舍的借口。当社会上缺乏普遍认同的道德标准的时候，社会伦理秩序就会陷入混乱，甚至会干扰到法律的正常运行，这对于整个社会的稳定和谐是极为不利的。

道德相对主义的盛行将导致道德判断失去标准，社会风气败坏。在我国社会进行现代化转型的历史进程中，道德相对主义思潮为一些人所接受和追捧，一个重要的原因是，市场经济的建立和发展使得人与人、人与社会的利益关系呈现出多元化的格局，人们的价值观也趋向多元化，而道德相对主义的观点迎合了人们个人利益最大化的需求。道德相对主义之所以具有吸引力，实际上是为人们不再遵循普遍的道德共识找到一个看似合理的借口。比如传统社会要人做一个好人，但是市场经济要人做一个会赚钱的人，当"好人"与"会赚钱的人"之间产生冲突的时候，道德相对主义为人们提供了追逐利益（不再主动做好人）的借口，从而使得人们可以理直气壮地追逐利益（甚至为此违反道德共识）。在道德相对主义看来，既然对于人来说，没有什么唯一的、最好的生活方式，那么，选择什么样的生活方式就成为个人自主决定的事情。因此，不同的人依据自己对于价值观和道德标准的理解，似乎无论怎么做，都具有一定的"合理性"，都是个人的选择权利。因此，从本质上来说，道德相对主义思潮与个人主义、利己主义价值观是一致的，这就为现代市场经济中人们打着捍卫自由的旗号，以非道德的手段获得个人利益提供了自我辩解的理由。

道德相对主义在社会上流行的一个典型表现，就是放弃对高尚道德价值的宣传，热衷于商业化和娱乐化，低俗之风日益盛行。大众传媒的商业化和娱乐化现象所暴露出来的价值观的混乱，其思想根源就是道德相对主义。在个体独立性和自主性日益增强的现代社会，个人选择什么样的价值观往往取决于其对生活意义和人生目标的认知，不同的人对什么是幸福生活的理解也是不尽相同的。客观而言，道德相对主义在反对道德教条主义、尊重个人权利和选择自由的方面确实有一定的合理性，但是这种合理性遮盖了背后更加严重的价值观或道德观的混乱问题。对于处在急剧变动时代的当代中国人来说，面对不断世俗化的社会生活，价值观上的混乱必然对人们的精神追求造成极坏影响。

道德相对主义走向极端，其后果必然是道德虚无主义。道德虚无主义从根本上否定道德对于社会秩序和个体生活的价值，否认事物有对错、善恶之分，认为有没有道德无所谓，即使有人讲道德也不过是追求自我利益的一种借口。道德虚无主义主张，个人应不受任何道德规则的约束，只有消解社会规范，个人才能自由自在地生活在一个与道德无关的世界中。道德虚无主义对社会道德生活的影响，不仅是拒斥社会系统中的一切伦理原则和道德规范，而且将其理论观念渗透于社会生活的各个领域，支配人们的思维和行为方式，从而达到在社会生活中"去道德化"的目的。在这种道德虚无主义的社会环境中，在一切行为皆有理的利己主义基调中，社会的道德风尚将彻底败坏，社会的安定团结将无法得到保障。

（三）以核心价值观为指导，树立正确的善恶观

要想消除道德相对主义的社会危害，就必须以核心价值观为指导，树立正确的善恶观，这也是让核心价值观获得普遍社会认同的应有之道。

在核心价值观的基本内容中，富强、民主、文明、和谐是国家层面的价值目标，自由、平等、公正、法治是社会层面的价值取向，爱国、敬业、诚信、友善是公民个人层面的价值准则。在判断公民的行为善恶方面，爱国、敬业、诚信、友善是最基本的判断标准。对于国家而言，每个人都要将爱国视为必须遵循的重要美德，这是公民所应当具有的基本的道德规范；对于职业而言，每个人都应当做到爱岗敬业；对于社会而言，诚信是每个人都应当具有的立身之本；对于他人而言，每个人都应当做到心怀善意，友善待人。从爱国、敬业、诚信、友善的道德标准而言，其实质

是在个人、集体（他人）、社会发生矛盾冲突的时候，应当兼顾个人、集体（他人）、社会三者的利益，并提倡以集体（他人）、社会的利益为重，勇于奉献。

就个人、集体（他人）、社会的关系而言，在人类社会初期，由于生产力水平低下，个人无法脱离社会共同体而独立生活，因此维护社会共同体的存在与发展对于个人至关重要。在这种情况下，社会共同体的整体利益是至高无上的，符合共同体利益的行为就被认为是善的，反之就被认为是恶的。在这一阶段，社会共同体的善恶观念对个人的善恶观念具有决定性的影响，两者基本上是一致的。后来随着社会分工的发展和私有制的出现，个人利益和社会整体利益的关系开始变得复杂，一致和冲突并存。

个人善恶观念的产生和形成，一方面要受到以维护社会整体利益为己任的社会既定的道德原则和规范的制约，以及社会主流的善恶观念的影响，另一方面也必然要受到个人利益和个人所在的集团利益的驱动。因此，当个人与群体发生利益冲突时，对于善恶观的界定来说，就应当在兼顾各方利益的同时，提倡集体主义原则，以集体（他人）和社会的利益为重，对于当代社会主义中国的持续稳定健康发展来说更是如此。

以"爱国、敬业、诚信、友善"为导向的价值观代表着对优秀传统文化的继承和正确的前进方向，具有建立正确的善恶观的内在品质。

具体来说，爱国是一种义不容辞的责任。"天下兴亡，匹夫有责"，国家是大家的，爱国是每个人的本分。因此爱国主义应该根植于我们每个中国人的心中。爱国是每一个公民都应该承担的责任，是一种生动的集体责任感。

敬业是一种对工作的坚守和热爱。工作无分大小，无分贵重，每一份工作都值得尊重，每一份工作都需要认真对待。可以说，一个爱岗敬业的人在成就自身的同时，也为社会做出了奉献。敬业是一种忠于职守的高尚精神。敬业乐业、勤于工作是一种职业美德，每个人都应当以一丝不苟的态度去精益求精，追求自身的价值和职业的社会价值。

诚信是一种可贵的道德品质。人无信不立，业无信不兴，诚信是中华文化传统千百年来对人们的基本道德要求和生活经验的总结。在当今的市场经济环境中，诚信尤其应当被大力提倡。可以说，没有诚信，社会将会陷入一片混乱。每个公民都有责任坚守诚信，光明正大做人，堂堂正正做事。只有由诚信的公民构成的诚信社会，才是我们期望的和谐社会。

友善是善待他人的博大胸怀。心怀善意，仁者爱人。与人为善既是一种智慧也是一种气度，既能温暖别人也能温暖自己。在建设和谐社会的过程中，我们要以爱人之心对待他人。在与人交往中多体谅别人，为别人着想，以友善的态度待人接物，心平气和解决矛盾。只有在尊重的前提下和睦共处，以友善的态度互相合作、共同发展，才能达到双赢，才能产生出更大的个人价值和社会价值。可以说，"爱国、敬业、诚信、友善"价值观的树立，不仅仅有利于每一个公民的发展，更有利于社会的发展。

概而言之，以核心价值观为指导，树立正确的善恶观，涉及的根本问题是公民对国家、对社会、对他人、对职业的价值取向问题。

第一，如何看待国家，涉及的是如何看待国家、民族及政府等问题，落实到每一个公民身上，就是提倡爱国主义。

就核心价值观来说，富强、民主、文明、和谐是国家层面的价值目标，经历了改革开放四十多年的发展，国家正在变得日益富强，更加民主、文明与和谐。对于每一个公民来说，具有深厚的爱国情怀是应有的美德。爱国主义是中华民族的光荣传统和崇高美德，也是中国各民族大团结的政治基础和道德基础。中华民族在几千年的历史中形成了以爱国主义为核心的团结统一、爱好和平、勤劳勇敢、自强不息的伟大民族精神。这是我们民族赖以存在、发展的情感纽带与精神支柱。坚持以爱国主义为核心的民族精神是社会主义核心价值体系的基本内容之一。爱国主义是一种经过历史沉淀形成的忠于和热爱自己祖国的情感，往往集中表现为民族自尊心和民族自信心，以及为保卫祖国和争取祖国的独立富强而献身的奋斗精神。爱国主义不仅体现在政治、法律、道德、艺术、宗教等各种意识形态和整个上层建筑之中，而且浸润到社会生活各个方面，成为影响民族和国家命运的重要因素。

爱国主义要求人们把对祖国的热爱变成自己的行动，努力为祖国和人民的利益而工作；坚持民族平等和民族团结，反对民族自卑感和盲目的民族优越感；同国际主义相联系，既是一个爱国主义者，又是一个坚定的国际主义者。在现阶段，爱国主义最基本、最本质、最重要的表现，就在于不遗余力地巩固最广泛的爱国统一战线，为维护祖国统一，加强民族团结，构建和谐社会，实现中华民族的伟大复兴而做出自己的贡献。

爱国主义是中华民族的传统美德，也是每个公民应有的美好品质。历朝历代关于爱国的英雄事迹比比皆是，古有"留取丹心照汗青"的文天祥、"要留清白在人间"的于谦，今有抗日民族英雄杨靖宇、归国奉献的华罗庚和钱学森等。即使是普通人，也能在爱国的大舞台上绽放出自己的光辉。2008 年残疾人运动员金晶在境外传递奥运火炬时，遭到"藏独"分子的袭击，她用残疾的身躯捍卫了奥运精神，被誉为"守护'祥云'的天使""最美最坚强的火炬手"。而与此相反，当前我国社会上仍旧有一小撮"精日分子"扮演着丑恶的角色。他们虽然身为中国人，却极度崇拜日本军国主义并仇恨本民族，有时还会带有狂热的二战日本军国主义的明显特征。因此，我们要明辨是非，以爱国英雄事迹为榜样，坚决维护祖国的和平安全统一。

第二，如何看待社会，涉及的是如何看待各种社会现象的问题，落实到每一个公民身上，就是弘扬正气，诚实守信。

就核心价值观来说，自由、平等、公正、法治是社会层面的价值取向。在当代建设社会主义法治社会的过程中，每个人都拥有充分平等的地位和自由权益，社会公平正义，法制日趋完善。在这种良好的社会氛围中，每一个公民要以极大的爱国热忱看待这个国家、这个社会，要维护自由、平等、公正、法治的社会局面。落实到现实中，就是要弘扬正气，宣传正能量，抵制一切不正之风。

如果说弘扬正气是一种相对较高的要求，那么诚实守信就是每个人必须遵守的道德底线。诚信问题之所以在当代社会引起广泛关注，是因为诚信缺失正在成为一种不良倾向。诚实守信是人类最古老的道德准则，是中华民族的一个优良传统。但是在当今社会，传统道德正在经受市场经济大潮及逐利思想的冲击，各种不良思潮正蜂拥而来。检视社会生活，不诚信的现象在社会生活各领域的高发与泛化，强烈地预示着我们已面临诚信严重缺失的社会信用危机。

随着改革开放的深入和市场经济的发展，经济生活中的不诚信现象表现得尤为突出。一方面广告虚假宣传、产品说明、质量承诺让人眼花缭乱，屡屡上当；另一方面假冒伪劣产品充斥市场，各种制假售假手法花样百出。近年来发生的"毒奶粉事件""地沟油事件""瘦肉精事件""黑心粉丝事件""假疫苗事件"等，不仅侵害了消费者的正当权益，而且直接威胁到了消费者的生命安全。此外，我国票据市场的失信和欺诈已经使票据成为资金风险的承载体和聚焦点，而利用合同进行诈骗已经成为市场经济的一大毒瘤，还有企业间的虚假报表、拖欠账款、偷税漏税、走私骗汇等。而在政治生活领域的诚信缺失，既表现在领导决策及其执行过程中，也体现在党政机关及公务人员的思想、作风上，这些不诚信现象常常与官僚主义、腐败现象如影随形。

个人生活中的不诚信现象也是比比皆是。可以说，社会生活中各种失信现象的泛滥客观上导致了社会风气的恶化、人与人之间关系的扭曲。抛开历史的因素和制度有待完善外，社会诚信缺失现象的产生原因也包含着各种主观因素。一些人出于急功近利的心理，短视功利、心态浮躁，失去长远的理想精神追求，做出不守信用、不负责任之举。从社会发展的角度来说，让每个人都具有诚实守信的美德是社会实现可持续发展的前提和基础。而且，坚持诚实守信，反对一切虚假欺骗，这本身就是弘扬正气的善举。

第三，如何看待他人，涉及的是如何处理与家人、亲戚、朋友、同事以及陌生人关系的问题，落实到每一个公民身上，就是与人为善，友善待人。

友善，形容人与人之间亲近和睦的关系，是处理人际关系的基本准则，是公民的基本道德规范。从字面意义上来理解，友善就是与人为善，像对待朋友那样对待他人、社会和自然。友善具有普遍适用性，是基础的价值观。在各类道德滑坡事件屡屡发生的今天，每个公民都应当做个友善的人。做个友善的人，要求我们以微笑对待他人，从内心尊重每个人，平等地对待每个人；做个友善的人，还要求我们将心比心，多换位思考，从而减少生活中的误解、矛盾和冲突，己所不欲，勿施于人。

在日常生活中，我们要处理各种关系，要与各种人进行交往。这里面涉及利益、面子或者自己复杂多变的情绪，但以何种态度来对待处理，则体现出一个人道德品质的高下，进而影响自身的发展。友善可以增进人与人之间的交流，推动彼此之间进一步协作。帮助他人，成就自我。只要我们常怀友善之心，伸出友善之手，做出友善之举，就会营造出良好的人际关系，为社会和谐增添正能量，同时提升自我、成就自我。

友善固然是每个公民应当具有的美德，但是社会上不友善的事件仍旧不少，而这更加需要每个公民都能够与人为善。有人说，生活中"扶不起"的老人越来越多，各种"碰瓷"事件时有发生，让我们如何去友善？这些事件确实戕害了人们的道德和良知，让一些人不敢行善。但我们生活中的大多数人依然是本分、善良的，而且，友善待人，何尝不是改善社会风气、利人利己的善举呢？2018 年 10 月 28 日发生的重庆万州公交车落江事件就给我们敲响了警钟，当人们不再与人为善的时候，公交车就可能成为危险的载体；当人们都冷漠相对，认为事不关己的时候，也许遭遇厄难的就是自己。当面对公交车上的不道德或不法行为时，我们如果不能勇敢站出来，而都保持冷漠旁观的态度，那么，我们就可能像公交车上的那些乘客一样，在沉默中随之一起葬身长江。

第四，如何看待职业，涉及的是以什么样的态度看待职业，以什么样的行为践行职业道德的问题，落实到每一个公民身上，就是爱岗敬业、勇于奉献。

每个人在社会中都需要通过职业这一途径，实现自我价值。在当代市场经济环境中，如何看待职业就成为一种非常重要的价值观念。显然，在社会主义中国，爱岗敬业、勇于奉献是应然的要求。敬业是一个人对自己所从事的工作及学习负责的态度。道德就是人们在不同的集体中，为了集体的利益而约定俗成的，应该做什么和不应该做什么的行为规范。所以，敬业就是人们在某集体的工作及学习中，严格遵守职业道德的工作学习态度。低层次的功利目的的敬业，由外在压力产生；高层次的发自内心的敬业，把职业当作事业来对待。敬业精神是人们基于对一件事情、一种职业的热爱而产生的一种全身心投入的精神，是社会对人们工作态度的一种道德要求，其核心是勇于奉献的高尚精神。敬业精神是一种基于热爱对工作、对事业全身心投入的精神境界，其本质就是奉献精神。

具体地说，敬业精神就是在职业活动领域树立主人翁责任感、事业心，追求崇高的职业理想；养成认真踏实、恪尽职守、精益求精的工作态度；力求干一行、爱一行、专一行，努力成为本行业的行家里手；摆脱单纯追求个人和小集团利益的狭隘眼界，具有积极向上的劳动态度和艰苦奋斗的精神；保持高昂的工作热情和务实苦干的精神，把对社会的奉献和付出当作无上光荣；自觉抵制腐朽思想的侵蚀，以正确的人生观和价值观指导、调整职业行为。

敬业精神古已有之，许多仁人志士敬业尽责的故事广为流传，如大禹治水"三过家门而不入"，诸葛亮"鞠躬尽瘁，死而后已"，等等。而现代社会，敬业的事迹也不断在我们身边发生。比如在2008年汶川大地震中，就有很多坚守岗位、因挽救学生而献身的人民教师：有用生命做支撑，舍身护学生的教导主任谭千秋；有救下13个学生后殉职，自己一岁半的女儿成孤儿的严蓉；有"摘下我的翅膀，送给你飞翔"的张米亚；还有舍命救出最后一个学生的吴忠洪；等等。但是在汶川大地震中，同样也出现了丢下学生、只顾自己逃命的教师"范跑跑"。这种巨大的反差警示我们，爱岗敬业、勇于奉献是一种多么可贵的精神品质，对于当代社会具有多么重要的价值！

综上所述，以核心价值观为指导，树立正确的善恶观具有重要意义。那么，什么是善？践行爱国、敬业、诚信、友善的价值观，在处理个人利益与他人、集体、国家利益的关系时，在维护自我基本生存发展权的前提下，兼顾他人利益，并以集体和国家利益为重的行为，就是善。全心全意为人民服务的无私奉献的行为，就是最大的善。什么是恶？与爱国、敬业、诚信、友善的价值观背道而驰，在处理个人利益与他人、集体、国家利益的关系时，采取利己主义的方式，不惜损害他人、集体、国家的利益来满足自身的行为，就是恶。

二、由核心价值观形成正确的是非观

善恶观是道德观的基础内容，与善恶紧密相关的是对是非的判断。一般来说，是非主要涉及的是事实判断，尤其是对于科学事实的判断。但是我们现在所说的是非观不仅仅是对事实的判断，而更多是一种态度，一种对社会事件的看法。比如当我们说"要在大是大非上立场正确"时，这并非说的是事实判断，而是一种价值判断或道德判断。因此，在当代社会中坚持正确的是非观，对于道德体系的构建以及实现核心价值观的社会认同具有重要意义。

（一）是非观的界定及其重要性

"是"就是对的、正确的，"非"就是不对的、错误的。是非观，就是人们评价一种行为对与错的观点，就是对各种行为及观点是对是错的明确判断。是非观是一种主观判断，涉及事实与价值两个层面。由于事实层面的是非观涉及的是客观知识（如说地球绕着太阳转是对的，说太阳绕着地球转是错的），因此该层面的是非观存在的争议较少。价值层面的是非观则不然，它会因主体、文化、社会等因素的差异而有所不同。

作为一种主观的看法或观点，是非观在很大程度上会因为主体的感受不同而变得不同。在众多的是非观中，并不是每一种是非观都是正确的。什么样的是非观才能称为正确的呢？从是非观本身来说，首先，正确的是非观在效果上应该是宣传正能量的，是引导人们向善的。虽然在生活中，我们常常看到坏人得利、好人吃亏的现象，但正确的是非观并不劝人为恶，而是教人为善，并且能够通过正能量的宣传来引导整个社会风气走向良善。其次，正确的是非观在理论内部应该是圆融的，不能自相矛盾。当然，在很多时候，理论无法做到彻底的圆融，因此只能退而求其次。但是，这种退而求其次的"次优选择"应该有利于"最优选择"的实现，至少不能在方向上背离"最优选择"。最后，正确的是非观在实践上要合乎理性（这里的理性是一种思维能力，是对欲望的节制和引导），即正确的是非观一定是遵从理性规律来行动的，一个不遵从理性规律的是非观肯定不会是一个自洽的、圆满的体系。

树立正确的是非观具有十分重要的意义。第一，正确的是非观是人格品质的重要内容。《荀子·修身》云："是是非非谓之知，非是是非谓之愚。"大意是，如果一个人有明确的是非观，认为对的就是对的，错的就是错的，这就叫智慧；如果将对的认为是错的，将错的认为是对的，这就叫愚蠢。《孟子·公孙丑上》云："无是非之心，非人也"。大意是，如果一个人失去了是非之心，那么这样的人就只能是"衣冠禽兽"了。人之所以异于禽兽，除了生理上的自然属性外，更重要的是人的社会属性。而人的社会属性，主要体现在知识（理性）与价值（道德）两个层面。从知识层面看，正确的是非观是一个人心智正常的表现；而价值层面的是非观，即善与恶，则是区分人类社会与动物世界的重要尺度。总之，一个人要想成为一个社会人，就必须融入社会，而融入社会的一个最基本的要求，就是接受社会普遍认可的、正确的是非观。

第二，正确的是非观对于维系良性的社会秩序具有举足轻重的作用。社会由人组成，人要生存，必须有基本的物质资料，但与人的欲望相比，物质资料总是相对稀缺的。因此，要让社会上的绝大多数人都能生存下去，必须有一个良性的社会秩序，而良性的社会秩序离不开一定的规则。有规则就意味着允许与禁止，这其中蕴含的即为是非观。换句话说，只有社会上绝大多数的人具备了正确的是非观，良性的社会秩序才能够被认识、被遵循。否则，在一个是非颠倒、黑白不分的社会，人们遵循的只能是弱肉强食的丛林法则，社会的安定和谐就不可能实现。显然，这种是非观所塑造的是社会整体的伦理道德风尚，形成的是所有人的自律。

第三，正确的是非观是一个国家立足于世界的基本要求，也是人类社会不断进步的重要保障。国家有自己的独立"人格"，一个国家只有树立了正确的是非观，才能凝聚人心，才能担当起自己的责任，才能真正立足于世界。当今世界之所以并不太平，在很大程度上是因为不同的国家有着不同的是非观，尤其是东方国家与西方国家之间的是非观有着极大不同。当不同的国家坚持自己的是非观，无视别国是非观的时候，冲突就是不可避免的。譬如在美国看来，只有"普世价值观"才是对的，只有建立美国式的民主制度才是唯一正确的道路，这显然是一种独断论。因此，只有这个世界上绝大多数国家都坚持正确的是非观，这个世界才有可能不断进步。

（二）当代社会是非观迷失的表现和原因

当代社会，人们的是非观在各种思潮的冲击下变得很难始终如一，甚至在一些不良思潮的影响下，是非观有逐渐迷失的趋向。因此在当代社会，将是非观加以明确，并使之成为人们信奉和坚守的道德原则非常重要。

1. 当代社会是非观迷失的表现

树立正确的是非观非常重要，但是，当代中国社会的是非观却出现了迷失或错位，主要表现为以下四个方面①：

第一，个人欲望的放纵。

自从西方启蒙运动以来，人的基本欲望逐渐得到认可。这股认同个人欲望的思潮传入中国，在一定程度上起到了反封建、解放人的作用。然而，在很多人那里，"人的解放"只是被简单地理解为"人欲的解放"，于是人的一切活动都是为了满足欲望，人成了欲望的机器。这显然是有问题的，与人的欲望相比，资源总是相对稀缺的。如果过分地宣扬甚至放纵人欲，必然会引起人与自然、人与人之间关系的紧张。关于欲望，《荀子·性恶》这样说："今人之性，生而有好利焉，顺是，故争夺生而辞让亡焉；生而有疾恶焉，顺是，故残贼生而忠信亡焉；生而有耳目之欲，有好声色焉，顺是，故淫乱生而礼义文理亡焉。然则从人之性，顺人之情，必出于争夺，合于犯分乱理，而归于暴。故必将有师法之化，礼义之道，然后出于辞让，合于文理，而归于治。用此观之，人之性恶明矣，其善者伪也。"这段话的大意是说，因为人们有贪财的心、嫉妒憎恨的心、贪恋美色的心，所以人欲的放纵就一定会导致扰乱法度人情的事情；因此人的天性是恶的，人们之所以看起来有道德，是因为通过法律、礼仪后天教育形成的而已。因此，追求欲望的满足被视为唯一正确的事情，这必然导致的结果，就是一切曾经被视为高尚、道德的行为被认为是错误的或愚蠢的，这样，整个社会的道德风尚只能日益败坏甚至崩溃。

第二，基本敬畏之心的丧失。

当一个以自我为中心的人将自己的欲望当作唯一的目的，一切都是他实现目的的手段时，他不但不会有所敬畏，而且会蔑视一切。如果对自然没有敬畏，就可以疯狂地掠夺而不保护。针对日益严重的环境恶化趋势，

---

① 王军. 是非观的迷失与重构. 探索与争鸣，2011（12）：3.

我们提出了生态文明建设的战略。绿水青山就是金山银山，我们不能因为自我欲望的满足而不考虑后代的生存发展。如果对法律没有敬畏，就会以身试法。马克思曾说，受到巨大利益的驱使，资本家会因此枉顾法律，铤而走险。

在当代社会，由于社会发展迅速，面临的新事物很多，法律建设尚未完全跟上新鲜事物的发展，因此一些领域尚处于法律未能监管到的灰色地带。在这一领域，人们是非观的迷失更为严重。如果对道德没有敬畏感，人们就会无视道德，甚至丧尽天良。在传统社会，道德具有至高地位，甚至被视为"天理"，如果违反了道德原则，就会受到"天打雷劈"的惩罚，因此传统社会的人们对于道德天然有一种敬畏感。

到了当代社会，由于敬畏感的消失，使得人们对于道德法则不再敬畏和信奉，甚至逐渐因为人欲横流而将道德原则弃之如敝屣，甚至为了一己之私而变成衣冠禽兽。孔子曾说，"君子有三畏：畏天命，畏大人，畏圣人之言。小人不知天命而不畏也，狎大人，侮圣人之言"（《论语·季氏》）。也就是说，一个有道德的君子是有敬畏之心的，要敬畏天命，尊重自然规律；要敬畏有品德、有地位的人，因为他们负责治理国家，维护社会秩序；要敬畏圣人之言，因为圣人所说的话往往揭示了人生应当遵循的道理，违背了就会导致品德沦丧和灾祸发生。小人正好相反，不敬畏天命而破坏自然，不尊重大人而自行其是，不信奉圣人之言而轻慢侮辱，这样只会招致灾祸。因此，在当代社会要树立正确的道德观念，有基本的敬畏之心。正是因为当代社会人们是非观的迷失和错位愈演愈烈，因此我们才更需要用社会主义核心价值观在全社会树立正确的是非观。

第三，对责任的漠视与逃避。

价值观或道德观的现实落脚点是"责任"，即每个人应当负起应有的责任。从传统文化的角度来说，自古以来我国就有注重责任的传统。如林则徐的"苟利国家生死以，岂因祸福避趋之"，再如"士不可以不弘毅，任重而道远。仁以为己任，不亦重乎？死而后已，不亦远乎？"（《论语·泰伯》）在传统文化中，为了责任和大义，即使舍身赴死、杀身成仁也是义不容辞的。中国人看起来最讲责任，但这种责任似乎只针对别人不针对自己："国家兴亡，匹夫有责，但匹夫不是我一个"，"我一个人做不做对社会的影响并不大"，所以"屁股决定脑袋""用脚投票"成了常态。责任意识淡薄的原因不外乎是非观的错位，外在诱因是各种社会思潮对是非观的冲击，以及市场经济带来的内在逐利动机。因此，在完善法制建设的同时，树立正确的是非观是一个紧迫任务。

第四，在具体表现中，人们往往表现出对贪官的痛恨与羡慕、对奸商的斥责与模仿等双重性。

中国人都恨贪官，但总有些中国人在谈论贪官的时候流露出十分矛盾的心态：在痛恨之中包含了一丝羡慕，由于有这种羡慕，所以一旦自己坐在那个位置上就会照贪不误，甚至做得更过分。而且，几乎每个人都会斥责奸商唯利是图的行径，然而，现实中还是有不少人在模仿奸商的投机。甚至在市面上可以见到大量兜售钻营术的"宝典"，任何行业、任何领域，只要有机会都能成为投机的领域。这实际上是一种人格的异化，因为判断（贪官、奸商）的标准是双重的，无法做到始终如一。正常情况下，人们对于贪官、奸商都是痛恨的，但是由于利己主义动机的驱使，一些人也对贪官、奸商很羡慕，甚至想方设法模仿这些人爬上高位或不择手段赚钱。这种是非观的混淆并非个别现象，似乎有愈演愈烈的趋势。正是在这种思想的影响下，"精致的利己主义"开始流行，表面上明辨是非，实际上却说一套做一套，对社会风气造成了恶劣影响。

2. 当前社会是非观迷失的原因

当前我国社会人们是非观的迷失或错位是什么原因造成的？这主要归结为以下三点：

第一，传统是非观的缺陷。

这主要表现在三个方面：一是重视道德而轻视理性。或者说，传统社会重视道德的修养，但是不提倡理性的反思能力。"德"与"智"乃是非观中蕴含的两个方面。然而，中国传统是非观中德与智的发展是不平衡的，主要表现为过分重视道德修养，而轻视理性反思能力的培养。这在儒家中表现得尤为明显，朱熹则直接将"是非"等同于"善恶"："天下之理，不过是与非两端而已。从其是则为善，徇其非则为恶"（《朱子语类》卷十三）。在朱熹看来，所谓天理实际上就是对是非的判断，因此是非就等于善恶。非独儒家如此，即使以重视逻辑和理智著称的墨家也坚持价值优先的原则。在墨家看来，一个坏人（盗人），一个没有伦理道德的人，就是一个失去做人根本的人，是可以被除掉的，因此"杀盗人非杀人"（《墨子·小取》）。短期看，重视道德修养的是非观确实有利于一个以伦理维系的良性社会的建立，但这个伦理的体系由于缺少理智的砥砺，因此其基础往往是不坚实的。而在西方文化的冲击下，这种不足就更明显了。

二是"成王败寇"的功利主义思想根深蒂固。或者说，传统社会只注重最后的结果，而不注重过程，即使过程是不道德的甚至非法的，只要结果好，一切都好。在最朴素的观念中，英雄应该是正义和力量的化身，其中正义的地位更高，所以才会有"不以成败论英雄"的说法。成王败寇标榜的是强力而不是正义，正是因为对强力的过分崇拜才可能导致我们会以结果论英雄，才会走向非法、非道德的道路上去。甚至为了自己的意志，践踏别人的尊严甚至生命。这种观念的盛行必然引起是非观的混乱甚至崩溃。

三是"看客心态"盛行，或者说利己主义盛行，缺乏对他人的关怀。中国从来不缺少无聊的看客，一方面，他们奉行"事不关己，高高挂起"的原则，对别人遭遇的不公或悲惨不闻不问、视而不见；另一方面，他们又特别喜欢打听各种奇闻轶事，其目的就是满足自己的窥私欲和充作茶余饭后的谈资。更为严重的是，看客不仅逃避了自己的社会责任，而且助长了恶的滋生。时至如今，一方面社会上仍旧有大量看客（网络上的各种吸引眼球的新闻比比皆是），另一方面人们内心的冷漠日益增加。

第二，经济大潮的冲击。

四十多年来，中国的经济改革高歌猛进，取得了举世瞩目的成就，人们的生活条件得到显著改善。然而，在全国上下全心全意进行经济建设的同时，也出现了"唯经济论"的不良倾向。

具体而言：其一，"唯经济论"最直接的表现就是经济成为考核党政干部最主要的乃至唯一的标准。不可否认，发展经济是当前我国面临的最大任务，但并不是唯一任务，因此，考核党政干部的标准也不应该是唯一的。况且，发展经济的目的是改善广大人民的生存状况，经济只是手段，人民幸福才是目的。其二，"唯经济论"在生活中的表现是商品意识的泛化。一般来说，经济的发展会带来人们道德水平的提高，所谓"仓廪实则知礼节，衣食足则知荣辱"（《管子·牧民》）。但是，在一个除了经济以外什么都不重要的社会，一切东西都可能被当作商品。这正如马克思所说，人与人之间的关系就会被异化，就会变成赤裸裸的金钱关系。其三，"唯经济论"在舆论界的表现就是片面追求眼球效应。社会舆论应该承担起激浊扬清的责任，而一旦舆论工作者放弃了社会责任，完全以利益为中心，本着只要能吸引眼球就行的原则时，其负面效应是无法估量的。当一个人为了出名而不择手段（不管是美名还是恶名）的现象成为社会的常态时，这就已经严重动摇人们基本的是非观了。

第三，多元价值观的影响。

改革开放以来，政治逐渐淡出普通人的生活舞台，人们实现自我价值的途径也变得多样化，也开始接受各种各样的价值观和道德观。与开放之前相比，这无疑是一种很大的进步。然而，在生活"去政治化"的同时，也造成了人们对政治的冷漠、疏离，乃至形成了"政治无是非"的论调。价值多元化本身是无可厚非的，但是如果不能加以正确引导，那么价值多元化就会产生比较严重的后果，一个突出表现就是价值多元化带来的道德相对主义，从而导致人们失去统一的、稳定的是非观，社会道德文明风尚也会受到严重影响。可以说，价值多元化最坏的结果就是否定价值：每个人从自己的角度看自己的选择，都是有价值的；若从自己的角度看别人的选择，必然都是无价值的。那么，价值、是非、善恶，最后就都成了没有意义的虚无。在这种虚无主义中，人们的是非观就会荡然无存，社会也会陷入动荡之中。

3. 坚决反对"四个主义"

要想树立正确的是非观，批判性继承传统文化，在抓经济建设的同时大力抓好意识形态建设，并加强多元价值观的规范和引导，这些都是必经之路。就当前的形势而言，需要解决的关键问题是要反对一切形式的"四个主义"。2016 年 10 月 27 日中国共产党第十八届中央委员会第六次全体会议通过《关于新形势下党内政治生活的若干准则》，围绕坚决维护党中央权威明确规定："全党必须自觉防止和反对个人主义、分散主义、自由主义、本位主义。"这四个主义并不仅仅针对党员干部，对于我们每个人来说，要想树立正确的是非观，都需要反对这四个主义。

第一，个人主义盛行导致是非观迷失或错位。

换言之，人们之所以选择"是"或"非"，在个人主义者看来，其判断标准是"我"，而不是他人、集体、社会、国家、民族，因此才会导致是非观的颠倒。个人主义就是把自己凌驾于组织之上，把个人利益凌驾于整体利益之上，为达个人目的不惜损害他人、集体利益的一种错误思想。通常而言，个人主义在保护个人应有权益上无可厚非，但是个人主义最糟糕的是将个人置于最高的位置上，将自我视为唯一的目的，将他人都当作工具，甚至是压迫的对象，这就是非常错误的思想。从传统文化来看，实际上中国传统的个人主义思想是非常淡薄的，因为传统文化主要是一种整体主义思想。所谓整体主义，就是强调整体是最重要的，个人属于整体的一个部分。比如中国传统强调"修身，齐家，治国，平天下"（《礼记·大学》），"修身"即培养道德修养，学习治国理政的知识，身修得好，就可以让家庭（家族）变得和睦，只有能够让家庭（家族）和睦，才有能力治理国家（诸侯国），进而治理天下。在这个过程中，个人的价值体现在齐家、治国、平天下之中。当个人利益与家国天下冲突时，绝对以家国天下的利益为重。只是到了近代社会，这种整体主义的传统逐渐丧失，其根源主要是五四以来传统文化的没落，以及西方个人主义思想的影响，再加上市场经济对个人利益的强调，使得个人主义开始逐渐在社会上盛行，在传统社会看来是非颠倒的现象就屡见不鲜了。

第二，是非观的迷失或颠倒，和分散主义也是分不开的。

分散主义与民主集中制是相反的，其表现是目无法纪，肆意妄为。在我国，坚持人民民主专政是必须的要求，坚持为人民服务也是必备的素质。民主集中制是符合我国国情的重要原则和制度，在充分保障民主的基础上实行集中制，少数服从多数，下级服从上级，全党服从中央，这样就保证了行政高效。从是非观的角度来说，也就保证了大是大非上的立场明确，能够引导人们与中央保持一致。但是分散主义不是这样，分散主义是一种无组织、无纪律的错误倾向，违反的是"下级服从上级、全党服从中央"的原则；对于党和国家的重大方针、政策、指示和决定不坚决执行，或者认为合我意的就执行，不合我意的就不执行，甚至阳奉阴违，"上有政策，下有对策"。在这种情况下，所谓的是非观念就完全混淆甚至错位了。党的十一届五中全会通过的《关于党内政治生活的若干准则》就明确强调："对于派性、无政府主义、极端个人主义和官僚主义、特殊化等错误倾向，要进行严肃的批评和斗争……必须反对和防止分散主义。全党服从中央，是维护党的集中统一的首要条件，是贯彻执行党的路线、方针、政策的根本保证。任何部门、任何下级组织和党员，对党的决定采取各行其是、各自为政的态度，合意的就执行，不合意的就不执行，公开地或者变相地进行抵制，以至擅自推翻，都是严重违反党纪的行为。"①

第三，自由主义也会导致是非观的错位。

自由主义是和集体主义、民主集中制对立的不良思潮。自由本身是一种好东西，也是人们具有的自然权利。但是自由不是无法无天，无法无天的是自由主义。自由的实现从来就是和责任相关的，自由也从来都是在社会关系中实现的。马克思曾经这样说："代替那存在着阶级和阶级对立的资产阶级旧社会的，将是这样一个联合体，在那里，每个人的自由发展是一切人的自由发展的条件。"② 也就是说，自由的实现与社会现实息息相关，在资本主义剥削制度下，自由是不可能实现的，每个人的自由只能在一个消灭剥削的共同体中才能实现。在共同体中生活的每个人都处于社会关系之中，不存在所谓绝对的脱离现实关系的自由，"只有在共同体中，个人才能获得全面发展其才能的手段，也就是说，只有在共同体中才可能有个人自由"③。因此，自由主义所主张的自由放任、无法无天是一种非常有害的思想，也是为社会所不容的。自由主义作为一种不良风气，其核心是不要集体原则，无视组织纪律，主张无原则的放任。在这种风气影响下，无论是党员干部还是普通民众，都会陷入不讲原则、不讲规矩的错误倾向中，甚至会导致一些人目无法纪，不把任何人、任何组织放在眼里，为所欲为，甚至在大是大非上都违反原则。因此，自由主义的盛行一定会

---

① 关于党内政治生活的若干准则. 人民日报, 1980 - 03 - 15 (1).
② 马克思恩格斯选集：第1卷. 北京：人民出版社, 2012：422.
③ 马克思恩格斯文集：第1卷. 北京：人民出版社, 2009：571.

导致人们失去正确的是非观。

第四，影响人们是非观的还有本位主义的错误思想。

本位主义考虑问题时以小团体为中心，无论利弊得失都站在小团体的立场上。换言之，本位主义就是搞小团体，维护既得利益。对于党和国家制定的方针政策，有利于自己（小团体）的就落实、照办，要求小团体做出牺牲的就搁置、舍弃。显然，在本位主义的风气中，是非不重要，只有小团体的利益才最重要。从本质上来说，本位主义是一种扩大了的个人主义。在当代社会，本位主义有日趋严重的倾向，比如一些贪官污吏"报团取暖"，对抗中央巡视组的调查就是典型表现。还有，部分领导虽然没有做出明显违反法纪的事情，但是凡事都从本单位、本团体出发，只考虑自己的"一亩三分地"，不懂得换位思考，不懂得大局为重。诸如此类都是本位主义的表现，要想树立正确的是非观，本位主义是一定要反对的。

（三）以核心价值观为指导，树立正确的是非观

是非观是世界观、人生观和价值观的重要组成部分。一个人有了正确的是非观，才会有正确的道德规范、鲜明的是非标准。在立身处世、做人做事中，才能自觉做到是非分明、公私分明、爱憎分明，做到择善而从、见恶而弃。一个人的是非观，不仅能体现他的道德水准和做人原则，也表现出一个人的智慧和品质。一个人有什么样的是非观决定着他有什么样的境界，有什么样的作为。因此，每个人都应树立正确的是非观，明辨是非，坚持对的，反对错的，不能混淆是非，颠倒黑白。因此，反对"四个主义"，就必然要求我们以核心价值观为指导，在全社会树立正确的是非观，做到是非分明、坚持真理、实事求是。

第一，要做到是非分明。

是非分明是树立正确是非观的必然要求。具体而言，一是必须明确判断是非的标准。判断是非，区分善恶，在不同的社会、不同的时代有不同的标准。在当代中国，判断是非的标准必然以社会主义核心价值观为指导，即以人的行为是否符合法律和道德的规范，是否符合最广大人民群众的根本利益，不损害国家的、集体的和他人的合法利益，是否适应社会发展的需要，推进社会进步和人的全面发展为评价是非善恶的根本标准。

二是必须树立明确的荣辱观。荣辱观是世界观、人生观和价值观的重要组成部分。一个人要分清是非荣辱，明辨善恶美丑，才能形成正确的价值判断，才能有正确的道德规范、鲜明的是非标准，形成良好的道德风尚。我们要以热爱祖国为荣、以危害祖国为耻，以服务人民为荣、以背离人民为耻，以崇尚科学为荣、以愚昧无知为耻，以辛勤劳动为荣、以好逸恶劳为耻，以团结互助为荣、以损人利己为耻，以诚实守信为荣、以见利忘义为耻，以遵纪守法为荣、以违法乱纪为耻，以艰苦奋斗为荣、以骄奢淫逸为耻。

三是要立场坚定，旗帜鲜明。是非观要求我们在明辨是非之后必须在行动上体现出来，即必须立场坚定，旗帜鲜明。如果连是非都搞不清楚，凡事模棱两可，就会不明事理，丧失原则，迷失方向，就会失去应有的道德和法纪约束，就很可能走上邪路。尤其对于党员干部来说，如果不明是非，就不是一名合格的共产党员，更没有资格担任领导干部，甚至不具备做一个正常人的起码条件。从本质上来说，是非分明意味着拒绝一切形式的相对主义，以核心价值观为判断标准，在思想、行动上接受和践行这一标准，并且勇于和不良社会现象做斗争，做到知行合一。

第二，要做到坚持真理。

树立正确的是非观必然要求我们坚持真理，真理就是"是"，违反真理的就是"非"。真理是人们对于客观事物及其规律的正确反映。真理不仅仅体现在对自然科学及其规律的探索上，也表现在对社会科学及其规律的探索上。坚持真理就是坚持对的，反对错的。坚持真理、修正错误应该成为我们每一个人都应该具备的道德素质和思想品格。核心价值观本身就是当代中国建设的真理性反映，换言之，要想建设成为社会主义强国，实现国家富强、民族振兴、人民幸福，坚持社会主义核心价值观就是必由之路，这就是一条颠扑不破的真理。

面对纷繁复杂的世事，要想坚持真理就必须加强学习，提高素质。要通过学习掌握马克思主义立场、观点和方法，并运用这些来观察问题、分析问题和解决问题，提高观察问题、分析问题和解决问题的能力。同时，要通过学习提高思想觉悟和综合素质，通过学习打扫思想灰尘，去除不良习气，纠正错误言行。除了加强学习外，还要在实践中坚持真理、修正错误。当前，我国正处在全面建成小康社会的关键阶段，迎来事业发展的黄金期，也是社会矛盾的凸显期，各种错误思潮和腐朽思想的侵蚀无处不在。我们要澄清模糊认识，以核心价值观为指导，反对一切形式的错误思潮，自觉抵制各种错误思潮的侵袭，绝不能信仰失落、精神迷失、随波逐流。

要坚持真理，就必须坚持"人民至上""以人民为中心"的价值观和道德观。在马克思主义看来，人民群众创造历史，这就是一条客观真理。这也正如毛泽东同志所说："人民，只有人民，才是创造世界历史的动力。"[①] 对此，习近平总书记也明确强调："人民是历史的创造者，是真正的英雄。"[②] 由这条客观真理可以推导出来，我们应当坚持"人民至上""以人民为中心"的价值理念和道德原则，并将其应用到生活实践中，这便是对真理的坚持，对道德原则的遵循，也是对道德素质的养成。

第三，要做到实事求是。

坚持正确的是非观，在实践中就是要做到实事求是，将核心价值观所体现的各种要求践行下去。要从实际情况出发，探求事物发展的规律性，用以指导行动。实事求是是党的思想路线和基本思想方法、工作方法、领导方法，也是做人的重要准则。每个人都应把实事求是作为一种境界来追求，作为一种纪律来遵守，作为一种习惯来培养，把实事求是贯彻到学习、工作和生活的各个方面，坚持实事求是，求真务实。要一切从实际出发，解放思想，实事求是，与时俱进，始终坚持以我国改革开放和现代化建设的实际问题、以我们正在做的事情为中心，在研究新情况、解决新问题的实践中开创各项工作的新局面。对于我们每个人来说，做老实人，说老实话，干老实事，就是实事求是，这也是"大庆精神"的重要体现。实事求是就是对是非的客观看待，落实到为人处世上，就是要在工作和生活中保持一种"老实"的道德品质，不怕吃苦，不搞小聪明，踏踏实实，求真务实地做好每一件事。尤其是在面对各种（西方）思潮侵袭的时候，不忘初

---

① 毛泽东选集：第 3 卷. 北京：人民出版社，1991：1031.

② 习近平. 在庆祝中国共产党成立 95 周年大会上的讲话. 人民日报，2016 - 07 - 02 (2).

心，老实做事，这也就坚持了正确的是非观，而不为不良思潮所影响。

具体而言，以核心价值观为指导，树立正确的是非观，这是一个长期的过程，需要从以下四个方面做好工作：

一是要着重在信仰信念上树牢正确的是非观。信仰信念，是全体人民（尤其是党员干部）的政治灵魂和经受风险考验的精神支柱。树立正确的是非观，就必须把坚定信仰信念摆在重要位置，将其作为首要的政治品格来坚守、作为最鲜明的身份标识来秉持。面对社会上的错误思想和政治谣言，我们要以核心价值观为指导，坚持爱国主义、集体主义，勇于坚持真理，与一切谬误坚决做斗争。

二是要着重在法规纪律上树牢正确的是非观。《吕氏春秋·自知》有云："欲知平直，则必准绳；欲知方圆，则必规矩。"对于每个公民来说，法律法规就是我们必须遵循的行为准绳，是否符合法律法规就是是非判断的标准。核心价值观中的"自由、平等、公正、法治"等正体现了这一要义。自由、平等、公正的实现最终都依赖于法治的实现，因此，对于我们每个公民来说，必须时刻以法律为依据，以道德规范为行为指导。

三是要着重在做人做事上树牢正确的是非观。如何做人做事，是树立正确的是非观的重点。就核心价值观而言，要想把握正确的是非观，关键是要把正确地做人做事摆在重要位置，要做一心为民服务的人。在具体的行动中，要热爱祖国，坚持正义，爱岗敬业，诚信友善。在人际交往和工作中，要做到宽厚善良，宽容他人、永葆善心，以心换心、以情换情。宣传社会正能量，抵制负能量，与一切谬误坚决做斗争。当遇到个人、他人、集体、国家的利益发生冲突时，要在大是大非上立场坚定，要修己安人，以集体、国家利益为重。

四是要着重在品德修养上树牢正确的是非观。人们的品德好坏影响着社会风气的好坏，更是对树立正确的是非观有着重大影响。要树立正确的是非观，就必须从社会公德、家庭美德、职业道德等各个方面加以培养，真正明白自己能做什么、不能做什么，该做什么、怎么做。要坚持以社会主义核心价值观为道德标尺和行为取向，着力涵养个人高尚的道德情操，自觉把崇高的品德追求作为职责使命所系，作为行为习惯之要，作为素质提升之基。只有这样长期坚持下去，才能在明辨是非、坚持真理、实事求是的同时更多地影响他人，提升整个社会的道德文明风尚。

三、由核心价值观形成正确的美丑观

美丑观看起来似乎和善恶观、是非观没有直接关联，其实并非如此。一个善的、真的东西，往往也是美的东西；一个恶的、假的东西，往往也是丑的东西。因为善恶、真假、美丑都是心灵的感受，从本质上来说，善恶、真假是同一事物的不同侧面。即便是看起来最为客观的自然科学规律，在科学家看来也自有美感，社会事物则更是如此。

（一）美丑观与审美的关系

所谓美丑观，指的是正确地判断什么是美、什么是丑的标准。美丑观涉及的是人们的审美情趣以及个人情操，这并不是一个简单的问题，因为美丑不仅关乎外在形象，也关乎内在心灵，或者说，美丑观与人们所秉持的价值观是息息相关的。如在当代社会，一些以丑为美（如以庸俗、低俗、媚俗为美）的现象就说明了这一点，错误的价值观会导致错误的美丑观。

美丑观的树立与审美标准有着密切关联。所谓审美标准，是指用以评价对象的审美价值的尺度。人们在审美评价中总是自觉不自觉地运用某种尺度去衡量自己审美的对象。由于审美主体的生活经验、审美趣味的不同，人们对审美评价尺度的把握和所得的结论也会有所不同。当然，这并不能否认审美标准的客观性。因为无论审美主体的个体差异有多大，主体的审美活动总是在一定的社会历史条件中进行的，审美评价的标准总要受到一定社会历史条件的规定和制约。在主体和对象的审美关系中，总会积淀不以人的主观意志为转移的客观内容。不可否认，审美观具有时代性、民族性以及共通性，在阶级社会具有阶级性。但是就一个社会来说，总有一个相对稳定的美丑观，这个美丑观实际上是一个社会的主流文化（主流价值观）的间接反映。

要想树立正确的美丑观，首先应该明确什么是美。人的审美意识起源于人与自然的相互作用中，自然物的色彩和形象特征如清澈、秀丽、壮观、优雅、洁净等，使人在作用过程中得到美的感受。而在人际交往的过程中，对于那些能够给人带来愉悦的、美好的、高尚的、崇高的感受的行为或人物，我们往往认为是美的，与之相反的则认为是丑的。也就是说，美丑观的对象有两种。一种是关于自然事物的，一种是关于社会事物的。关于社会事物的审美并不是与关于自然事物的审美完全无关，而往往具有较为密切的关系，尤其是在引起人们内心的审美感受上具有较大的相似性。当我们欣赏"春江花朝秋月夜"的美景时，内心充满了一种宁静的、愉悦的情感；当我们欣赏一件充满艺术魅力的手工艺术品时，同样有这种情感；当我们对朝阳蓬勃而出的壮丽景色感到振奋时，同样也可以在一个奋发向上的励志故事里获得这种情感。因此，从这个意义上来说，审美有一个共通的标准，美丑观也应当有一个确定的标准。

人之所以需要审美，是因为世界上存在着许多东西，需要我们去取舍，找到符合我们需要的那部分，即美的事物。"黑夜给了我黑色的眼睛，我却用它来寻找光明"，人们天然所具有的审美情感从客观上决定了我们对美好事物的追求。动物只是本能地适应这个世界，人则可以通过自己的智慧发现世界上存在的许多美的东西，丰富自己的物质生活和精神家园，以达到愉悦自己、使自己变得高雅、使社会变得更美好的目的。从人性本身来说，人之所以审美，除了愉悦自己之外，在很大程度上也是为了完善自己。通过一代代人对周遭世界的评判，不断改进，形成了更为完善的对事物的看法，剔除人性中一些丑陋的东西，发扬真、善、美的本性。在当今社会中，通过对美好事物的欣赏，尤其是对人性中存在的友情、亲情、爱情的审美，不断为生活在市场经济竞争下的人们满足高雅的审美需求，从而赋予我们的人生崇高的意义和价值。

美丑观是道德观的重要内容，因为审美能够提升人们的道德境界。人是一个奇妙的存在物，他不是一个纯粹的动物，而是拥有自己的精神世界。正是因为每个人都有精神，所以从伦理道德的角度来说，人的一切行为都可以纳入道德观照之中。这种道德观照与审美是分不开的。比如一个人的外在衣着，这看起来似乎是一个私人问题，不涉及他人，更不涉及道德。其实并非如此，外在衣着除了御寒保暖等基本功能外（这主要体现在物质资料匮乏的时代），还有重要的审美功能，这种审美功能反映了个人品位的高低，也反映了对他人的影响。当我们评价一个人穿得大方得体，体现了良好精神风貌的时候，这实际上既是事实评价，也隐含了道德评价（欣赏、赞誉对方的良好气质）。而且，外在衣着对人们的精神有着潜在的影响，比如当一个人穿上警服之后，就会想到自己是一个警察，有着维护治安、伸张正义的责任；当一个人穿上白大褂之后，就会想到自己是一个救死扶伤的医生。这些都是潜移默化的影响，有助于形成良好的道德品质。相反，当一个人热衷于靡靡之音、奇装异服、出格言行，其精神也受到了潜在影响，原有的价值观、道德观就可能被影响。因此，美丑观与善恶观、是非观一样，都是道德观的重要内容。从这个意义上来说，审美主要"审"的是"精神之美"。

（二）当代社会美丑观错位的表现和原因

既然审美审的是"精神之美"，那么美丑本身就是有确定标准的，当美丑观偏离了这个确定标准的时候，就是错位。美丑观看起来是一个主观标准，实际上是一个客观标准。之所以说客观，是因为什么是美、什么是丑是有着普遍标准的，即在客观冷静的状态下，所有人的审美标准是一致的。这就是审美虽然基于每个人的主观判断，但仍具有客观普遍性的原因。比如夕阳西下、晚霞漫天是美丽的景色，但是也有人因为个人境遇（如年老体衰、疾病缠身、亲人去世）感到"夕阳无限好，只是近黄昏"。但是这只能说明这是一个个案，因为这个人之所以没有感受到美景是个人境遇干扰了他，使得他不能做出客观冷静的判断。当每个人都处于客观冷静的状态下的时候，都能感受到美。对于社会事物的判断也是这样，正常情况下，当每个人都很客观冷静的时候，都会认为那些庸俗、低俗、媚俗的东西是丑的。但是，当人们的思想观念受到冲击，不能保持客观冷静的心态时，就可能将那些本来是丑的东西当作美的东西。这就是美丑观的错位。

在当代社会，影响人们具有正确美丑观的最大因素是"三俗"之风的盛行。所谓"三俗"之风，即庸俗、低俗、媚俗之风。"三俗"之风看起来似乎并不关系到大善大恶、大是大非等重大问题，但是"三俗"之风会极大地影响人们对于美丑的判断，从而导致人们"以丑为美""以美为丑"；会潜移默化地引导人们趋向那些低级下流的东西，逐渐丧失高尚的道德情操，长此以往，社会风气将变得日益败坏。当人们的高尚情操、理想信念都丧失的时候，整个社会就会失去正确的价值导向，"中国梦"的实现、中华民族的伟大复兴就将成为泡影！因此，反对一切形式的"三俗"之风是树立正确的美丑观，进而提高社会道德风尚的重点。

第一，"三俗"之风的主要表现。

这主要表现在两个方面，即新闻媒体的不良导向和网络的不良导向。

新闻媒体是党和国家的喉舌，在相当长的一段时间内，新闻媒体的导向是非常正确的，起到了塑造良好社会风气的重要作用。但是随着经济全球化、网络全球化的迅猛发展，新闻媒体的主体逐渐多样化，由以前中央电视台、中央人民广播电台为主导变成了多元主体下的多种多样的新闻媒体。由此，新闻媒体引导大众树立正确的美丑观的作用开始弱化，各种不良现象逐渐显露出来。就新闻媒体而言，相当长一段时间以来，媒体的报道特别是娱乐资讯报道，出现了感性驱逐理性、明星取代模范、绯闻替代理论、表象掩盖内涵的不正常现象。

所谓感性驱逐理性，指的是新闻媒体不再以理性的客观分析为导向，而是激发、挑动人们的情感，从而使得人们在情感的旋涡中无法自拔，甚至被误导，"以丑为美"。尤其在目前短视频流行的环境中，各种真假难辨、美丑不分的新闻充斥眼球，"乱花渐欲迷人眼"。所谓明星取代模范，指的是新闻媒体为了吸引眼球，不再宣扬先锋模范人物，而以各种娱乐明星为噱头；这种倾向有日益严重的趋势，似乎宣传先锋模范人物并不能吸引流量，于是一些新闻媒体对娱乐明星的八卦新闻大肆报道，使得人们的美丑、善恶、是非观受到了不良影响。所谓绯闻替代理论，指的是新闻舆论媒体不再将目光更多投向思想理论，而更多关注各种明星绯闻，以及与此相类似的猎奇新闻（甚至这些新闻是编造出来的），从而使得人们难以辨别什么是美，什么是丑。所谓表象掩盖内涵，指的是新闻媒体虽然以轻松娱乐为目的，但内涵越来越浅薄，越来越只关注表象而不注重内涵，更有甚者，编造各种猎奇新闻以哗众取宠。可以说，扮演着社会道德和良知守望者角色的新闻媒体，竟然玩起了"以丑为乐"、为"三俗"之风推波助澜的把戏。而且，不少新闻报道涉及色情、绯闻、凶杀、暴力、隐私、猎奇、怪异、迷信、愚昧等各种内容，并配以夸张言辞以及各种亦真亦假的图片，对很多人（尤其是年轻人）造成了恶劣影响。可以说，这些新闻中有相当大的比例是"星、腥、性"新闻，恶炒艳事绯闻，宣扬暴力犯罪，专事搜奇猎异，热衷暴露隐私。比如在一些赤裸裸地描写和渲染暴力犯罪的新闻中，具体的犯罪细节往往被作为卖点来吸引受众的视线。与此同时，一些窥探隐私和稀奇古怪的"人咬狗"新闻，以及专事暴露阴暗面的负面新闻，也时不时地在媒体上露面，让受众不胜其烦。

这些"三俗"新闻生产了大量"精神鸦片""文化垃圾"，挤占了正面报道和典型报道的版面与节目时间，弱化了媒体宣传的主旋律，偏离了社会主义核心价值观的大方向，污染了社会空气。"三俗"之风盛行，不利于人们正确的世界观、人生观和价值观的形成，而且还会对他们的身心健康和发展造成很大的危害。

从网络环境来看，庸俗、低俗、媚俗之风在互联网平台上蔓延已久。客观而言，网络的飞速发展对于社会进步产生了巨大作用，也有利于科学知识的传播和信息的共享共用，但是网络是一个难以监管的领域，由此也对互联网的管理提出了巨大挑战。正是由于互联网是一个难以监管的领域，因此"三俗"之风蔓延得更为厉害。

互联网从诞生之日起，就至少有两个特点：一是包容性，二是海量信息。正是因为互联网的包容性和海量信息才使得互联网成为一个庞大的虚拟社区，才能迅速覆盖全球。无可置疑，互联网的出现和迅猛发展，对于人类社会的进步有着巨大作用，但是泥沙俱下，互联网带来的各种弊端也是不可忽视的。互联网带来的弊端之一就是"三俗"之风的四处蔓延。就网上的内容来说，有庸俗的也有高尚的，有低俗的也有高雅的，有媚俗的也有脱俗的。如果说审美成就人生，那"审丑"就是"毁三观"、毁人生了。互联网的包容性及难以监管性，使得各种践踏文明、违反道德的现象经常出现，更有"以丑为美"的拥趸群魔乱舞，本是清朗之地却时时乌烟瘴气。而且从互联网的安全性来说，由于互联网的全球性，使得国外敌对势力容易找到一些渠道将国外的不良思潮散布到国内，比如西方的"性自由思想"以及"娱乐至上"的思想就是这样慢慢渗透到国内的。国外敌对势力始终不会放弃对我国进行"和平演变"的企图，因此他们会寻找一切机会，尤其是互联网的传播渠道来对我国社会进行侵袭。这些思想往往隐藏在"三俗"之风中，使得其意图被很好地隐藏起来，这也使得监管更加困难。

尽管从大的方面来说，"三俗"内容不是互联网文化的主流，但是，这不能成为纵容网络"三俗"的借口。互联网这个载体，本身是先进文化的代表，但互联网平台上的"三俗"现象又败坏了网络的名声。因此清理不良文化内容，是我国进行网络文化建设中一个日常性、长期性的工作，要通过持之以恒的努力，最终将互联网净化，使之成为宣传正能量的平台。

应该说，"三俗"之风与社会主义核心价值观格格不入，它强调的不是开拓创新，不是繁荣文化，不是增强国家文化软实力，而是众声喧哗和凑热闹。它试图冲破传统道德对行为的规范和秩序限制（尽管这种限制或规范对于社会稳定发展是必要的），在思想混乱中张扬自我；它向受众提供的不是社会主义核心价值观等正能量，而是无聊的笑料和谈资、即兴的感官刺激和逢场作戏。相对于光明、积极、向上的核心价值观而言，"三俗"之风所蕴含的文化是消极颓废和腐朽没落的，在本质上没有任何先进性可言。

固然，在社会主义市场经济条件下，票房、收视率、发行量、网络流量等应该是文化产品接受市场检验的重要指标，我们也应当重视，但是文化软实力背后有意识形态的"硬要求"，我们绝不能为了单纯追求票房、收视率、发行量、网络流量等因素而忽视艺术品位，放弃社会责任，突破道德底线，有损民族情感。在当前社会主义建设的过程中，我们应当高度重视"三俗"之风，对其带来的社会危害高度重视，尤其应当完善法律法规，采取有力措施，切实建设好、管理好、发展好各类经济实体，一起努力营造良好的社会文化环境，推动社会道德文明水平的不断提高。

第二，"三俗"之风日益泛滥的原因。

为什么现在"三俗"之风日益泛滥？具体来说，一是经济利益的驱动，二是非主流文化的影响。

毋庸讳言，受经济利益的驱动，庸俗、低俗、媚俗的"三俗"之风确实在新闻媒体及网络环境中日益泛滥，引起了社会的广泛关注。一些影视片，过度追求商业化、娱乐化，强调感官刺激，忽视高雅的审美追求；一些出版物，忽视正确的导向作用，宣扬拜金主义、享乐主义、极端个人主义，传播错误的人生观、价值观；一些电视媒体，人为制造热点，哗众取宠、格调低下，为追求收视率甚至不惜挑战观众的道德底线；一些网站，炒作绯闻、披露隐私，靠无聊、低级的"恶搞"甚至靠渲染色情暴力提高点击率。这类庸俗、低俗、媚俗的文化现象，散播快，流毒广，其严重危害不容轻视。

产生这些现象的一个根本原因，在于经济利益的驱动。在改革开放初期，为了快速发展生产力，消除贫困，提高人们的物质生活水平，我国始终坚持"以经济建设为中心，坚持改革开放"的正确道路。经过四十多年的发展，人们的物质生活水平有了极大提高，综合国力也得到了极大增强。不过在强调经济发展的过程中，由于受经济利益的驱动，人们逐渐将传统道德观念置之脑后，甚至丧失了基本的善恶、是非、美丑的辨别能力。尤其是在与大众娱乐相关的领域，在不敢触动大是大非的前提下，受经济利益驱动的不良企业或个体"恶搞"各种文化和社会现象，肆意颠覆美丑标准以吸引眼球，达到快速致富的目的。

事实上，我国始终坚持的都是一手抓物质文明建设，一手抓精神文明建设，因此在当代社会主义建设中，物质文明上去的同时精神文明也要跟进，党中央就此三令五申精神文明建设就是明证。所以，在经济利益仍有着重大影响的当下，旗帜鲜明地反对一切形式的"三俗"之风是我们每个人都应该支持和参与的。

非主流文化对社会的影响也是"三俗"之风日趋盛行的重要原因。当前我国的主流文化是社会主义文化（核心价值观是其重要内容），非主流文化则包括西方文化、形形色色的其他文化形式。譬如当今世界消费主义之风盛行，波及文化领域，产生了文化消费主义，使文化生产的商业利益追求压倒甚至取代了艺术和精神的追求，文化沦落为纯粹获取经济利益的工具。伴随着流水线式的生产与复制，拒绝深刻、追求感官满足，以消遣性、娱乐性为追求的文化成为消费时尚，文化泡沫、文化垃圾以及庸俗、低俗、媚俗的文化产品由此大量产生。文化消费主义的侵蚀，是"三俗"

之风产生的一个不可忽视的原因。

此外，西方敌对势力通过互联网等各种方式对我国进行文化渗透，也是影响社会风气的重要原因。除文化消费主义外，性自由思想、无政府主义、庸俗经济学理论、极端利己主义、新自由主义、世俗化思潮等，都对我们的主流价值文化产生着巨大冲击。在这种不敢公然反对我国主流意识形态的情况下，各种庸俗、低俗、媚俗的思潮和相关文化产品或新闻报道就开始泛滥起来。

"三俗"之风日益泛滥，严重误导人们的审美观，其中还有监管不力的因素。客观而言，因为"三俗"之风看起来似乎没有违反明确的法律条文，而且往往通过互联网等新媒体形式加以传播，所以监管起来就比较困难。但即便如此，面对新形势下的新挑战，加强监管仍是必要的。具体来说，一是法制不够健全，因为关于"三俗"之风的具体法规不明，监管起来较为困难，所以才给了那些不法之人"钻空子""打擦边球"的机会；二是管理不够到位，因为"三俗"之风相比 GDP 增长等问题似乎显得不那么重要，再加上互联网的开放性难以管理，所以监管一直不够严格。

当然，"三俗"之风盛行还有一个重要原因，就是以社会主义核心价值观为核心的主流文化还需要进一步加强其影响力和感召力。在坚决抵制"三俗"之风的同时，我们更应该认真思考如何弘扬主流文化。在任何一个文化繁荣的时代，文化都是多元并存的，呈现出丰富、复杂、动态的状态，但其中总有一种文化获得广泛接受和认同，这就是主流文化。它是指在社会中占主导地位、具有重要影响力的文化，是主流意识形态的反映、国家意志的表达，而这种文化显然应当以社会主义核心价值观的弘扬为主要内容。

（三）以核心价值观为指导，树立正确的美丑观

正是因为"三俗"之风的存在，人们才失去了正确的审美标准，才使得人们"以丑为美""以美为丑"，对社会道德文明风气造成了极大破坏。要想树立正确的美丑观，营造高雅的审美氛围，就必须抵制"三俗"之风，大力宣扬核心价值观。

要大力增强核心价值观的影响力、感召力。核心价值观是民族凝聚力和创造力的重要源泉，是综合国力竞争的重要因素，是经济社会发展的重要支撑。当代中国的主流文化，是以社会主义核心价值观为主体的中国特色社会主义文化。应该看到，作为应该在社会进程中起重要引导作用的当代中国的主流文化，还不够"主流"，还需要大力加强其影响力、感召力。

具体而言，一是核心价值观的主导意识形态还不够突出，在新闻舆论与网络中有时候"发声"不够，其社会影响力与其在当代文化中应有的地位不相称。对于审美标准问题来说，坚持核心价值观，就应当旗帜鲜明地提出美丑的标准，即一切符合核心价值观的就是"美"，一切有悖于核心价值观的就是"丑"。并且应当采取一切形式，将美丑观在全社会大力宣扬，彻底抵制"三俗"之风。

二是核心价值观受到非主流文化（价值观）的挑战，其社会影响力受到削弱。因为非主流文化及其价值观，往往与市场经济所具有的自由竞争、赚钱为上、鼓励消费的理念相符合，所以大众比较容易接受。换言之，那些低俗的外来价值观比较容易被大众接受，由此纵欲主义、拜金主义、消费主义、利己主义日益盛行，从而就削弱了核心价值观的影响力，使得人们美丑不分。因此核心价值观必须通过法律的、行政的手段对于外来文化及其价值观进行有效干预，引领、影响、规范、管理外来文化的传播，从而引导大众树立正确的美丑观。

三是受到新媒体的冲击，在其所依凭的主流媒体受到互联网等新媒体的挑战时，核心价值观也受到影响。与此同时，各种外来文化及其价值观往往在互联网等新媒体中如鱼得水，从而构成了对核心价值观的极大冲击。显然，为了应对这种状况，政府必须加强对新媒体的管理，即便是对于开放性极大的互联网也应当进一步加强管理，从而将一切丑恶的东西屏蔽在新媒体之外，为核心价值观的传播留下空间，引领人们树立正确的美丑观。

什么是美？什么是丑？美丑的判断表面上似乎和个人喜好相关，但实际上有普遍的标准，其原因在于当每个人都处于客观冷静的状态下时，对美丑的判断是具有一致性的。为什么呢？这是因为客观冷静是一种脱离了欲望的状态，这是一种体现人的精神本质的状态。

《论语·公冶长》记载："子曰：'吾未见刚者。'或对曰：'申枨。'子曰：'枨也欲，焉得刚？'"这段话的意思是说，孔子曾经说他没有见过刚毅的人，有人就说申枨是这样的人，孔子说申枨这个人有欲望，怎么能说是刚毅的人呢？显然，在孔子看来，刚毅的条件是"无欲"。这实际上说明了欲望（譬如市场经济条件下的赚钱欲望）对人的精神品质的重要影响。同样的道理，当一个人处在客观冷静的状态下时（近似无欲则刚），美丑的判断是一致的；只有当掺杂了欲望之后，美丑的判断才会出现问题。在前一种状态下，对于春花秋月的美好，自然每个人都能欣赏了。对于社会事物的判断也是这样，当我们看到那些无私奉献、鞠躬尽瘁的高尚事迹时，会认为这些人的事迹是善的，也是美的。反映这些先进事迹的文学艺术作品带给我们的就是美感，从这个意义上来说，劳动创造美，奉献就是美。只有那些服务于社会和人民的行为才是美的，只有那些反映出服务社会与人民的艺术作品才是美的，反之则是丑的。

显然，从社会主义核心价值观的角度来说，符合核心价值观提倡的行为或艺术作品就是美的，违反核心价值观的行为或作品就是丑的。比如宣扬"爱国"并在工作生活中践行这一价值观的行为，或反映这一价值观的艺术作品就是美的；相反，宣扬相对主义价值观，以"三俗"作品腐蚀人们的爱国意识和理想信念的行为（及相关作品）就是丑的，就是必须抵制和消除的。从纯粹审美的视角来说，一切有利于提高人们的审美情操，有利于激发人们（诸如爱国等）崇高道德情感的作品就是美的，反之就是丑的。

要想以核心价值观为引领，树立正确的美丑观，政府要发挥更大作用。当前存在的问题是，核心价值观面对各种非主流文化及其价值观，特别是"市场"的不合理要求（刺激人们不择手段地赚钱）时，往往无力反对。因此，明确主流媒体的责任和义务，发挥其在当代文化中的应有作用显得十分重要。主流媒体以及广大文艺工作者应努力把握时代脉搏、感知百姓冷暖，以不泯的良知真正肩负起崇高的社会责任。同时，更重要的是在文化管理者层面，要建立、健全对主流文化产品创作生产的引导机制，强化监管手段，引导文化产品生产者坚持社会效益至上。在这一进程中，机制的健全尤其重要，只有充分发挥长效机制的作用，才能激发文化生产者积极创造的热情，激发创新潜能，在消费文化的大潮中凸显主流文化的地位，以核心价值观引领时代文化的健康发展，形成多元并存、丰富多彩、主旋律鲜明的中国当代文化。从互联网环境来看，政府应当进一步加大监管力度，对于那些涉及"三俗"的网站及内容，加以严格管理和有效屏蔽，同时对国内相关网络实体进行更为有效的监管，从源头上遏止"三俗"之风的产生，对于那些违反法律法规的行为要给予应有的惩罚。对于互联网这个"乱世"来说须用"重典"，只有这样才能以核心价值观为引领，树立明确的美丑观，引导人们拥有判断善恶、是非、美丑的能力，为社会主义建设事业做出应有贡献。

四、由核心价值观形成正确的义利观

义利观是道德观的重要内容，因为这关涉对物质利益的取舍，如果能够做到"君子爱财，取之有道"，那自然是有道德的君子，但是大多数人在面对金钱诱惑时未必能坚定道德原则，甚至"人为财死"的事件也时有发生。因此，在当今市场经济社会中，核心价值观对于个人道德的塑造，尤其要体现在正确义利观的培养上。

（一）义利观的传统文化根基

所谓义利观，是指人们如何对待伦理道德和物质利益关系问题的观点。"义"就是道义，是某种特定的伦理规范、道德原则。"利"，就是物质利益。义利观作为价值观的核心，是道德问题的实践应用。正确对待和处理"义"与"利"的关系，重视道义与责任，是我国优秀传统文化的重要内容。义利观是一个古已有之的话题，从先秦时代人们就开始探讨"义""利"之间孰先孰后的问题，于是便有了"先义后利"之说，甚至在极端的情况下要做到"见义忘利"甚至"舍生取义"。在传统中国，义利观似乎并不存在争议，因为主流的意识形态主张的是"义在利先"。因此在中国传统社会中，虽然也有"人不为己，天诛地灭"等强调个人之利的极端思想，但这些思想并不为统治者和主流文化所接受。不过，到了现代社会，因为市场经济从根本上来说，是强调"利"的经济发展模式，对"义"并不十分强调，其重视程度远远不如传统社会，所以才会出现义利观在现代社会的颠倒。因此，核心价值观的社会认同需要解决的一个问题，就是纠正目前在一些人心中已经颠倒的义利观，并以核心价值观为指导，在全社会树立正确的义利观。

核心价值观是传统优秀文化的继承、发展和升华，其中传统义利观的内容对于当代核心价值观的社会认同有重要的启示意义。

第一，明确反对见利忘义。

这是传统义利观的核心，或者说是道德底线。传统儒家文化对于义利观有着诸多论述，如"君子喻于义，小人喻于利"（《论语·里仁》），认为君子追求仁义道德，只有小人才追求物质利益。做有德的君子而不做只知追求一己私利的小人，正是儒家对人的基本要求。为此，儒家一方面明确提倡"见得思义""见利思义"，另一方面也明确反对见利忘义，"放于利而行，多怨"（《论语·里仁》），如果做任何事情都以是否获得利益为标准，那么就只会招致怨恨，因为这种做事标准培养出来的只会是注重利益的小人，而不是君子。关于统治者与人民群众的矛盾，如果统治者只为满足自己的欲望，那么老百姓就会受到压迫和剥削。《道德经》第七十五章云："民之饥，以其上食税之多，是以饥。民之难治，以其上之有为，是以难治。民之轻死，以其上求生之厚，是以轻死。夫唯无以生为者，是贤于贵生。"人民之所以遭受饥荒，是因为统治者的苛捐杂税；人民之所以难以统治，是因为统治者的政令繁多严苛；人民之所以轻生，是因为统治者为了自己的享乐而搜刮民脂。只有那些不追求生活享乐的人，才比那些过分追逐欲望享乐的人高明。在传统文化看来，统治者尤其要做到见利思义，只有这样才能引导民众树立正确的义利观，才能做到善治善能。

第二，肯定合理之利的正当性。

从孔子起，儒家思想就强调"罕言利"（君子很少谈论利益，谈得更多的是仁义），孟子也有"何必曰利"（君子只需要仁义就够了，不需要利益）的说法，董仲舒亦说"正其谊不谋其利，明其道不计其功"（《汉书·董仲舒传》），宋明理学家也主张"存天理，灭人欲"，似乎儒家只重义而完全排斥利。其实并非如此，在提倡"见得思义"而反对见利忘义的基础上，儒家肯定了合理之利的正当性。比如孔子曾说，"富与贵，是人之所欲也，不以其道得之，不处也。贫与贱，是人之所恶也，不以其道得之，不去也"（《论语·里仁》）。孔子明确承认，富贵为一般人所喜好，贫贱为一般人所厌恶。这就认可了合理之利的正当性。当然，无论得到富贵还是去除贫贱，都应当为之以道，而不能肆意妄为。所以孔子又说，"富而可求也，虽执鞭之士，吾亦为之。如不可求，从吾所好"（《论语·述而》）。可见在孔子那里，只要是不违背道德而理当得到的利益，是可以心安理得地取得的，即便是执鞭这样的下等差事也愿意去做。《孟子·梁惠王上》云："不违农时，谷不可胜食也；数罟不入洿池，鱼鳖不可胜食也；斧斤以时入山林，材木不可胜用也。谷与鱼鳖不可胜食，材木不可胜用，是使民养生丧死无憾也。养生丧死无憾，王道之始也。"可见，孟子同样明确地肯定了普通民众获取正当物质利益的合理性，在主张仁政的同时主张在保障普通民众的物质利益即"富之"的基础上，再施以教化，就可以推行王道于天下。

从这个角度来说，传统文化虽然在动机上反对"以义求利"，但是在结果上可以接受"因义得利"。如在《孟子·梁惠王上》中，孟子面对梁惠王"亦将有以利吾国乎"的提问，回答说："王何必曰利，亦有仁义而已矣。"表面看来，孟子似乎将道德与利益对立起来，只讲义，不讲利。但通观全篇，其完整意涵在于：如果整个社会的各阶层都只知讲利并陷入利益纷争，必将给国家、君主带来亡国灭身等巨大危害；只有行仁践义、施仁政，才能"王天下"，即结束战乱、走向统一。显然，这不仅符合君主自身的利益，而且更符合当时百姓最大的利益。这不仅不是要将义利对立，就其客观效果而言，甚至是"义利双成"。也就是说，虽然在传统文化中，反对为了追求"利"而损害"义"，而且强调追求仁义的目的是成为一个道德高尚的君子，但是并不反对因为仁义而获得利益的行为。这就是"取之有道"的意思。

第三，在特殊情况下主张杀身成仁、舍生取义。

在义与利尖锐对立、只能做出非此即彼选择的特殊情况下，儒家体现出了更为注重道义而非利益的倾向。孔子认为，"志士仁人，无求生以害仁，有杀身以成仁"（《论语·卫灵公》）。当追求仁义而遇到危及生命的非常时刻，孔子认为"杀身成仁"是应当的。《孟子·告子上》云："鱼，我所欲也，熊掌，亦我所欲也；二者不可得兼，舍鱼而取熊掌者也。生，亦我所欲也；义，亦我所欲也；二者不可得兼，舍生而取义者也。生亦我所欲，所欲有甚于生者，故不为苟得也；死亦我所恶，所恶有甚于死者，故患有所不辟也。"当遇到义利两者尖锐冲突的情况时，孟子明确主张舍生取义，屈从于欲望享受，也就失去了做人的本心。可见，儒家主张，当遇到义利尖锐冲突而不可调和的特殊情况时，志士仁人决不为苟活而做损害仁义的事，而是宁可牺牲生命也要成仁践义。

从上可以看出，传统社会以儒家为主流的思想，在义利观上主张的是"义"优先于"利"。虽然并不排斥"利"本身的合理性，但是根本上还是主张"义"更为重要。换言之，儒家不仅肯定合理之利的正当性，而且在客观效果上接受"因义得利"，表明在其对义利关系的整体理解中包含了义利统一向度。但是在义与利尖锐对立的特殊境遇中，儒家明确主张做出非此即彼的选择，牺牲利益而成就道义。概而言之，传统文化（尤其是儒家文化）强调抵制物欲和私利的诱惑，坚守道德仁义，甚至为了道义而不惜牺牲自己，以成就君子、圣贤的伟大人格。在当代社会，以儒家文化为中心的传统思想虽然有一定的继承发展，社会上"国学热"也正在兴起，但总体来说，传统义利观受到了市场经济的极大冲击。人们往往不再"义以为上"，而是"见利忘义"，甚至为了一己之私可以摈弃做人的道德底线（如"毒奶粉事件""伪劣药品事件"）。因此，树立正确的义利观是当务之急。

（二）当代社会义利观失范的表现和原因

当今社会义利观失范的表现有多种多样，一言以蔽之，就是"见利忘义"。近年来非常典型的见利忘义的社会事件是"三鹿毒奶粉"事件。一般来说，人们对于婴幼儿都有着天然的爱护之心，这也就是孟子所说的"恻隐之心"，因此即便是商家，也很难对婴幼儿下手。但是 2008 年曝出三鹿集团生产的奶粉长期掺杂化工原料三聚氰胺（用化工原料代替奶粉，以降低成本多赚钱），严重影响了食用奶粉的婴幼儿。至 2008 年 9 月 21日，因食用婴幼儿奶粉而接受门诊治疗咨询且已康复的婴幼儿累计 39 965人，正在住院的有 12 892 人，此前已治愈出院 1 579 人，死亡 4 人。2009

年三鹿集团原董事长被判无期徒刑。① 这件事情的曝光源自一位消费者。按照正常逻辑推理，三鹿奶粉长期掺杂危害婴幼儿健康的化工原料，生产厂家从领导到员工不可能不知道，但是在长达数年的生产销售过程中，没有任何一人对外揭露（事实如此）。显然，在每个利益相关者看来，只要能够获得利益（厂家赚钱，员工也能有高工资），那么婴幼儿的健康就可以漠视了。

这个典型事件所折射出来的是义利观的严重失范。当生产厂家从上到下没有任何一个人敢于站出来揭露内幕的时候，"义"已经完全丧失了。这正如马克思所说："资本来到世间，从头到脚，每个毛孔都滴着血和肮脏的东西……一旦有适当的利润，资本就胆大起来。如果有10％的利润，它就保证到处被使用；有20％的利润，它就活跃起来；有50％的利润，它就铤而走险；为了100％的利润，它就敢践踏一切人间法律，有300％的利润，它就敢犯任何罪行，甚至冒绞首的危险。"② 可以说，在义利观中，做一个孜孜以求利、无德行、无操守、肆无忌惮的小人，还是做一个义以为上、行仁践义、行己有耻的君子，是重要的人生观、价值观问题。面对物欲横流的生存环境，现代人并没有远离这一重要抉择，遗憾的是，很多人选择的是对金钱的追逐。

在坚持传统义利观的基础上，当代社会必须坚决反对以拜金主义为代表的不良思潮。之所以必须坚决反对拜金主义，是因为拜金主义的核心思想就是"利益至上"，一切价值都可以用"利"（金钱）来加以衡量。换言之，在拜金主义语境中，"义"完全被解构了，没有所谓的"义"，只有唯一的价值，即"利"。马克思曾这样说："商品形式的奥秘不过在于：商品形式在人们面前把人们本身劳动的社会性质反映成劳动产品本身的物的性质，反映成这些物的天然的社会属性，从而把生产者同总劳动的社会关系反映成存在于生产者之外的物与物之间的社会关系。由于这种转换，劳动产品成了商品，成了可感觉而又超感觉的物或社会的物……在商品世界

---

① 见百度百科"中国奶制品污染事件"。https：//baike. baidu. com/item/中国奶制品污染事件/86604？ fromtitle＝三鹿奶粉事件 &-fromid＝13866784&-fr＝aladdin.

② 马克思. 资本论：第1卷. 北京：人民出版社，2018：871.

里，人手的产物也是这样。我把这叫作拜物教。劳动产品一旦作为商品来生产，就带上拜物教性质，因此拜物教是同商品生产分不开的。"① 因此，拜金主义亦称货币拜物教、金钱拜物教，指把金钱视为具有魔力或法力无边的事物予以崇拜的观念和思想体系，认为金钱货币不仅万能，而且是衡量一切善恶、是非、美丑的价值标准。

拜金主义在资本主义以前的私有制时代即已产生，但发展成为整个社会中占支配地位的价值观念却是进入资本主义社会以后的事。随着生产资料私有制的发展和社会分工的扩大，生产商品的劳动愈来愈表现为价值，货币成了表现商品价值的一般等价物。作为货币的金银本来也是一种商品，但在金银成为货币后，就给人们一种假象，似乎货币成为人类劳动成果的化身，具有可以购买一切商品并决定商品生产者命运的神秘力量，于是对金钱顶礼膜拜，视金钱为无所不能的"上帝"。从本质上来说，拜金主义是资本主义社会商品拜物教的发展形态，体现了金钱至上的腐朽价值观。

从思想根源看，拜金主义在当代中国社会的蔓延，与西方文化中的利己主义影响有关，也与中国传统文化中的糟粕有关。西方文化自古以来就有个体主义的传统，强调个人利益是从古希腊以来就有的趋向。这一趋向在文艺复兴以后的资本主义社会中得到了强化。如果说古希腊时期，个人利益的满足仍旧与尊重他人、服从法律、遵守公德等因素紧密相连的话，那么到了现代资本主义社会，对个人利益的强调实际上已经变成了对利己主义的强调。当这种利己主义思潮随着市场经济传入我国以后，就对我国社会产生了巨大影响，逐利动机成为人们行动的重要驱动力，道德仁义退居幕后。在西方利己主义思潮的刺激下，传统文化中的糟粕也沉渣泛起。

总体来看，中国传统义利观是鄙视利益、耻于金钱的。在义与利的取舍上总是以义为先，崇尚舍生取义、杀身成仁。但是，中国传统文化还有另外一面，就是赤裸裸地宣扬利己主义、享乐主义，如民间有"人为财死，鸟为食亡""人不为己，天诛地灭""有钱能使鬼推磨"之说。这些腐朽、没落、消极的思想观念在新中国建立后并没有完全消失，随着改革开

---

① 马克思恩格斯全集：第44卷．北京：人民出版社，2001：89-90.

放和市场经济的发展，它们又沉渣泛起。

拜金主义在传统农业社会就已经产生，但它真正成为盛行的观念却是在较为发达的市场经济产生之后。较为发达的市场经济和拜金主义就好像是一对孪生姐妹，之所以拜金主义会盛行，就在于人的贪婪性情要无休止地聚敛财富，追求赚钱、增加财富，这恰恰也正是市场经济所提倡的。在传统文化中，正是为了限制人们这种追逐利益（金钱）的贪婪本性，才反复强调仁义道德的至上性，但是到了当代社会，传统文化中的消极因素，加上现代西方文化中的消极因素（个人主义、利己主义、实用主义等的影响），在当代社会共同刺激了拜金主义的产生和蔓延。

从社会根源看，拜金主义的滋生与市场经济规则不完善有关。建立市场经济体制是我国经济发展和社会进步的必由之路，它有利于社会主义的优越性进一步发挥。但同时，市场经济自身的弱点和消极方面也会反映到精神生活中来。市场经济有自己的运行规则：一是市场行为主体在经济活动中要遵循等价交换原则，二是市场行为主体在经济活动中要追求利益或利润的最大化。同时，市场经济还是一种"消费经济"，靠消费引导生产，依赖消费拉动经济。结果是，一方面，物质利益和物质财富在推动经济社会发展中的地位和作用凸显，但也同时诱发了人的趋利性，刺激了人们对金钱的欲求，从而滋生出对金钱的崇拜心理，导致"一切向钱看"；另一方面，"一切向钱看"从经济领域泛化到社会生活的一切领域，一切都要讲等价交换，一切人际关系、社会关系乃至亲情爱情都被看作金钱利益关系。在追求利益最大化的刺激下，一些人才会枉顾道德，以各种不法手段攫取私利，三鹿奶粉事件、地沟油事件、医疗安全事件等也就随之出现了。

综上所述，拜金主义在当代中国社会已经产生巨大影响。在这种只强调金钱，只看重物质利益的社会氛围中，对"义"的强调，对道德理想的追求，正在变得弱化、边缘化。因此，要想抵制和消灭拜金主义，纠正错误的义利观，就必须以核心价值观为指导，树立正确的义利观。

（三）以核心价值观为指导，树立正确的义利观

针对目前社会义利观失范的状况，在扬弃传统义利观的基础上，我们

要以核心价值观为指导，树立正确的义利观，在扩大社会价值观的影响力、感召力的同时拨乱反正，营造风清气正的良好社会风尚。

1. 树立正确义利观的指导原则

在当代中国社会，要想在核心价值观指导下树立正确的义利观，需要遵循以下三个指导原则：

第一，要把国家和人民的利益放在首位。

"义"是一切利益的基础和根本，见利思义也是中华民族的传统美德。"利"，是生存基础。人们要生存，必须首先解决衣食住行问题，要不断改善生存条件，过更好的生活，不能没有对"利"的追求。因此，对"利"的追求是人之常情，每个人都有满足个人需要而追求正当利益的权利。对此，马克思曾这样说，"我们首先应当确定一切人类生存的第一个前提也就是一切历史的第一个前提，这个前提就是：人们为了能够'创造历史'，必须能够生活。但是为了生活，首先就需要衣、食、住以及其他东西"[①]。但是，对利的追求要符合伦理道德规范，也就是说，个人利益只有在不违背国家和人民利益的前提下，才是正当的，才是受到保障的，才是值得追求的。如果过分强调个人利益，就会唯利是图，物欲膨胀，必然会影响甚至损害社会整体利益和他人利益，为官者就会以权谋私，为商者必然投机取巧。国家和人民的利益，是社会主义义利观中"义"的基本内涵，是最大的"义"。把国家和人民利益放在首位，也就是以义为先。因此，在当代社会，在肯定每一个人有权追求正当的合法利益的同时，要求每一个人把国家和人民的利益放在更加优先、更为重要的位置上。国家和人民利益是社会主义义利观所高扬和维护的道义的集中体现，同时也包含着公民个人合法利益的有机元素。从当前建设"中国梦"的伟大历程来说，"个人梦"是"中国梦"的有机组成部分，只有每个人都以国家和人民的利益为重，都为"中国梦"的实现而奋斗的时候，"个人梦"自然就在这个历程中实现了。

第二，要坚持社会主义道德的集体主义原则。

---

① 马克思恩格斯全集：第 3 卷．北京：人民出版社，1960：31.

社会主义道德的集体主义原则，就是主张义利统一、义利并重的社会主义义利原则。坚持社会主义道德的集体主义原则，本质上要求坚持义利统一、义利并重。具体而言，一是对待自己要见利思义，先义后利。集体主义要求把国家人民利益与个人利益辩证地统一起来，在肯定每一个人追求正当的合法利益的同时，要求每一个人把国家和人民的利益放在更加重要的位置上。这就要求人们要始终把国家和人民的利益放在首位，同时要求尊重公民个人正当的合法利益。换言之，要把公共利益和个人利益结合起来，当两者发生矛盾时以维护公共利益为第一需求。二是对待他人利益要倡义导利，取义舍利。所谓倡义导利，就是鼓励和支持他人遵纪守法，依靠诚实劳动，在不损害他人利益和集体利益的前提下获取个人的正当利益。孔子曾这样说，"己欲立而立人，己欲达而达人"（《论语·雍也》），这实际上说的就是个人利益与他人利益的统一性，在实现个人利益的同时能够和他人实现共赢。当然在具体事务上，个人利益和他人利益有可能发生冲突，但只要每个人都有奉献的精神，有高瞻远瞩的眼光，在尊重自己的同时尊重他人，在实现自己利益的同时力求与他人的合作共赢，在遇到冲突的时候能够成人之美，那么就能够实现人际关系的和谐，提升自我品德，实现自身幸福。

第三，要坚持义利统一、以义为先的社会主义价值导向。

义与利具有统一性，义和利是辩证统一的关系。在社会主义条件下，国家、人民利益和个人利益从根本上是一致的，义利统一成为必然的趋势和方向。社会主义义利观中的"利"，既包括个人利益，又包括爱国主义、集体主义、社会主义所要求维护的国家和人民利益。在以公有制为主体、私有制等其他经济形式作为重要补充的社会主义市场经济体制下，在人民群众内部，虽然存在着利益差别，却没有根本的利益冲突。消灭贫困，消除两极分化，发展生产力，实现共同富裕，既是全国人民的共同奋斗目标，又是每个成员的切身利益之所在。因此，从国家和人民利益出发，坚持为人民服务，并以此实现个人的正当利益，便是义和利的统一。这就要求个人利益要做到"取之有道"，正确处理国家、集体、个人之间的各种关系，在遇到利益冲突时，要以义为先，以国家和人民的利益为重。

2. 义利观与公私观的内在关联

义利观与公私观有着非常密切的关联，因为义往往与公相连，利往往与私相连。在当代社会主义建设中，关于公私观的问题也表现得非常突出。古人云"公生明，廉生威"，要想树立正确的义利观，也就意味着树立正确的公私观。具体而言，坚持正确的义利观或公私观，必须做到以下三点：

第一，公私分明，不徇私。

一个人只有公正无私，才能公私分明。《淮南子·修务训》云："公正无私，一言而万民齐。"这句话的意思是说，秉公办事，不徇私情，一言既出就会得到众人赞同和拥护。公正无私天地宽，具有了这一崇高思想品德的人，才能言有号召力，行有凝聚力，得到民众的信任。苏轼在《赤壁赋》中说："苟非吾之所有，虽一毫而莫取。"意思是说如果不是该我拥有的，即使很细微的东西我也不会索取。《晏子春秋·内篇问上》云："不因喜以加赏，不因怒以加罚。"说明一切皆有法度公义，不能徇私情。因此，对于每个人来说（尤其是党员干部），要保持清正廉洁，就必须从公私分明做起。大公无私就是一种崇高的道德境界，这意味着以国家和人民的利益为重，彻底放下私利，无私奉献。

第二，克己奉公，不谋私。

明代郭允礼在《官箴》中说："吏不畏吾严而畏吾廉，民不服吾能而服吾公"，这就是官德的力量，一个廉洁奉公的官员自然在群众中有着崇高威望。西汉韩婴在《韩诗外传》中说，"智者不为非其事，廉者不求非其有"，即主张明智的人不做那些违反道德和法律的事情，廉洁的人不追求不义之财。宋代朱熹这样说，"官无大小，凡事只是一个公。若公时，做得来也精采。便若小官，人也望风畏服。若不公，便是宰相，做来做去，也只得个没下梢"（《朱子语类》卷一一四）。事实证明，那些一心为公的人，必定是清正廉洁的人，必定是无私心杂念的人，必定是心胸开阔、志存高远的人，这样的人即使是一个职位不高的官员，也能够得到群众的爱戴；相反，即便是身居高位，如果不能做到廉洁奉公，也被人看不起。对于每一个人来说（尤其是党员干部），应当具有大公无私、公而忘私的高尚境界，要把"公款姓公，一分一厘都不能乱花；公权为民，一丝一毫都不能私用"作为一条底线来坚守，要有"先天下之忧而忧，后天下之乐而乐"的崇高品德，只有这样才能共同营造公正廉洁的社会氛围。

第三，严格自律，不偏私。

自律是一种境界，自律是个人在遵纪守法中表现出来的一种高度自觉，更是广大党员干部自觉的价值追求，应该成为每一个人的必修课。自律来源于个人正确的思想认识和崇高的思想境界，在内心深处的认可化为外在自觉的行动。《后汉书·杨震列传》记载："当之郡，道经昌邑，故所举荆州茂才王密为昌邑令，谒见，至夜怀金十斤以遗震。震曰：'故人知君，君不知故人，何也？'密曰：'暮夜无知者。'震曰：'天知，神知，我知，子知。何谓无知？'密愧而出。"可见在传统文化中，能够做到慎独自律的人，是作为道德楷模来宣传的。

慎独是考验自律的试金石，当一个人独处之时，没有外在监督的时候，如果能够做到廉洁自律，那就是品德内化于心的表现。因此，对于每个人来说，都应当自觉加强理论学习，不断提高自己的道德品质，坚定为人民服务的理想信念，才能在遇到利益诱惑时做到自律、自觉。在养成自律习惯的过程中，不徇私、不偏私是必然的要求。因为只要有一己之私，就很难做到廉洁自律。正如黄宗羲在《原君》中说："有生之初，人各自私也，人各自利也；天下有公利而莫或兴之，有公害而莫或除之。有人者出，不以一己之利为利，而使天下受其利；不以一己之害为害，而使天下释其害；此其人之勤劳必千万于天下之人。"

每个人固然有其私心，但是如果能够做到公而忘私，那么这样的人就能够有利于他人，得到天下人的敬重。在当代中国，慎独自律的必然要求，就是要乐于奉献，以人民群众的根本利益作为自己的工作原则和指导方针。《晏子春秋·内篇问上》云："薄于身而厚于民，约于身而广于世。"意为自己甘于淡泊而厚施恩赐给人，约束自己而以宽容之心对人，就是要求人们严于律己、宽以待人、乐于奉献，要能够做到一日三省吾身，常怀律己之心，常排非分之想，常修为官之德，不为私利所动，不为金钱所诱，不为享乐所惑，始终做到大公无私，并竭尽全力地做到兼善天下。

3. 正确义利观包含的基本内容

以核心价值观为指导，树立正确的义利观是当务之急。这种义利观是一种新型的价值观和道德观，它在继承古代义利观中重视社会公利、道德理想和主张"见利思义""义利并重"等合理因素的基础上，真实地反映了社会主义经济政治制度的要求，是对义利关系的科学认识和关于正确处理社会主义社会各种利益关系的基本观点。

在核心价值观的指导下，正确的义利观包括以下三方面的基本内容：

第一，肯定利益追求的正当性，强调道德追求的优先性。

从道德与利益的关系来看，经济基础决定上层建筑，这决定了如果没有对利益的追求就很难有社会的发展，那么道德就失去了物质基础。这正如《管子·牧民》所说，"仓廪实则知礼节，衣食足则知荣辱"，没有物质利益作为保障人们生存和社会发展的基础，那么道德也就会成为空中楼阁。只有国家富强了，人民生活有保障了，生产力发展了，道德水平才能得到更好的发展。在这个建设社会主义国家的过程中，因为生产关系本身的先进性，社会主义道德对于社会物质利益关系具有强大的调节作用，这有利于我们建立正确的义利观。

就实践而言，核心价值观的落脚点是人民幸福，在坚持"人民至上""以人民为中心"的前提下，要求所做的一切工作都以人民利益为重，为增进人民幸福而奋斗。因此，正确的义利观应当是肯定利益追求的正当性，保障每个人正当利益的获得，保障每个人自由安全等基本权利的实现，但是我们更加强调道德追求的优先性，即鼓励人们讲道德、讲奉献、讲理想，从较低的物质欲望追逐中超脱出来，树立高尚的道德情操和理想信仰。

第二，以公民个人合法利益为重，以国家和人民利益为先。

把国家和人民利益放在首位正是正确义利观的必有之义，但同时我们也强调对公民个人合法利益的保护。这既不同于资产阶级的个人主义义利观，也区别于历史上"重利轻义""尚利去义"的义利观，是一种基于现实生活实践的社会主义义利观。资产阶级的义利观强调的是对个人利益的实现，因此才有"私有财产神圣不可侵犯"之说，因为在资产阶级思想家看来，"私有财产"是一个人合法权益的集中体现；至于公共利益及社会公德，资产阶级思想家并不认为这是"实际存在的"，因为他们认为社会是由一个一个"单个的人"组成的，只有单个人的利益才是真实的利益，其他所谓集体的利益是不真实的。这显然是一种宣扬拜金主义、极端利己主义的错误思想。

传统中国的"见利思义"的价值观固然是一种取向崇高的价值观，但是往往在实际提倡中走向了一个极端，即所谓"存天理，灭人欲"，似乎只要是涉及"义""利"之间的冲突，就必须以"义"为唯一取向，结果导致对个人合法利益的忽视，从而让传统封建社会的义利观不可避免地带有一定程度的虚伪性。这也是五四运动之后对传统文化批判的重要原因之一。可见传统文化中"重利轻义""尚利去义"的主张走向了另外一个极端。而核心价值观指引下的义利观并非如此，因为其既强调了公利的优先性，又强调了个人合法利益的重要性，两者是辩证统一的关系。

第三，强调"义利统一，以义导利"。

在社会主义市场经济条件下，人们在利益追逐上面临着各种矛盾需要处理，因此依照核心价值观的要求，我们强调个人利益与集体利益的辩证统一，这便是"义利统一"。但是我们同时主张，在个人利益与集体利益发生冲突的时候，应当以集体利益为重，这就需要"以义导利"。因为只有强调"以义导利"，才能有效克服片面强调个人合法权益的极端性，才能将人们从对利益的片面追逐中解脱出来，上升到一个更高的道德层面，从而为义利冲突的解决提供更优视角。只有在"义利统一，以义导利"的思想指导下，人们才能在市场经济社会中正确处理竞争与协作、自主与监督、效率与公平、先富与共富、经济效益与社会效益的关系，做到兼顾效率与公平，以先富带动后富，在合作共赢中实现共同发展。

第三章　核心价值观转化为道德规范

社会主义核心价值观通过道德化的方式实现广泛的社会认同，首要之义在于将核心价值观转化为道德观念，其次是在此基础上形成人们普遍认同的道德规范。就社会总体的道德规范而言，主要包括公共道德规范、家庭道德规范、职业道德规范。

公共道德领域是社会风貌的直接反映，当前影响公共道德规范践行的因素很多，主要包括改革开放以来西方价值观以及中国传统（落后）价值观的影响，两者在当代社会的典型表现就是利己主义。要想拨乱反正，就需要以核心价值观为主导，树立以集体主义为核心的公共道德规范，只有这样才能引领风清气正的良好社会风尚。

家庭是社会的基本细胞，家庭和谐才能实现社会和谐。就家庭道德规范而言，影响家庭和谐稳定的最大因素在于西方价值观的影响，"性自由"等腐朽思想的泛滥是破坏家庭的重要原因，因此我们必须以核心价值观为指导，坚决抵制西方腐朽价值观的影响，树立以平等和谐为核心的家庭道德规范，只有这样才能实现家庭的和谐幸福。

在市场经济条件下，强调职业道德对于实现社会和谐具有重大意义。从职业道德规范来说，当前最突出的问题是职业腐败，因此，我们必须以核心价值观为主导，树立以敬业诚信为核心的职业道德规范，只有这样才能引导人们树立高尚的职业操守。

一、由核心价值观形成普遍认同的公共道德规范

公共领域是每个人都会接触到的领域，每个人都是社会动物，每个人都离不开人际交往。因此，公共领域的道德规范是社会和谐的首要之义。但是在当前社会中，公共道德失范的现象日趋增多。当然，原因是多方面的，要想使其得到根本解决，就应该以核心价值观为指导，树立适合当今时代的公共道德规范，使之为民众普遍接受，在实现核心价值观普遍认同的同时提升社会公德水平。

（一）公共道德规范概述

核心价值观要实现普遍的社会认同，应当转化为人们遵守的各种道德规范，这些道德规范主要包括公共道德规范、家庭道德规范和职业道德规范。在公共场所，人们的身份是社会公民；在家庭里，人们的身份是家庭成员；在工作单位，人们的身份是员工。如果在这三个领域中，人们都自觉遵守相关道德规范，那么社会稳定和谐就是必然产生的良好结果。

公共道德（社会公德）是指社会全体成员普遍接受和遵循的道德准则。公共道德的形成是为了解决人们在社会生活中无法回避的利益冲突，因此，通过建立一个普遍公认的标准使得人们的行为框架被构建并加以遵循。每个公民都应该遵守公共道德。在发展社会主义市场经济的过程中，既要大力发展社会生产力，又要高度重视和努力提高全民族的思想道德素质与科学文化素质，实现物质文明和精神文明的同步发展。在当代中国社会中，爱祖国、爱人民、爱劳动、爱科学、爱社会主义是基本的社会公德。尊师重教、爱护公物、文明礼貌、注意卫生、遵守公共生活秩序等，也是社会公德的内容和要求，它是全体公民在社会交往和公共生活中必须遵循的行为准则，是社会普遍认可的最基本的规范。社会公德水平影响着社会秩序、社会风气和社会凝聚力，是社会文明程度的外在标志。在现代化进程中，社会公德比在任何历史时期都显得更加重要。社会道德具有维护和保障社会生活正常运行的功能，对于培养人的高尚品质、养成良好的

道德习惯、树立良好的社会风尚、营造稳定团结的社会环境具有重要意义，能够极大地推动精神文明建设发展。

从公共道德的特征来看，首先，公共道德具有普遍性。社会公德是社会全体成员必须遵守的道德规范，具有最广泛的群众基础和适用范围。任何社会成员，无论其社会地位、职业如何，都必须在公共生活中遵守社会公德，这是一个国家和一个民族最根本的发展基础。其次，公共道德具有简洁性。社会公德是实践经验的积累和风俗习惯的提炼，无须多加解释就能理解。因此社会公德的内容和要求易于理解、落实，任何人一看就能理解其含义，能够遵照实行。社会公德的适用范围是人们的公共生活，面向的是全体人民。在这个范围内，人与人交往的身份不是最初的身份，而是由场所的性质所赋予的身份。社会公德反映的是公共场所中没有阶级差别的人与人之间的关系，它是社会全体成员在公共场所的共同行为准则，是包括各民族、各阶层、各党派、各团体在内的每个人都应遵守的公共生活标准。

在当代中国，公共道德失范的现象有日益增多的趋势。要想以核心价值观重塑公共道德意识，就要反对利己主义等不良思潮，提倡友善、奉献的精神。因为遵守公共道德规范实际上涉及的是个体与群体的关系，相对于个人（私人）领域而言，公共场所是群体领域，正是因为是群体领域，不属于私人所有，所以遵守公共道德秩序就应成为每个人的自觉。如果每个人都没有公共道德意识，都从自我出发，只考虑自己的利益或喜好，那么即使采用了较为严格的惩罚措施，公共道德也很难建立起来。而且，正因为是公共领域，所以看起来这种领域是属于大家的、属于所有人的，但实际上却并不为每个人所私有，当每个人都执着于自我的时候，公共领域就成为看似共有、实则无人负责的领域。譬如有人在公共场所随意吐痰，一个根本原因就是公共场所是共有的而不是他个人私有的，所以他并不爱护公共环境。因此，提倡友善、奉献的精神是必要的，只有存有尊重他人、为社会奉献的心，人们才会主动遵循和维护公共道德。而从整个社会的层面来说，就是要提倡"以人民为中心""人民至上"的价值观，提倡为人民服务的精神，摈弃利己主义等不良思潮，实现公共道德风尚的良善。

（二）社会公德缺失的表现和根源

当前，我国社会公德遵守情况总体良好，但也存在一些不尽如人意甚至令人担忧的现象。比如，少数人缺乏基本的社会公德意识，一些人对社会丑恶现象漠不关心；有些人做任何事情都从自我出发，常常为了方便或私利而违反社会公德。具体来说，这些违背社会公德的行为包括：开车不礼让，都想先争路；不排队坐公交车，抢先占位置；不愿意照顾老弱病残；只注重小家庭的卫生和美化，但对公共环境随意破坏；在公共场所随地吐痰、乱扔垃圾、大声喧哗甚至吵闹。在很大程度上，这些现象是利己主义的表现。

所谓利己主义，是指只顾自己利益而不顾他人利益和集体利益的思想。利己主义把利己看作人的天性，是把个人利益看作高于一切的生活态度和行为准则。其特征是从极端自私的个人目的出发，不择手段地追逐名利、地位和享受。"利己主义"一词源于拉丁语 ego，意为"我"。因为利己主义追逐的是"己"，甚至为了"己"而损害"公"。利己主义者追逐个人利益而不惜损害他人利益和集体利益的行为，就是对公共道德的违背。康德曾说，人超越于一切存在物的根本在于对理性律令（道德律）的遵从："人能够具有'自我'的观念，这使人无限地提升到地球上一切其他有生命的存在物之上，因此，他是一个人，并且由于在他可能遇到的一切变化上具有意识的统一性，因而他是同一个人，也就是一个与人们可以任意处置和支配的、诸如无理性的动物之类的事物在等级和尊严上截然不同的存在物。"① 可以说，利己主义从根本上违背了内心的道德法则。本来应当是一个超越物质利益和个人享受的人，能够遵从内心道德律，从而做到尊重他人、关爱他人，最终由于对私利的追逐而丧失了道德良心。

在当代中国，对于公共道德规范的遵守和宣传有着广泛的群众基础，因此利己主义者往往不是直接表现出一种赤裸裸的利己动机和行为，而表现为一种"精致的利己主义"。精致的利己主义比传统的利己主义更难以识别，因为其利己的手段更加隐蔽，表现更为虚伪。2012 年北京大学钱

---

① 康德. 实用人类学. 邓晓芒，译. 上海：上海人民出版社，2005：3.

理群教授在武汉大学老校长刘道玉召集的"《理想大学》专题研讨会"上语惊四座："我们的一些大学，包括北京大学，正在培养一些'精致的利己主义者'，他们高智商，世俗，老到，善于表演，懂得配合，更善于利用体制达到自己的目的。这种人一旦掌握权力，比一般的贪官污吏危害更大。"① 精致的利己主义者往往有三个特征，或者说有三种主要危害，需要我们警惕并反对。

第一，掩饰利己之心的伪善。

与赤裸裸的利己主义者不同，精致的利己主义者善于掩饰自己的内心，为了达到自己的目的，在公共道德领域甚至可以在表面上做到大公无私、大义灭亲，在追求自身利益最大化的同时又不暴露自己自私自利的本性。这些人可谓是情商颇高的表演者，呈现出其名为公、实为私的欺骗性。这种伪善表现在理想信念上就是伪崇高性。精致的利己主义者在很多场合，尤其是在公众场合，往往表现出这种虚伪。出于获取名誉、地位以及（官场、职场）上位的动力，精致的利己主义者往往擅长于冠冕堂皇的长篇大论，台上口号不断，甚至对那些理想信念不坚定的人给予严厉批评，给人一种他具有坚定理想信念的错觉。这种掩饰利己主义的伪善还表现为一种彻头彻尾的唯上性。所谓唯上性，指的是精致的利己主义者对于地位比自己高的、权力比自己大的上级领导，表现出一种奴性，投其所好、溜须拍马，乃至利益贿赂，千方百计想获得上级的好感，以达到自己上位的目的；而群众的话往往是当耳边风，或者是充耳不闻，从骨子里瞧不起人民群众。

第二，理性沦为追逐利益的工具。

作为人的一种根本特质，理性是一种必要的能力，也是人之为人的基本特质之一。探求宇宙自然的科学真理需要理性的参与，探索人类社会的发展道路也需要理性的参与，可以说，理性对于人来说是不可或缺的。但是在精致的利己主义者那里，理性不再是探求宇宙自然规律的途径，也不是探索社会发展道路的方式，而沦为了追逐利益的工具。精致的利己主义者是当今社会公共领域追求利益的所谓"理性人"。经济领域的理性人以

① 魏干. 谁造就了"精致的利己主义者". 民主与科学，2012（2）：80.

资本所代表的经济利益为目标，他们的发展趋势是从资本走向权力；在公共领域，追求权力是目标，为了获得更大的私利，其趋势是从权力走向资本。精致的利己主义者追求的是包括名利在内的东西，因此拥有名望也是他们追求的目标之一。与公开追求不同，精致的利己主义者善于算计，譬如因职务之便，以承担繁重工作和多项任务为名，将声誉变成领导圈的专利或优先权等。这种违法行为玷污了名誉的合法性、崇高性、褒扬性和示范性，造成了极其恶劣的社会影响。精致的利己主义者从权力中谋利，金钱当然是他们的目标。与普通的利己主义者相比，他们不是靠自己，而是利用权力，整合多种角色，成为规则的制定者、评判者和实施者。他们能够按照最有利于自身利益的目标制订计划，实现自身经济利益最大化，同时又把群众当作摆设，只选拔听话、服从领导的群众，排斥一切敢于质疑、维护正义的群众。可见，精致的利己主义者往往智商很高，把理性当作获取权力、名誉和金钱的工具，并在虚假的表象下加以利用。

第三，丧失公共责任心，无视社会公德。

精致的利己主义者似乎在某些情况下更为活跃，更能遵守社会公德。事实上，当他们需要在公众面前表现出积极的一面时，他们表现出比普通人更高的道德风范；但当他们不需要表现自己时，他们就完全无视社会公德，甚至践踏社会公德。究其原因，是他们丧失了公共责任感，把公共道德只是当作维护自身利益的工具。如果这种精致的利己主义越来越流行，那么公共道德将名存实亡。原因在于精致的利己主义者的头脑中没有所谓的"道德"概念，他们心中只有"利益"。因此，不可能确立公共秩序最需要的正义原则。从长远来看，无论是有意还是无意，精致的利己主义都会导致公共道德秩序的败坏。可以说，精致的利己主义者是典型的"两面派"，是隐蔽的利己主义者，是社会公平正义的破坏者。

当今社会已经不是传统社会主流文化大一统的时代，这当然是时代的进步；但同时由于多种文化的存在，使社会管理，尤其是社会公共道德的建立和维护变得比以前更加困难。当各种不良思潮（利己主义，尤其以精致的利己主义为代表）在社会上流行的时候，社会公共道德规范的破坏就是必然的趋向。因此，我们要提升核心价值观的社会认同度，并以核心价值观为基础建立和完善社会公共道德体系，在全社会形成良好的公德氛围，社会风气才能得到改善和提升。

（三）树立以集体主义为核心的公共道德规范

社会公德觉悟的提高不是一蹴而就的，它需要人们在社会实践中不断增强社会公德意识，不断提高遵循社会公共道德的自觉性。中华人民共和国成立以来，尤其是改革开放以来，在中国共产党的领导下，中国人民在建设社会主义社会的过程中，不断加强全社会的公德建设，取得了巨大的成就。改革开放为当前我国社会公德建设注入了新的活力。社会主义市场经济的发展使我国公共生活的领域进一步扩大，人们之间的交往更加频繁，一些新的社会公德规范和要求在实践中形成并被人们接受。例如，人们在相互交往及在公共场所活动时更加注意礼仪规范，言谈举止得体大方；一些行为礼节越来越为人们所了解、接受，并逐渐成为习惯；热爱大自然、保护环境的生态文明建设及公德意识越来越深入人心，人们对待自然的态度和行为发生重大变化；等等。当然，违反公共道德规范的行为近年来也有日益增加的趋势。要想提升公共道德水平，就必须让公众接受正确的价值观，这就是社会主义核心价值观在公共道德领域中的重要作用。

核心价值观所提倡的富强、民主、文明、和谐是国家层面的价值目标，所提倡的自由、平等、公正、法治是社会层面的价值取向，所提倡的爱国、敬业、诚信、友善是公民个人层面的价值准则。从根本上来说，每个公民都应当为国家富强文明、社会平等公正、人民诚信友善做出努力，这实际上符合集体主义原则的要求。

坚持集体主义原则，与承认正当的个人利益是一致的。不论是以集体主义否定正当的个人利益，或是以个人利益反对集体主义，都是错误的。集体主义首先要求人们要为社会集体利益的发展做出自己的贡献；集体主义原则尊重劳动者正当的个人利益，尊重劳动者个人才能的充分发挥。集体主义原则是与个人主义（利己主义）原则根本对立的。集体主义原则反对并谴责把个人利益凌驾在国家利益、集体利益之上，更不允许用个人利益否定国家利益集体利益。

在实际生活中，国家、集体和个人三者利益一致，并不等于在每一个具体问题上三者的利益都完全相同。三者之间在利益上发生矛盾和冲突的情况是经常出现的。集体主义作为一种道德原则，一方面，要求国家、集体不断调整各种政策和措施，关心劳动者的个人利益，尽量使他们的个人利益得到发展；另一方面，也引导人们自觉地以个人利益服从集体利益，提倡无私奉献，以保护集体和国家的利益，从而在国家、集体、个人三者之间实现和谐统一。

坚持集体主义原则，以核心价值观诠释公共道德规范，至少应当包括如下几个方面的内容：

一是热爱祖国。这是中国人的天然美德，也是核心价值观所提倡的重要价值。古有"人生自古谁无死，留取丹心照汗青"的诗句，今有"为中华之崛起而读书"的理想，爱国主义从古到今都有传承，激励着一代代人为祖国富强、民族振兴而奋斗。热爱祖国意味着我们不仅要热爱我们的国家，也要热爱建立新中国的中国共产党，要拥护党的纲领，将爱国情怀和爱党情怀有机结合在一起；热爱祖国也意味着热爱人民，为人民服务。因为祖国的具象化就是人民，为祖国奋斗和为人民服务是内在统一的，也是最高的道德追求。

二是保护环境。"绿水青山就是金山银山"，生态文明建设是社会主义建设的题中之义。环保意识在 20 世纪中叶以后才开始兴起，在这之前人们认为生产力的发展就是征服自然、掠夺自然，结果导致自然生态环境的破坏。随着近年来生态危机的频繁爆发，人们日益认识到环境保护的重要性。只有一个地球，人类只有一个家园。自然环境是人们共同的生活场域，是每个人都应该保护的栖息之地。因此要想实现国家的富强、民主、文明、和谐，保护环境尤其是在公共领域，是每个公民义不容辞的责任。在牢固树立环保意识的基础上，每个公民都要身体力行，从小事做起，从身边做起，从自己做起，主动宣传和践行环境道德要求，为建设资源节约型、环境友好型社会做出力所能及的贡献。

三是与人为善。核心价值观提倡每个人都要具备诚信友善的美德，就是提倡我们每个人都要有与人为善之心。《孟子·公孙丑上》云："子路，人告之以有过则喜。禹闻善言则拜。大舜有大焉，善与人同。舍己从人，乐取于人以为善。自耕、稼、陶、渔以至为帝，无非取于人者。取诸人以为善，是与人为善者也。故君子莫大乎与人为善。"可见，改过迁善、与人为善是重要的美德。在公共领域，尤其要提倡这一点。因为公共领域是一个公共的、不属于私人所有的领域，涉及的是人际关系以及对公共设施的维护，如果做不到与人为善，那么在公共场所就会因为（不可能永远避免的）各种矛盾、摩擦而爆发人际冲突，公共道德规范就会被破坏。

四是维护正义。与人为善并不意味着做"好好先生"，核心价值观中有一个非常重要的价值观，就是公正。《论语·宪问》云："或曰：'以德报怨，何如？'子曰：'何以报德？以直报怨，以德报德。'"这意味着我们并不提倡"以德报怨"的方式，因为这并不有助于法治社会的完善，我们应当提倡的是以正直来回报怨恨，以美德来回报美德，这才体现了公正的合理内涵。维护正义尤其要提倡见义勇为的精神。《论语·为政》云"见义不为，无勇也"，如果见到应该挺身而出的事情却不敢去做，这就是懦弱。公共领域不可避免会遇到一些冲突、摩擦乃至一些不公正的事情，在这个时候，如果每个人都缺乏正气、都不能见义勇为的话，那么社会的道德风气就会败坏。当代我国已经制定了诸多政策法规，鼓励见义勇为，并对"防卫过当"等法律条文做了合理修订，这些都有利于见义勇为等良好品德的形成。

五是爱护公物。公共财物或公共设施是劳动人民的智慧和血汗的结晶，是社会发展、生产改善、社会成员物质生活和精神生活水平提高的基础。近年来，我国在各个社区都添置了大量公共设施以方便人们锻炼、休闲、娱乐、学习，这些公共设施需要人们爱护才能充分发挥作用。近年来，这些设施确实对丰富人民群众的文化生活起到了非常重要的作用。可以说，每个公民都有法定的责任和义务爱护公物。我国宪法规定："中华人民共和国公民必须遵守宪法和法律，保守国家秘密，爱护公共财产，遵守劳动纪律，遵守公共秩序，尊重社会公德。"（《中华人民共和国宪法》第 53 条）由此我们不难看出，爱护公物不仅是公民的道德规范，也是宪法规定的道德义务。

六是遵纪守法。目前我国正在建设社会主义法治国家，因此遵纪守法是对每个公民的必然要求，也符合核心价值观所提倡的"法治"之义。所谓法治，就是法律是至高无上的，是治理国家的根本途径。法治之所以重要，是因为传统社会往往是一个"人治"的社会，解决问题往往依据的是人情世故而不是法律规范，这也为权力腐败埋下了潜在可能。只有依靠法律办事，才能保障公平正义的实现。因此遵纪守法，就要求人们必须按照法律法规及纪律的有关规定行事。只有这样，才能保证社会的健康发展。否则，就会给社会和他人造成损失、伤害，甚至会造成社会的动荡不安。在社会主义市场经济条件下，一切政治、经济和其他活动，以至于公民的工作、学习、生活、娱乐秩序都有赖于法律的规范，国家的稳定也有赖于法纪的保障。对于社会公德的遵守和维护来说，广大公民必须培养守法的习惯，严格地、自觉地遵纪守法。这样，才能保证国家的长治久安，保证社会有正常的秩序和稳定的环境。

可以说，社会公德是建立在集体主义基础上的一种根深蒂固的公共生活准则，有着数千年历史，是社会精神文明的晴雨表，是社会风尚基本的标志，是人类文明发展的表现。遵循核心价值观的导向，恪守社会公德，有利于防止不良社会风气滋生蔓延，从而营造良好的社会氛围和社会环境。

二、由核心价值观形成普遍认同的家庭道德规范

家庭是社会的细胞，天下之本在国，国之本在家。《论语·为政》有云："谓孔子曰：'子奚不为政？'子曰：'《书》云：孝乎惟孝，友于兄弟。'施于有政，是亦为政，奚其为为政？"可见在家庭中包含着非常深刻的道理。所以，对于国家的长治久安来说，家庭美德的形成是非常重要的因素。

（一）家庭道德规范概述

家庭道德包括家庭的道德观念、道德规范和道德品质。具体而言，家庭道德规范是调节家庭成员之间，包括调节夫妻、父母同子女、兄弟姐妹、长辈与晚辈、邻里之间，以及家庭与国家、社会、集体之间的行为准则。它也是评价人们在恋爱、婚姻、家庭、邻里交往中的行为是非、善恶的标准。

遵守家庭道德规范，养成家庭美德具有重要的社会作用：

第一，家庭美德对于社会的安定团结有着极其重要的作用。

家庭美德是每个公民在家庭生活中应遵循的行为准则，是调节家庭成员之间的人际关系及行为的准则。它涵盖了夫妻关系、子女关系和邻里关系等，对家庭和邻里关系的稳定，乃至社会的稳定起着重要作用。从人民幸福的角度看，它不仅关系到社会文明的进步，也与拥有一个和谐温馨的家庭息息相关。在教育方面，家庭承担着培养和教育下一代的责任，家庭氛围直接影响儿童青少年的健康成长。从社会生活的角度看，家庭生活也与社会生活密切相关。目前，我国正在大力宣传好家风的传承，因为好的家风有利于家庭和谐，对良好社会风尚的形成也有积极作用。因此，正确对待和处理家庭问题，共同培养和发展夫妻之爱、亲子之情、邻里之谊，不仅关系到每个家庭的幸福，也有利于整个社会的稳定与和谐。

第二，弘扬家庭美德是加强社会主义道德建设的需要。

尊老爱幼、男女平等、夫妻和睦、勤俭持家、邻里团结是家庭美德的基本要求，这些要求是社会主义道德建设的重要组成部分。可以说，家庭美德是社会主义道德在家庭生活中的体现。为人民服务是社会主义道德的核心，它在家庭生活中的体现就是每个家庭成员都要履行自己的道德责任和道德义务，具有奉献精神，为他人服务。如果一个人有困难，全家人会互相帮助，这样才能形成一个相互关心、相互帮助的和谐家庭。集体主义是社会主义道德的基本原则。在家庭生活中，每个成员都要把家庭作为一个集体来关心，共同治理好家庭，把个人利益置于家庭整体利益之下。可以说，弘扬家庭美德是社会主义道德建设的必然要求，每个家庭成员都应加强社会主义道德修养，做到尊重他人、尊老爱幼、团结邻里、和睦相处。

第三，家庭美德是美满幸福生活的力量源泉。

一个幸福的家庭不仅对家庭成员非常重要，而且对社会稳定也非常重要。只有有了家庭的美德，才能获得家庭的幸福，才能为每个人提供幸福生活的动力源泉。具体来说，夫妻是家庭的重要成员，相互理解、相互协助、共同进步是维护整个家庭和谐的关键，也是家庭生活中应该遵守的重要行为准则。在当代社会中尤其要坚持的是男女平等，这是共同营造良好家庭氛围的必然要求，也是对传统道德规范的扬弃。中华民族有勤俭持家的传统，勤俭是家庭美德的一个重要方面。孝敬老人、教育子女、尊重邻居，也是家庭美德建设的关键因素。如果每个家庭都有良好美德，那么家庭、邻里、社区关系就会变得和谐美好，整个社会就会变得和谐祥和。

（二）家庭美德缺失的表现和根源

近年来，我国社会的离婚率有不断上升的趋势。家庭破裂固然有多方面原因，但是家庭美德的弱化甚至丧失是主要原因。导致家庭美德弱化甚至丧失的客观因素很多，比如夫妻感情不和、夫妻性格差异以及各种家庭矛盾，这些矛盾的诱因包括利己主义、拜金主义的影响等。但就家庭建设而言，危害最大的是西方的"性自由"思想，这也是导致当代社会家庭破裂的最大原因。另外，"亲情腐败"问题也是影响家庭道德建设的重要原因。

所谓"百善孝为先，万恶淫为首"，对于一个家庭来说，维持家庭稳定的主要美德在于"孝"。因为孝顺父母是由每个人的血缘亲情所决定的，这也是一个人的天然情感，因此"孝"具有普通的社会认同性，对于家庭的幸福美满来说，"父慈子孝"就是理想的状态。而要想破坏一个家庭，"淫"显然是最容易达到这个目的的手段，因为"淫"首先破坏的是夫妻之间的关系，而夫妻是组成家庭的基石，基石被破坏，家庭自然也就被破坏了。

据民政部《2019年民政事业发展统计公报》，2019年办理离婚手续的共有470.1万对，比上年增长5.4%，离婚率为3.4‰，比上年增加0.2个千分点。[①] 中国离婚的原因一般有六种，在对方出轨、家庭暴力、性格不合、婆媳关系不和睦、对方有不良嗜好、购置房产（通过离婚规避高首付，并能享受支持刚需购房的利率优惠）中，对方出轨是首位。据调查，我国50.16%的离婚是由于第三者插足，对方出轨是导致离婚的主要原因。

为什么现在家庭出轨率比改革开放之前要高很多？为什么家庭离婚率

---

① 民政部.2019年民政事业发展统计公报. https://www.mca.gov.cn/article/sj/tjgb/.

也比改革开放之前高许多倍？并非改革开放自身的原因，一个主要的原因在于打开国门之后西方腐朽堕落思想对人们的影响，而这其中，西方"性自由"思想是始作俑者。"性自由"实际上导致的后果就是"淫"，这是导致当代社会家庭破裂或家庭关系恶劣，进而影响社会稳定的最大原因。

"性自由"口号流行于20世纪60年代的西方，尤其是北美。它是从反对男女不平等的婚姻观念和性观念开始的，然后走到一个极端，认为身体和性都是个人财产，自己可决定如何处置、使用。事实上，性自由在尊重女性、女权的同时，给西方社会带来了严重的社会问题。西方社会由此离婚率猛增，许多家庭解体，大量儿童失去双亲的抚养，家庭对子女的教育职能因此严重削弱，青少年性犯罪率激增，未婚生育的母亲和孩子增多，同时还造成了艾滋病等性病的肆虐。60—80年代是西方性自由的盛行期。其结果是，美国青年16岁时已有2/3的人有过性经历；每天有2 000名少女怀孕，其中一半做了人工流产，另一半则把孩子生了下来；今天美国人的婚姻有一半以离异告终；1/3的孩子是未婚母亲所生；25％的孩子在单亲家庭中生活；在美国的艾滋病病毒感染者中，20％是青少年。① 由此可见，"性自由"给美国青少年和整个社会带来了很大危害。由于"性自由"思想在西方社会造成了明显恶果，欧美各国"重建性道德"的呼声日益高涨，并采取了种种措施来纠正"性自由"思想带来的偏差。

"亲情腐败"也是目前影响家庭美德建设的重大阻碍。正常而言，家庭美德意味着家庭有着良好家风，使得家庭中的每一个人都能够做到相亲相爱、和睦相处，并且都有着高尚的道德情操，立志为国家富强和人民幸福贡献力量。但是，家庭中有的成员掌握了权力之后，由于权势的影响导致家庭道德的败坏。譬如近年来查处的一批腐败案件中，许多高官都是通过自己的配偶或者子女收受贿赂，或者为配偶、子女谋取不正当利益（提干升职、分房评奖等各种好处），这就构成了亲情腐败。亲情本来与权力和腐败无关，但是权力本身是一把双刃剑，在有着高尚道德的人手里，是

---

① 见百度百科"性自由"。https://baike.baidu.com/item/%E6%80%A7%E8%87%AA%E7%94%B1/7144745? fr＝aladdin.

开疆辟土、造福人民的工具；但在贪污腐败者手里，就是既伤害集体也伤害家庭的利剑。

因此，在建设和谐家庭，培养家庭美德的过程中，我们要坚决反对"性自由"等腐朽思想，坚决遏制"亲情腐败"现象，以中华传统美德为基础，以核心价值观为引导，积极宣传正能量，并辅之以法律制度监督，只有这样才能培养良好家风，在实现家庭和谐的同时促进社会和谐的实现。

（三）树立以平等和谐为核心的家庭道德规范

将核心价值观转化为家庭道德规范，除了一般性的指导原则之外，其中需要特别发扬的价值是"平等"与"和谐"。如西方"性自由"思想违反了夫妻之间的平等与忠诚，平等意味着相互尊重，忠诚意味着相互信任，但是"性自由"导致的夫妻出轨恰恰践踏了平等与忠诚。和谐意味着在平等基础上的家庭和睦，"性自由"恰恰也摧毁了这一美德。"亲情腐败"等现象实际上也是对家庭和谐的破坏，因为建立在亲情之上的家庭关系被金钱利益关系腐蚀，由此导致家庭成员的社会观、价值观也被扭曲，最终导致家庭的破裂；而且亲情腐败也导致家庭与社会之间和谐关系的破坏，侵蚀了亲情，也破坏了社会的公平正义。

西方自由思想的泛滥导致"性自由"思潮的产生，实际上自由必然与道德相联系，没有道德就没有自由。这正如康德所说："自由的概念，一旦其实在性通过实践理性的一条无可置疑的规律而被证明了，它现在就构成了纯粹理性的、甚至思辨理性的体系的整个大厦的拱顶石，而一切其他的、作为一些单纯理念在思辨理性中始终没有支撑的概念（上帝和不朽的概念），现在就与这个概念相联结，同它一起并通过它而得到了持存及客观实在性，就是说，它们的可能性由于自由是现实的而得到了证明；因为这个理念通过道德律而启示出来了。"[①] 因此，所谓的"性自由"实际上是虚假的自由，是打着自由幌子的利己主义和纵欲主义的陷阱（同样也催生了"亲情腐败"），是危害社会的毒瘤。

---

① 康德．实践理性批判．邓晓芒，译．北京：人民出版社，2003：112.

平等意味着夫妻平等、男女平等，意味着家庭所有成员以及邻里之间的关系平等，这是构筑美满家庭的首要之义。人生而平等，这是现代社会平等的基础。平等意味着对每个人的尊重，意味着把人当作一个人来对待，而不是当作工具或（压迫的）对象。因此，对于家庭乃至于整个社会来说，平等是最重要的美德。就男女平等来说，是指在家庭生活的各个方面女子和男子人格独立、地位平等，享有同等的权利，负有同等的责任。要摒弃传统封建社会"重男轻女"的落后思想，使家庭中的男女享有教育、就业及财产等方面的同等权利。要实现男女平等，当然需要男女双方的理解、支持和尊重，家庭成员也应当努力做到自尊、自爱、自信、自立、自强。现在是个彰显女权的时代，在家庭美德建设中，要摆脱传统女性角色的束缚，自己确立生活目标，自己选择生活道路，自己主宰个人命运，做一名既是"生活主人"又是"事业强者"的新时代女性。对于父母来说，平等包含着子女对父母的孝顺；对于子女来说，平等包含着父母对子女的爱护；对于邻里关系来说，平等意味着相互帮助、相互关怀，共同营造良好氛围。

什么是和谐？最一般地说，和谐是事物之间的一种有序协调的秩序。和谐首先是一种秩序，就是说，是事物的一种共存状态，是事物相互影响、相互作用的方式。其次是一种有序状态，就是说，是事物各安其位、各守本分、各司其职的良好秩序。最后是一种协调状态，就是说，事物之间不敌对、不争斗，相反，彼此之间配合默契，成彼之美。①

对于家庭来说，首位的和谐是夫妻和睦。夫妻是家庭关系的核心，夫妻和睦是家庭幸福的重要前提和保证。夫妻关系应以平等互爱为基础。夫妻之间不存在谁侍候谁、谁主宰谁的问题，"大男子主义""妻管严"等都是落后于时代的旧观念。作为夫妻，应该努力做到互敬、互爱、互信、互帮、互谅、互让、互慰、互勉。当前，离婚率持续上升成为社会关注的热点，婚姻自由固然是社会主义婚姻家庭制度的基本原则，但是如果把婚姻自由看作可以轻率地结婚和离婚，就是十分错误的。那种朝三暮四、喜新厌旧，对妻子（丈夫）、子女和社会不负责任的所谓"性自由"，不符合我

---

① 江畅.幸福与和谐.北京：人民出版社，2016：xiii.

们所说的婚姻自由原则，必须坚决反对。日常生活是平淡琐碎的，男女双方经过恋爱浪漫期之后步入婚姻组成家庭，应学会在平凡的日常生活中巩固、培养感情。要在互相适应对方的同时，经常寻找夫妻双方都感兴趣、都愿意为之努力的共同目标，使两人有共同的生活目标，使家庭生活生动、活跃起来，充满活力和乐趣。

尊老爱幼是家庭和谐的重要组成部分。我国自古以来就倡导"老有所终，幼有所养"，形成了尊老爱幼的良好家庭传统美德。在传统中国，谁不孝敬父母、善待子女，谁就会被世人唾骂"缺德"，情节严重的还会受到法律的制裁。《论语·学而》有云："孝悌也者，其为仁之本与？"可以说，在传统中国孝老爱亲是最大的美德，甚至统治者也有"以孝治天下"之说。因此，尊老爱幼不仅是每个公民必须遵守的道德准则，也是每个公民应尽的社会责任和法律义务。

尊老的基本要求是赡养父母。父母对子女的爱是最伟大、最无私的，对父母的养育之恩做子女的当知报答。所以，赡养年迈的父母是子女必须承担的法定义务，也是社会主义家庭美德的起码要求。从情感上来说，做晚辈的要多与老人交流、沟通，除照顾他们的生活外，还应在精神上给予更多的关心和体贴，使他们充分享受天伦之乐，对丧偶或离异的长辈更应如此。对此孔子曾这样说："色难。有事，弟子服其劳；有酒食，先生馔，曾是以为孝乎？"（《论语·为政》）

邻里团结是实现家庭和谐的重要内容，同时也是社会稳定的重要因素。良好的邻里关系对人们的生活、工作、学习等各方面都大有益处。传统中国一直重视邻里关系，流传有"邻里好，赛元宝""远亲不如近邻"等格言，"孟母三迁"的故事更是妇孺皆知。然而，人们发现，随着科学技术的飞速发展，特别是信息时代的到来，我们与世界各地人民的距离越来越近，相反，与自己对门而居的邻居关系似乎越来越远了。当今的"陌生人社会"是现代经济发展而产生的一种社会现象。经济的高速发展、紧张的工作和生活，导致较近生活圈内的人们之间互不关心。

与传统的熟人社会相比，人与人之间的不信任增加了社会运行的成本，也让人的情绪变得负面。一方面对陌生人处处提防，另一方面抱怨人情冷漠；一方面指责他人麻木不仁，另一方面又提醒亲人朋友遇事少出头。面对这种状况，我们必须在平等、和谐的理念指导下建设新的邻里关系。要想建立良好的邻里关系，首先是要做到相互尊重，就是尊重邻居的人格，尊重邻居的生活方式和生活习惯，切忌搬弄是非。其次是要做到相互帮助。要破除"各人自扫门前雪，休管他人瓦上霜"的旧观念，视邻里的事情如自己的事情，视邻里的困难为自己的困难，从小事做起，积极主动地为邻居做好事。另外，还要主动搞好公共区域的卫生工作，使得邻里之间形成一个维护公共卫生的良好氛围，而不是斤斤计较。相互谦让是邻里关系的润滑剂，也是重要的道德品质。因为邻里之间长时间相处，难免会有磕磕碰碰的时候。一旦因生活琐事发生了矛盾，双方都要讲风度、讲谦让。邻里相争往往是进一步"狭路相逢"，退一步"海阔天空"。

除此之外，家庭美德的养成与勤俭持家也是分不开的。勤俭持家是中华传统美德，也是实现家庭和谐的重要方式。从核心价值观的角度来说，无论是关于国家层面的价值目标，还是关于社会层面的价值取向，或是关于个人层面的价值准则，都不提倡铺张浪费，更不提倡盲目攀比，骄奢淫逸。自古以来，勤俭持家都是一直被提倡的美好德性，"勤是摇钱树，俭是聚宝盆""俭以养德""一粥一饭当思来之不易，半丝半缕恒念物力维艰"等，这些都是关于勤俭持家的格言。改革开放以来，人民生活水平逐步提高，但勤俭持家并未过时，我们所说的勤俭持家是以"量力而行、量入为出、勤俭节约、适度消费"为原则的。勤俭持家就是要精打细算，科学合理地安排家庭经济生活，避免浪费。勤俭持家就是要树立现代文明的消费观，不盲目攀比，不追求高消费。在坚持"量入为出"原则的基础上，根据现代生活的消费特点，适度的"超前消费"也不为过。但是，切忌盲目攀比，追求不切合实际的高消费。当代社会，西方"消费主义"思潮有较大影响，一些人（尤其是年轻人）被商家有意无意地引导成为"贷款消费者"，甚至一些大学生因为"校园贷""套路贷"严重影响家庭关系，甚至导致家破人亡。这些都是值得警惕的。当然，家庭消费还要考虑增加精神文化消费的比重，在注重物质享受的同时提升文化品位，以提高家庭成员的道德素养。

三、由核心价值观形成普遍认同的职业道德规范

在社会生活中，除了公共领域、家庭之外，最重要的领域就是职业领域。因此，职业道德的建设是社会主义道德体系建设以及核心价值观实现社会认同的必然要求。职业道德当然与讲究诚信、爱岗敬业、奉献负责等我们通常所说的道德紧密相关，但是近年来日益凸显的一个问题是"职业腐败"。因此，在响应党中央反腐倡廉的号召下，除了建设一般性的职业道德规范外，还应当特别强调对"职业腐败"的防治。

（一）职业道德规范概述

职业道德的概念可分为广义和狭义两种。从广义上讲，职业道德是指员工在职业活动中应遵循的行为准则，它涵盖了员工与服务对象、职业与员工、职业与职业之间的关系。从狭义上讲，职业道德是指在一定的职业活动中应当遵循的、反映一定的职业特征、调整一定的职业关系的职业行为标准和规范。不同的专业人员在具体的专业活动中形成特殊的专业关系，包括专业主体与专业服务对象的关系、专业群体之间的关系、同一专业群体中的人与人之间的关系、专业工作者之间的关系、专业团体和国家之间的关系等。

职业道德是随着社会分工的发展和相对固定的职业群体的出现而产生的，人们的职业生活实践是职业道德的基础。原始社会末期，由于生产和交流的发展，农业、手工业和畜牧业出现了分工，职业道德开始萌芽。进入阶级社会后，出现了商业、政治、军事、教育、医疗等职业领域。在一定的社会经济关系的基础上，这些特定的职业不仅要求人们有特定的知识和技能，而且要求人们有特定的道德观念、情感和品质。各种职业群体为了维护职业利益和声誉，适应社会的需要，从而在职业实践中按照一般社会公德的基本要求，逐渐形成了职业道德。在古代文献中有关于职业道德的记载，譬如在长期的医疗实践中，中国古代医家形成了重视医德医风的优良传统。现代意义上的职业道德，发轫于五四运动以后的民族资本发

展时期。改革开放之后，职业道德发生了巨大变化，随着新时期出现的各种新的职业及道德规范有了更加丰富的发展。

社会的职业道德是由社会分工与经济制度决定和制约的。在封建社会，自给自足的自然经济和封建等级制度不仅制约了职业间的交往，而且阻碍了职业道德的发展。只有在一些工商行会和规章制度中，以及在从事医疗、教育、政治、军事等行业的名人的言行中，才含有职业道德的内容。由于在这个行业里，也有技术精湛、道德高尚的人，他们的职业道德行为和素质得到了群众的赞誉并世代相传，逐渐形成了优良的职业道德传统。

资本主义商品经济的发展促进了社会分工的扩大，职业和产业的数量与复杂程度也不断增加。各个职业群体为了增强竞争力、增加利润，纷纷倡导职业道德，提高职业声誉。许多国家和地区都成立了专业协会，制定公司章程，规定职业宗旨和职业道德，以促进职业道德的普及和发展。在资本主义社会，不仅军人、官员、医生、教师的现有伦理道德得到了进一步的丰富和完善，而且还存在着过去社会所没有的各种职业所应具备的多种伦理道德。

社会主义职业道德是适应社会主义物质文明和精神文明建设的需要，在共产主义道德原则指导下，批判地继承了历史上优秀的职业道德传统。因为社会主义各行各业没有高低之分，行业内职工之间、不同职业之间、职业群体与社会之间没有根本的利益冲突，所以不同职业的人可以形成共同的要求和道德理想，共同树立起对自己工作的责任感和荣誉感。

职业道德具有以下特点：一是职业道德的适用范围有限。每个职业都有特定的职业责任和义务。由于不同职业的职业责任和义务不同，形成了具体的职业道德规范。二是职业道德具有发展的历史继承性。由于具有不断发展和代际延续的特点，不仅行业技术代代相传，管理员工和处理服务对象的方法也有一定的历史传承。三是职业道德形式多样。由于各种职业道德的要求都比较具体和详细，表现形式多种多样。四是职业道德具有较强的纪律性。纪律也是一种行为规范，但它是介于法律与道德之间的特殊规范，它不仅要求人们自觉遵守，而且具有一定的强迫性。就前者而言，它具有道德色彩；就后者而言，它具有一定的法律色彩。这就是说，一方面，遵守纪律是一种美德；另一方面，它是强制性的，具有法律法规的要求。因此职业道德有时表现为制度、章程、规章等形式，使员工认识到职业道德具有规范性和纪律性。

职业道德具有重要的社会作用：一是可以规范员工与服务对象的关系。职业道德的基本功能是规范功能，它可以规范员工的内部关系，即用职业道德约束员工的行为，促进员工的团结与合作，为本行业的发展服务。职业道德还可以规范员工与服务对象之间的关系。例如，职业道德规定了生产产品的工人应该如何对用户负责，营销人员如何对顾客负责，医生如何对病人负责，教师如何对学生负责，等等。

二是有利于维护和提高行业或企业声誉。一个行业或一个企业的形象、信誉和声誉，代表了行业或企业及其产品和服务在公众中的信任程度。企业声誉的提高主要取决于产品和服务的质量，员工高水平的职业道德是产品和服务质量的有效保障，如果员工的职业道德水平不高，就很难生产出高质量的产品和提供高质量的服务。

三是促进行业或企业发展。行业或企业的发展离不开好的经济效益，而好的经济效益源于高素质的员工队伍。员工素质主要包括知识、能力和责任感，其中责任感最为重要，具有高尚职业道德的员工有很强的责任感，能够促进行业或企业的发展。

四是有利于提高全社会的道德水平。职业道德是整个社会道德的主要内容。一方面，职业道德涉及每个从业者如何对待自己的职业和工作，也是其人生态度和价值观的体现；另一方面，职业道德也是一个职业群体，甚至是一个行业全体员工的行为准则，如果每个行业、每个职业群体都有良好的道德规范，必将对提高全社会的道德水平起到重要作用。

（二）职业道德缺失的表现和根源

职业道德规范是每个人都应当遵守的基本规范，核心价值观要求人们爱岗敬业正体现了这方面的要求。但是在当今社会，人们对于职业道德规范的遵守中出现一些不良现象，突出表现为对外不讲诚信、做假账、偷税漏税、制假贩假、权钱交易等，对内缺乏敬业精神，消极怠工，甚至为了一己私利假公济私等。爱岗敬业是核心价值观的要求，也是职业道德的首要之义。一个人只有首先热爱自己的岗位，能够兢兢业业地工作，才具有起码的职业道德。

由于现在市场经济的发展以及人们彰显个性的需要，爱岗敬业这一应当遵守的基本职业道德也受到了破坏。本来应该是干一行、爱一行、精一行，现在往往变成了干一行、怨一行、恨一行。这山望着那山高的情况并不少见，之所以如此，是因为人们喜欢攀比。行业与行业之间肯定存在着差距，工资薪酬之间也存在着差距，在相互攀比的心理下，很多人对于本职工作就产生了不满，逐渐导致职业道德丧失。

《论语·里仁》云："不患无位，患所以立。不患莫己知，求为可知也。"这句话的意思是说，不要害怕找不到职位，要担心自己没有足以胜任职位的本领；不要担心别人不知道自己，应该锻炼让别人欣赏自己的本领。显然，当今社会人们的心态比较浮躁，在攀比心理下，不考虑自己的能力和水平，盲目羡慕别人的工作，贬低自己的工作，从而导致职业精神丧失。因此，要引导人们正确看待工作环境和社会环境，将盲目攀比之心变成自我提升的动力，在职业道德、业务素质上不断提升自己，真正做到爱岗敬业，在勤奋工作中实现人生幸福。

在职业道德缺乏的种种表现中，职业腐败是危害最大的，必须予以坚决反对、抵制和消除。惩治腐败应当坚持标本兼治，这几年来，中央分了很多批次派出巡视组到各部门、各地方巡查、办案，也处理了一大批"老虎"和"苍蝇"。除了这种典型的政府官员腐败现象之外，职业腐败也是不可忽视的重要问题，尤其在一些非党政机关部门和单位更是如此。

比如当前公众最关注的两个领域——医院、学校，就可能滋生职业腐败。以教师行业为例，老师被称为"灵魂的工程师"，自古以来就有着很高的地位，"天地君亲师"把老师的位置确定下来，"师者，所以传道授业解惑也"强调了老师的作用，一代代教育大家以自己高尚的品格和精深的学问为老师铸造了荣誉殿堂。对于孩子们来说，老师在他们心中的地位无比崇高，他可以不听父母的，但不能不听老师的。而近些年来，在教师队伍中出现的不正之风毁坏了老师的形象，也让无数学生的心中留下了阴霾。现在的学生小小年纪就知道给老师送礼，那些没有送礼的学生，他在学校表现好或者不好、学习进步还是退步、上课是不是专心听讲、有没有完成作业，往往就得不到老师的关心。再就是变相补课，或者一对一补习，这些都需要学生缴纳费用。如果老师陷入拜金主义的思想中，那么会对教师这个行业造成极坏影响。老师无德，怎么能给孩子树立典范？更谈不上被人尊重。更令人忧虑的是，心灵被污染的孩子很难树立起正确的人生观和价值观。

医生也是一个容易产生职业腐败的职业。医生是一个格外受人尊重的职业，救死扶伤，悬壶济世，传统医生的高尚职业精神可敬可叹。然而，如今的医院却良莠不齐，泥沙俱下。虽然还没有堕落到"视人命如草芥，视开药为圭臬"的地步，但是本来应该充满慈爱之心的医生们正逐渐变成冷漠的赚钱机器。医生正是这样成了一个高收入，特别是高灰色收入的典型群体，而这个群体危害的不仅是这个职业本身，而且是所有的人。对于每个人来说，都免不了生老病死，而面对疾病或需要手术的时候，除了要支付高昂的医疗费用，还要付出各种红包。生死关头人们看到的是如此丑恶的一幕，人们还会相信道德的力量吗？

职业腐败正在摧毁人们对于职业道德的认识。由于职业腐败的存在，使得人们对于曾经崇敬的高尚职业，如救死扶伤的医生、传道授业的教师、身为人民公仆的公务员，产生了怀疑甚至鄙视，使得人们对于这些行业的职业道德规范产生了错误认识，甚至认为职业道德规范都是名存实亡的。从这些行业内部来说，由于职业腐败的存在，使得从事这些职业的人们不再关注职业道德的建设，甚至将职业道德置之脑后，为了利益不惜违反、践踏职业道德。目前社会上存在的诸多问题，如医患关系紧张就成为突发事件的导火索。因此，要想在全社会树立良好的职业美德，就必须反对一切形式的职业腐败，要以社会主义核心价值观为引领，建立良好的职业道德规范。

（三）树立以敬业诚信为核心的职业道德规范

将核心价值观的理念转化为职业道德规范，其核心是要树立以敬业诚信为主导的价值观。显然敬业对于每个人来说都是必需的素质，只有敬业才能恪守职业道德，才能在医生、教师、公务员等岗位上发挥自己的能力，关心人们的身体，呵护人们的心灵，处处想着为人民服务，这样才能在全社会形成人人遵守职业道德的良好风尚。诚信是所有行业人员必须遵守的道德底线，一个笃守诚信的人必然是诚对客户、诚对员工、诚对家庭、诚对社会的人，在这种人人讲诚信的氛围中，伪劣商品、漏税假账等问题都不会出现。以敬业诚信为核心，提倡实事求是、爱岗敬业、无私奉献、服务人民等职业道德，并辅以法律的约束，这样就能在全社会形成良好的职业道德风气。

具体而言，职业道德规范主要应包括以下几方面的内容：

第一，爱岗敬业，忠于职守。

爱岗敬业，是从业人员应该具备的一种崇高精神，是求真务实、优质服务、乐于奉献的前提和基础。员工要安心工作，热爱工作，献身于所从事的行业，实现自己的崇高理想和追求，为平凡的工作做出不平凡的贡献。具体来说，要以敬业的精神，在实际工作中积极进取，无私奉献，确保工作质量；要有责任感，把工作成绩作为义不容辞的责任和荣誉；同时，要认真分析工作中存在的不足，积累经验。随着市场经济的发展，对员工的职业观念、职业态度、职业技能、职业纪律、职业作风等提出了新的、更高的要求，但不管怎么说，敬业都是员工职业道德的首要之义。没有淡泊名利之心，没有无私奉献的道德品质，没有"不唯上、不唯书、只唯实"的现实精神，就很难完成好任务，坚守职业道德。因此，广大员工要有高度的责任感和使命感，热爱工作，投身事业，树立崇高的职业荣誉感，同时应该加强个人道德修养，处理好个人、集体和国家的关系，树立正确的世界观、人生观和价值观。在当今社会主义建设时期，还要力求把继承中华民族传统美德与弘扬时代精神结合起来，在平凡的岗位上默默奉献，在爱岗敬业中尽职尽责，在实现中国梦的伟大征程中实现个人梦。

第二，诚实守信，拒绝虚假。

诚实守信，实事求是，不光是思想路线和认识路线的问题，也是一个道德问题。员工必须实事求是，坚决反对和抵制工作中的弄虚作假行为，这就需要无私无畏的职业良知和职业作风。如果夹杂着自私的思想，为了满足自己的利益或者满足一些人的私欲弄虚作假、夸大其词，就会背离爱岗尽职这一最根本的职业道德。作为一个劳动者，必须有对国家、对人民高度负责的精神，要把诚实守信、实事求是作为履行职责和义务的最基本的道德要求。诚实守信在具体工作中意味着拒绝虚假，尤其是在单位会计、财务、审计、报表等相关部门工作时更要如此。弄虚作假的原因往往是偷税漏税或者掩盖财务上的漏洞，这不仅是一种违反道德的行为，更是一种违法行为。弄虚作假不仅是对社会和国家的欺骗，也是对单位（公司）信誉和远景的损害。

第三，遵纪守法，办事公道。

法律是人民自由的圣经，也是人们践行伦理道德的保障。遵守法律，以公平正义之心办事，才能无愧于我们的良知和职业操守。从法律建设的角度来说，一方面，我们要大力推进法治建设，进一步加大执法力度，严厉打击各种违法违纪行为，依靠法律的力量铲除腐败的土壤；另一方面，要通过说服教育，唤起人们的良知，提高人们的道德意识，把职业道德浸润到工作的各个方面，融入工作的全过程，从根本上杜绝职业腐败。守法和公正是社会中最重要的德性，这正如亚里士多德所说："公正最为完全，因为它是交往行为上的总体的德性。它是完全的，因为具有公正德性的人不仅能对他自身运用其德性，而且还能对邻人运用其德性。……因为公正所促进的是另一个人的利益，不论那个人是一个治理者还是一个合伙者。既然最坏的人是不仅自己的行为恶，而且对朋友的行为也恶的人，最好的人就是不仅自己的行为有德性，而且对他人的行为也有德性的人。因为对于他人的行为有德性是很难的。所以，守法的公正不是德性的一部分，而是德性的总体。"[①] 因此，办事公道，尤其是掌握公共权力的人能够真正做到这一点，对于社会道德文明风尚的促进是有极大作用的。相反，如果不能做到守法公正（如法官判决不公），那么对社会的消极作用也是极大的。

第四，乐于公益，奉献社会。

和谐社会的实现离不开每个人应有的慈善意识，可以说，热心公益是每个人应当具有的高尚品格。员工和整个企业都是社会的一部分。因此，他们应该勇于承担社会责任，既要遵纪守法，又要积极为人民服务，为社会服务。特别是当员工利益、企业利益与社会公益发生冲突时，更应优先

① 亚里士多德. 尼各马可伦理学. 廖申白，译. 北京：商务印书馆，2003：130.

考虑社会公益。奉献社会，要求员工在自己的工作岗位上树立奉献社会的职业精神，自觉通过尽责的工作为社会和他人做出贡献。这是社会主义职业道德的最高层次要求，体现了社会主义职业道德的最高目标。就目前而言，在我国的职业道德建设中，对公益慈善（以及自觉保护生态）的要求还不够，需要核心价值观的正确引导。从传统文化的角度来说，公益慈善是一直被人提倡和称赞的善行，造桥修路、救济贫困、施药救人等都是重要的慈善方式。不过到了当代，由于逐利动机的影响以及个人主义、利己主义的流行，使得热心于慈善公益的企业和个人不再普遍。甚至在大灾大难面前，一些企业也不能做到主动捐赠。这既是社会公德的丧失，也是职业道德的丧失，因此，以核心价值观为引领，树立正确的职业道德，既是行业规范和健康发展的需要，也是社会稳定和谐的需要。

第四章　核心价值观转化为道德人格

　　社会主义核心价值观实现伦理认同的路径，首先在于转化为道德观念和道德规范，其次是要转化为人们共同认可的道德人格。如果说道德观念和道德规范带有一定的约束意义的话（以利于人们养成正确的道德认识，遵守公认的道德规范），那么道德人格则带有明显的引导意义（以激励人们坚守崇高的理想信念，成就高尚的人格品质）。由核心价值观形成崇高的理想信念，核心在于坚定共产主义理想和中国特色社会主义信念，将理想信念与中国梦、民族精神、时代精神、爱国主义、集体主义和社会主义相结合，以引导人们树立正确的理想信念。有了崇高的理想信念，就能够引导人们进一步养成优秀的人格品质，可以说理想人格的养成过程也就是优秀品质的养成过程。

　　具体而言，这些品质主要包括无私奉献、爱国爱党、慎独自律、诚实守信、仁爱友善、乐于助人、爱岗敬业、遵纪守法八个方面。理想信念和人格品质的现实表现就是具有正确的行为准则，由于行为规范是建立在维护社会秩序的理念基础之上的，因此对全体成员具有引导、规范和约束的作用。引导和规范全体成员可以做什么、不可以做什么和怎样做，是社会和谐重要的组成部分，是社会价值观的具体体现和延伸。因此，以核心价值观为主导，形成人们普遍遵循的行为准则是必需之义。

一、由核心价值观形成崇高的理想信念

道德人格的养成首先是树立崇高的理想信念。理想信念是人的脊梁，让人们在面对艰难困苦、思想困惑、情感纠葛时能够保持定力和正确的方向，不因为困难或困惑失去精神支柱，能够做到坚守道德底线，"穷则独善其身，达则兼济天下"。

（一）理想信念及其重要性

理想信念对于构筑正确的世界观、人生观、价值观至关重要。从理论上说，理想信念也是价值观念，但并非一般的价值观念，而是价值观中最高层次的核心观念。理想信念是人们所信仰、所向往、所追求的奋斗目标，是人生目的的直接反映，是人生价值的客观表现，是人类不断进步的强大动力。简单地说，理想信念就是一个人的志向，其作用类似于古人所说志向所在，虽穷山距海不能阻隔，虽千军万马不能阻挡，"志之所趋，无远勿届，穷山距海，不能限也。志之所向，无坚不入，锐兵精甲，不能御也"（《格言联璧》）。

理想信念是每个人都必须具有的（党员干部更是如此）。习近平总书记多次强调加强理想信念教育的重要性，并要求："全党同志一定要坚守共产党人精神家园，把改造客观世界和改造主观世界结合起来，切实解决好世界观、人生观、价值观问题，练就共产党人的钢筋铁骨，铸牢坚守信仰的铜墙铁壁，矢志不渝为中国特色社会主义共同理想而奋斗。"[①]

理想信念对于树立正确的世界观具有决定性意义。所谓世界观，是指人们对整个世界和人与世界关系的总的、根本的看法。这种看法是人们自身生活实践的总结，由于这种生活实践往往是普通人自发形成的，因此它需要思想家有意识地进行总结和提炼，进行理论论证，才能成为一个系统的理论。世界观的基本问题是意识与物质、思维与存在的关系。根据对这

两个问题的回答，世界观可以分为两种根本对立的类型，即唯心主义世界观和唯物主义世界观。只有坚持正确的理想信念和马克思主义唯物史观，才能正确认识世界，认识西方资本主义世界观的错误，避免实践中的偏差，走正确的道路。

理想信念对于树立正确的人生观也非常重要。所谓人生观，是指人们在实践中形成的对人生目的和人生意义的基本看法，它决定着人们实践活动的目标、人生道路的走向、行为选择的价值取向和人生态度。一个有正确理想信念的人，必然有着崇高的人生目标。如果他把有限的生命奉献给崇高的事业，他的生命一定是有意义的。相反，如果一个人没有理想信念，他的人生往往卑微甚至颓废，生命就会失去意义。

理想信念对于树立正确的价值观也是必不可少的。所谓价值观，是指基于人的某种思维感官的认识、理解、判断或选择，即人对事物的一种认识和辨别是非的思维或取向，以反映人、物的某种价值或功能。虽然在阶级社会中，不同的阶级有着不同的价值观，但对于一个稳定的社会来说，价值观一旦形成，就具有稳定性与持久性。价值观对人们的认识和行为起着重要的引导作用。在理想信念的支撑下，具有正确价值观的人在认识和行动上就具有道德性，能够实现个人与社会的和谐发展。相反，一个相信错误价值观的人肯定会对自己、家庭和社会产生负面影响。

2015年10月18日，中共中央颁布实施新修订的《中国共产党廉洁自律准则》，这向全体党员明确提出了理想信念方面的要求，即中国共产党全体党员和各级党员领导干部必须坚定共产主义理想与中国特色社会主义信念。理想信念是人们对未来美好事物的向往、追求以及由此确立的坚定不移的精神。坚定信念是要求党员干部必须坚定对马克思主义的信仰，坚定社会主义和共产主义的信念，坚定中国特色社会主义的道路自信、理论自信、制度自信和文化自信。

正如习近平总书记一直强调的那样，理想信念是中国共产党人的精神支柱和政治灵魂，就是共产党人精神上的"钙"，没有理想信念，理想信念不坚定，精神上就会"缺钙"，就会得"软骨病"。这一深刻透彻的重要论述充分说明了理想信念的重要性。崇高的共产主义理想和坚定的中国特色社会主义信念，始终是激励和鼓舞中国共产党人不懈努力奋斗的精神支柱，也是激励全国各族人民向先进模范学习，奋发向上、共同奋斗的精神动力。

坚定理想信念是加强道德修养第一位的内容。《礼记》云："德者，得也。"诚如孔子所说："见贤思齐焉，见不贤而内自省也。"（《论语·里仁》）"得"有一个最高的指向，就是"道"，所谓"道"就是真理，是人们在为人处世中应该遵循的规则，表现在行为实践上就是德性。道德之于个人、之于社会，都具有基础性意义，做人做事第一位的是崇德修身。当前，个别党员干部道德滑坡严重，许多腐败分子走上犯罪道路，大多是从品行不端、道德败坏开始的。因此，加强人们的道德修养具有重要意义。品德修养的首要之义是立定志向，即坚守理想信念。理想信念是立德的基础，有什么样的理想信念，就会有什么样的道德标准。因此，人们（尤其是各级领导干部）在道德修养中，要始终做到坚定理想信念以立德。道德性保证了理想信念的高尚。

《论语·公冶长》记载有这样一个故事："颜渊、季路侍。子曰：'盍各言尔志？'子路曰：'愿车马、衣轻裘，与朋友共，敝之而无憾。'颜渊曰：'愿无伐善，无施劳。'子路曰：'愿闻子之志。'子曰：'老者安之，朋友信之，少者怀之。'"孔子和几位弟子在谈各自的志向，子路认为和朋友一起共享安乐是最理想的生活，强调了友爱的重要性；颜渊说希望自己能做到不夸耀自己的功绩和品性，强调了自我修养的重要性；孔子自己的志向是使老人、平辈的人、年少的人都得到安乐。显然，子路的志向是一般的世俗友爱，道德性并不突出；颜渊的志向主要是自己的品德修养，帮助他人的色彩不突出；孔子则是完全不考虑自身的享受，只想着让天下人安心幸福。显然，心怀天下的志向是最高尚的。可见，对于道德人格的养成，理想信念有着重要的基础性作用。

理想信念动摇是最危险的。一个民族、一个国家，如果缺乏理想信念，必然四分五裂，成为一盘散沙。习近平总书记在党的十九大中强调，"铸牢中华民族共同体意识，加强各民族交往交流交融，促进各民族像石榴籽一样紧紧抱在一起，共同团结奋斗、共同繁荣发展"①。中国是一个多民族国家，每个民族都有自己独特的历史文化和生活习惯，存在文化多样性。在多元文化背景下共铸"中华民族共同体意识"，就需要以共同的理想信念作为思想支撑。共同的理想信念就像一条纽带，把不同民族、不同历史渊源、不同文化习俗的人紧紧地联系在一起，共同构成中华民族共同体。

任何时候，我们都不能忘记理想信念的重要性。只有坚定理想信念，牢固树立正确的世界观、人生观和价值观，才能大公无私地工作。共同的理想信念，可以增强全国各族人民对中国共产党的认同，同心协力、克服困难、开拓进取。对于全国各族人民来说，只有树立共同的理想信念，才能加强对中国共产党和中国特色社会主义的认识，增强民族认同感，凝聚民族向心力，夯实各族人民团结稳定的思想基础和社会基础，从而有助于国家富强、民族振兴和人民幸福的实现。

（二）当代社会理想信念缺失的表现和原因

改革开放四十多年来，国家的经济发生了巨大飞跃，人民生活更加幸福。不过，各种非主流价值观的影响使得人们的世界观、人生观、价值观产生了偏差，诸如拜金主义、利己主义、"性自由"思想、个人主义、自由主义、本位主义、分散主义等，对人们的理想信念产生了巨大冲击，从而产生了各种乱象。

具体而言，当代社会人们理想信念缺乏的表现和原因主要有以下四点：

第一，远大理想的丧失。

我国是社会主义国家，人们应当有共产主义的远大理想，应当遵循社会主义核心价值观行动。但是随着西方价值观以及传统文化中糟粕的影响，一些人（尤其是一部分党员干部）出现了不同程度的思想迷惘。西方价值观是马克思曾经批判的资本主义价值观，其理论根基是个人主义，在

---

① 习近平. 决胜全面建成小康社会 夺取新时代中国特色社会主义伟大胜利：在中国共产党第十九次全国代表大会上的报告. 人民日报，2017-10-28 (1).

社会上往往表现为利己主义思潮。传统文化中的糟粕往往是带有封建迷信色彩的内容，在现代社会这些迷信思想沉渣泛起，一些人（甚至是领导干部）热衷于封建迷信，导致理想信念丧失。

正是由于西方文化和传统文化中的糟粕的影响，一些人淡漠、动摇甚至丧失了对马克思主义的信仰，对党的忠诚意识也有所动摇，对建设中国特色社会主义缺乏信心。由此导致党员干部在工作中没有理想信念的支撑，要么只强调经济建设（"唯 GDP 论"的盛行）而不坚持共产主义理想，要么对理想信念漠不关心，一心赚钱。民众因为缺乏远大理想而为错误的、腐朽的价值观所影响，从而可能走上不讲诚信、不讲道德、不遵纪守法甚至造假贩假、坑蒙拐骗的邪路。

什么叫作远大理想？就是不计较个人得失，为国家献身、为人民服务，为解放全人类而竭诚奉献。但是由于西方价值观的影响，尤其是强调个人至上、利益至上、资本至上的不良思潮的影响，使得这种远大理想受到了严重冲击。再加上传统文化中保守、消极的封建迷信内容的侵蚀，使得远大理想受到了更多侵蚀。因此，要想让所有人都有远大理想，那就应该旗帜鲜明地反对西方价值观（尤其是所谓"普世价值观"），反对一切形式的个人主义、利己主义。同时，在继承中华优秀文化的前提下，对传统文化中的封建糟粕加以抵制和剔除，以净化思想，重塑理想志向。

第二，为人民服务的信念淡化。

全心全意为人民服务是党员干部的宗旨，对于普通大众来说，为人民服务也是应当具备的素质。"天下兴亡，匹夫有责"，构建和谐社会，实现"中国梦"，需要我们每个人的努力。为人民服务凸显了"以人民为中心""人民至上"的先进理念，能够引导人们摆脱利己主义的桎梏，在服务人民的信念中实现自我的幸福。可以说，社会主义事业的建设需要大家发扬为人民服务的集体主义精神，只有这样才能齐心协力，共同实现"中国梦"。

当前大多数人能够坚持以"为人民服务"为宗旨，能把集体利益放到优先位置，能为他人和集体牺牲个人利益，集体主义观念比较强。不过，也有不少人内心并不想失去个人利益，在不损害个人利益的情况下兼顾集体利益。甚至还有一部分人"为人民服务"的信念淡化，只追求个人利益的满足，甚至在个人利益和群体利益出现冲突的时候不惜损人利己、假公济私，对社会产生了严重的负面影响。

为人民服务是我党的根本宗旨，也是崇高的道德原则，目前之所以受到冲击是因为非主流文化的泛滥。非主流文化是不同于社会主义主流文化的各种思潮，其中既有西方不良思潮，也有传统文化的消极内容，还有互联网时代产生的各种思想，这些因素纠葛在一起，对改革开放之初人们普遍信奉的道德观念产生了强烈冲击。当提倡无私奉献、为人民服务的精神与非主流文化相冲突时，人们往往会被各种看起来很新潮的非主流文化影响，从而导致理想信念动摇甚至崩溃。

第三，组织纪律涣散。

严格遵守组织纪律是理想信念的现实落脚点，也是实现理想信念的必要途径。毕竟每个人都不是完美的圣人，每个人都有可能在工作中犯错，因此遵守组织纪律实际上是一种自律的表现，能够减少错误的发生，防止因为理想信念丧失而发生的各种严重错误。如果缺乏理想信念，那么就会使得人们对于组织纪律、法律法规缺乏应有的尊重和敬畏，要么认为这些是束缚人、压制人的，要么认为在权力和金钱面前这些只是摆设，因此在工作中无视组织纪律、法律法规，或者专门钻纪律法规的漏洞，千方百计为自己谋取好处。尤其是现在的一些"精致的利己主义者"，打着为人民服务、遵纪守法的幌子，表面上高喊口号，看起来是先进模范，背地里脱离人民群众，搞权钱交易、职业腐败，严重影响了社会的安定团结。

导致组织纪律涣散的原因与西方提倡的"自由主义"是分不开的。改革开放以来，高举自由大旗的西方势力通过强势的国际话语权以及便捷的互联网传播方式，对我国进行了长期的文化渗透。其中，"自由主义"在事实上对我国社会造成了较大影响。所谓自由主义，其观点是强调个人自由是至高无上的，任何阻碍个人自由实现的东西都是不合理的。在自由主义者看来，各种组织纪律是对自由的钳制，是对人权的侵犯，由此将组织纪律划为"坏"的或"恶"的一类东西。实际上，自由从来都不是无法无天，自由与组织纪律也并非对立，组织纪律即是（通过自律）实现个人自由的途径，也是保障他人自由实现的途径。可以说，组织纪律（法律规章）是自由的圣经。

第四，道德滑坡，正气匮乏。

在当前"一切向钱看"的不良风气影响下，很多人将道德视为可有可无的东西，对道德规范缺乏应有的尊重，对于维持社会正气更是漠不关心。由此导致整个社会的道德水平滑坡，社会也缺乏更多的正能量。处在权力体系中的党员干部更是如此。虽然绝大多数党员干部道德情操高尚，具有道德人格力量，但有部分党员干部道德败坏、腐化堕落，甚至人格扭曲。必须看到，现在在干部队伍中确实存在着不容忽视的道德滑坡、道德失范等现象。特别是在极少数党员干部身上暴露出来的缺乏道德、缺乏正气等问题，严重损害了党在人民群众中的形象和威信。

部分党员干部以权谋私、违法乱纪、贪污腐化现象屡见不鲜，这些问题的深层思想根源在于其理想信念的动摇和淡化。导致道德滑坡、正气缺乏的原因，一方面是"一切向钱看"的逐利动机的影响，另一方面是"三俗"之风的蔓延。市场经济的第一法则是赚钱，因此鼓励人们利用合法手段赚钱是市场经济的必然要求，但是一个和谐社会要求人们在赚钱的同时注重道德的修养，赚钱的目的不是仅仅满足个人享受，还应当"兼济天下"，这样才有健全人格和高尚品德。如果"一切向钱看"，那么所有人最终都会变成唯利是图的小人，社会的和谐美好就无法实现。"三俗"之风兴起的主要原因也是市场经济逐利动机的推动，"三俗"之风一旦兴起，人们就会受到潜移默化的影响。在日常工作生活中，在并不涉及利益追逐的场合，人们也会自觉不自觉地谈论"三俗"话题，从而在这种消极氛围中变得消沉、颓废，正能量、正气也就消失殆尽了，远大理想也就化为了泡影。

鉴于当前我国社会理想信念缺乏所产生的种种问题，我们时刻要把理想信念的树立当作首要大事来抓。正如习近平总书记一直强调的那样，要把理想信念作为照亮前路的灯、把准航向的舵，转化为对奋斗目标的执着追求、对本职工作的不懈进取、对高尚情操的笃定坚持、对艰难险阻的勇于担当。可以说，理想信念是中华儿女前进的强大驱动力，能够激励中华儿女不论是面对本职工作的难关、个人修养的困境，还是面对其他艰难险阻，都能所向披靡、勇往直前，奋力实现中华民族伟大复兴的"中国梦"。

共同的理想信念是战胜困难的强大武器。正如习近平总书记所强调的，实现中华民族伟大复兴的中国梦，物质财富要极大丰富，精神财富也要极大丰富。马克思唯物史观指出，经济基础是发展的基础，因此在社会主义建设过程中，物质财富极大丰富是人民幸福、民族振兴、国家富强的前提和基础，但是在物质财富极大丰富的同时，我们也必须大力抓精神文明建设。只有精神财富也极大丰富了，我们的国家才能长治久安，党的事业才能基业长青。

伟大的梦想需要伟大的精神作为支撑，而伟大的精神更需要坚定的理想信念来铸就，"经过几千年的沧桑岁月，把我国 56 个民族、13 亿多人紧紧凝聚在一起的，是我们共同经历的非凡奋斗，是我们共同创造的美好家园，是我们共同培育的民族精神，而贯穿其中的、更重要的是我们共同坚守的理想信念"①。

（三）由核心价值观形成崇高的理想信念

核心价值观本身就包含着理想信念方面的重要内容。从国家层面的价值目标来说，为国家的富强、民主、文明、和谐而奋斗，为共产主义社会的实现而奋斗，这就是理想信念。在这个理想信念的指引下，我们每个人都应当做到爱国、敬业、诚信、友善，以为人民服务为宗旨，营造自由、平等、公正、法治的社会环境，为中国梦的实现而努力奋斗。

以为人民服务为宗旨，为国家的富强、民主、文明、和谐而奋斗，为共产主义社会的实现而奋斗，这就是当代中国人应有的理想信念，这和当前我们提倡的共产主义理想和中国特色社会主义信念也一脉相承。每个人，尤其是党员干部，应当以崇高的理想信念为指引，在具体实践中树立正确的价值观、权力观、事业观。

正确的价值观当然是每个人都必须具有的，决定着人生追求与价值取向，指导和支配着理想信念、思想境界、道德操守与行为准则。

权力观关系到权力掌管者的自我认识，关系到一个单位、一个集体、一个社会的稳定和发展。正确的权力观概括起来就是"权为民所赋，权为民所用"。前一句话指明了权力的根本来源和基础，权力不是来自传统社

---

① 习近平. 习近平谈治国理政. 北京：外文出版社，2014：39.

会的"上天赋予"，也不是如西方社会那样来自资本的主导，而是来源于广大的人民群众；后一句话指明了权力的根本性质和归宿，正是因为权力是人民群众赋予的，所以权力的运用要以增进人民群众的幸福为目的。因此，全心全意为人民服务，是我们党的唯一宗旨，也是马克思主义权力观同资本主义权力观的根本区别。

事业观主要是关于事业方向和事业道路的看法，决定着人们采取什么样的态度、遵循什么样的精神、追求什么样的目标。对于事业观来说，在当代市场经济中，我们每个人都应当树立正确的事业观，不仅追求自身事业的发展，更要关注对社会的作用（包括增进社会的物质财富以及对生态环境的保护等），在事业成功的同时有助于社会的繁荣发展。

在现实生活中，我们面对两个方面的事实。一方面，像孔繁森、郑培民、牛玉儒、王瑛、沈浩、张桂梅、王书茂、吴天一、艾爱国、石光银、吕其明等众多优秀干部，站在党和人民的立场上，焕发出积极进取、顽强拼搏的奋斗精神，为党和人民事业无私奉献了自己的一切。他们牢固树立和忠诚实践正确的价值观、权力观、事业观，言行一致地回答了什么是人生的最高追求和最大价值这个根本问题。另一方面，有一些人（党员干部）在权力、金钱、美色的考验面前栽倒，甚至堕落为腐败分子。之所以这样，归根到底是理想信念出现了问题，由此导致价值观、权力观、事业观的偏差。

相对于改革开放初期，现在人们的知识水平普遍较高，大学以上学历的党员干部、普通员工越来越多，他们专业知识较扎实，思想活跃，视野开阔，富有开拓精神，给党和人民事业注入新的生机活力。同时也要看到，西方文化的传播、不良价值观的入侵，使得一些人（尤其是手握权力的党员干部）出现了各种问题，这些问题主要表现为：在政治上，理想信念不坚定，是非概念模糊；追求个人利益，违背党的宗旨和纪律；组织上拉拢关系、寻求支持、搞小圈子，个人凌驾于组织和群众之上；在工作中，对自己的所谓功绩进行自我宣传，搞形式主义，不惜浪费时间和金钱；在作风上，抛弃了艰苦奋斗的传统，自娱自乐，只做表面文章，严重脱离群众，利用人民赋予的权力谋取个人利益等。这些问题的解决需要我们大力弘扬核心价值观，引导人们树立正确的理想信念，在价值观、权力观、事业观上做到无愧于民。

要树立正确的价值观，为理想信念奋斗终生。树立正确的价值观，必须坚定共产主义理想和中国特色社会主义信念。如果没有理想信念，就会失去目标和方向，像一堆散落的沙子一样失去凝聚力，失去精神支撑，甚至导致价值观的崩溃。就中国特色社会主义建设而言，有正确的价值观并不意味着做惊天动地的事业，相反，它意味着在和平建设和改革开放时期能够在普通岗位上努力工作。对我们大家特别是党员干部来说，要始终坚持人民利益高于一切的原则，这是我们处理利益问题的根本方针。我们的人生追求和价值目标，也要融入为祖国繁荣昌盛、民族复兴、人民幸福而奋斗中去。只有遵循这样的原则对待物质利益和个人追求，才能有正确的善恶观、是非观、美丑观、义利观，使自己品德高尚、视野开阔、胸怀宽广、生活充实。只有这样，我们才能淡泊名利，无私无畏，勇往直前，在为理想信念奋斗的过程中，实现自己的人生价值。

要树立正确的权力观，全心全意为人民服务。对于执掌权力的党员干部来说，树立正确的权力观，事关国计民生和社会稳定，意义重大。我们共产党人和领导干部要树立正确的权力观，必须在理论上讲清楚和把握好几点：一是我们社会主义国家的一切权力，都是在我们党领导下，各族人民通过新民主主义革命、社会主义革命获得和实现的，因此权力属于人民；二是我们党作为执政党，代表工人阶级和全体人民执政，党员和领导干部手中的权力是人民赋予的；三是我们全体党员和领导干部手中的权力只能为人民谋利益，决不允许任何形式的以权谋私。

1949年中华人民共和国成立以来，党的历史条件、执政环境和执政方式发生了巨大变化。立党为公、执政为民、全心全意为人民服务，是党的执政理念，是领导干部行使权力的本质要求。领导干部无论有多大的权力，都有为人民服务的职责。而且，官越大，权越重，为人民服务的政绩要求就越高，行使权力就越要把人民利益放在最高位置，把人民满意作为行使权力的根本标准。

权力的行使与责任的承担密切相关。古人云，"居官守职以公正为先，公则不为私所惑，正则不为邪所媚"（汪天锡《官箴集要》）。当前，少数领导干部事业心和责任感薄弱。有的人只要不出意外，什么都不干，混日子；有的人在矛盾面前绕道而行，在困难面前退缩。他们不关注自己应该做什么，不关心自己应该管理什么，不改变自己应该改变的，满足于成为懈怠懒惰的"太平官"。看一个领导干部，很重要的是看他有没有责任感。干部越愿意做事、越想成功，党和人民的事业就越有希望。

绝对的权力往往产生绝对的腐败，因此，哪里有权力，哪里就要有监督。没有监督，腐败就不可避免。树立正确的权力观，必须"把权力关进笼子"，建立完善的监督机制。同时，要用社会主义核心价值观教育当权的党员干部，提高他们的素质，让他们时刻怀着敬畏之心，自觉接受纪律和法律的约束，营造清正廉洁的良好社会氛围，真正做到全心全意为人民服务。

要树立正确的事业观，为社会主义建设竭诚奉献。我们党团结带领全国各族人民奋斗百年来，所投身的事业不断发展变化，从新民主主义革命到社会主义革命和社会主义建设，再到改革开放和社会主义现代化建设，这都是党和人民的伟大征程。老一代党员和领导干部把精力集中在新民主主义革命、社会主义革命与社会主义建设事业上，开创了改革开放和社会主义现代化建设事业。今天，我们这一代共产党员和领导干部要聚精会神地搞改革开放与社会主义现代化建设事业，在中国特色社会主义道路上实现中华民族的伟大复兴。前面的路不会平坦，我们应当坚定信念，为事业成功奋斗不息。当我们遇到曲折和挫折时，我们也应该满怀信心，坚定不移地为之奋斗。在现阶段，我们每一个人（尤其是党员干部），无论在什么岗位上，做什么工作，都在为坚持和发展中国特色社会主义做开拓性的工作，这是必须做好的光荣事业。个人的追求和价值，应该体现在为党和人民事业的奋斗中。没有党和人民的事业，搞所谓的"个人名利""个人斗争"是不可取的。

要树立正确的事业观，就必须树立科学的发展观。对待政绩，要坚持实事求是的观点，把求真务实作为取得政绩的根本途径；要坚持群众观点，把维护群众利益作为追求政绩的根本目的；要坚持历史观点，把科学发展作为衡量政绩的主要标准，做到立足当前、着眼长远、统筹兼顾。我们应该热爱我们的工作并投身其中，为了成功，我们应该努力工作。在工作中不搞欺骗，杜绝形式主义，从实际出发，实事求是，讲真话，办实事，求实效，脚踏实地地把各项工作向前推进。同时，要发扬艰苦奋斗的优良传统，迎难而上，把兢兢业业、吃苦耐劳的精神贯彻到各项工作中去。还要尊重客观规律，讲究工作方法，坚持改革创新，以科学的态度工作，努力做到事半功倍。树立正确的职业观，必须对人民充满感情，热爱工作、热爱事业，具有无私奉献的精神，努力创造无愧于党、无愧于国家、无愧于人民的伟绩。

以核心价值观形成崇高的理想信念，在具体实施过程中还要根据实际情况，针对不同人群，进行分层、分类教育，以提升理想信念教育的针对性和实效性。首先，要抓好党员干部这一重点群体的理想信念教育。共产党员是我们党的根基，是理想信念教育的重点对象，对他们的教育应重点放在党性修养上，使他们做到严以修身，坚定理想信念，提升道德境界，追求高尚情操，自觉远离低级趣味，自觉抵制歪风邪气。让党员干部在思想上时刻保持先进性和纯洁性，加强自身政治建设、思想建设和作风建设，时刻与党中央保持立场一致、与人民保持血肉联系，自觉抵御各种风险、考验和诱惑。

其次，要加强青年学生的理想信念教育。"青年兴则国家兴，青年强则国家强。"① 青年学生正值树立理想信念的关键时期，我们"要在厚植爱国主义情怀上下功夫，让爱国主义精神在学生心中牢牢扎根，教育引导学生热爱和拥护中国共产党，立志听党话、跟党走，立志扎根人民、奉献国家"②，以此"教育引导学生树立共产主义远大理想和中国特色社会主义共同理想，增强学生的中国特色社会主义道路自信、理论自信、制度自信、文化自信，立志肩负起民族复兴的时代重任"③。

最后，要重视普通群众的理想信念教育。人民群众是社会发展的推动者。加强广大人民群众的理想信念教育，应"深化中国特色社会主义和中国梦宣传教育，弘扬民族精神和时代精神，加强爱国主义、集体主义、社

---

① 习近平．习近平谈治国理政．北京：外文出版社，2014：54．
② 习近平．坚持中国特色社会主义教育发展道路 培养德智体美劳全面发展的社会主义建设者和接班人．人民日报，2018－09－11（1）．
③ 同②．

会主义教育，引导人们树立正确的历史观、民族观、国家观、文化观"①，将理想信念与"中国梦"、民族精神、时代精神、爱国主义、集体主义和社会主义相结合，从更广阔的维度引导他们树立对社会主义和共产主义的理想信念。

二、由核心价值观形成优秀的人格品质

将理想信念落实到现实生活中，就是形成优秀的人格品质。理想信念是一种崇高的精神指引，人格品质则是一种稳定的精神特性，两者是相互促进、辩证统一的关系。核心价值观实现社会认同、内化于心的一个重要方式，就是要以核心价值观为指导，以崇高的理想信念引导人，使人们形成优秀的人格品质。

（一）人格品质的内涵与特点

理想信念的坚守往往与优秀人格品质的形成密切相关，或者说，坚守信念的过程就是人格品质的形成过程。就"人格"一词来说，中国传统文化中没有清晰地给出"人格"的含义，但是给出了诸如儒家君子这样的理想人格。从词源学的角度来说，现代意义上的"人格"一词来源于西方的persona（位格），这个词的意思是"面具"，喻指每个人在喜剧舞台上扮演的角色，引申为每个人在人生的大舞台上扮演的角色。

从心理学的角度来看，人格主要指的是一个人整体的精神面貌以及从中体现出来的心理特征。人格有健康或不健康之分，在当今社会，一个典型的人格异常就是抑郁症。

从社会学的角度来说，人格主要强调的是个人与社会环境之间的关系，且在这种关系中体现出来的人性的社会性及其地位或作用。在社会学

① 习近平．决胜全面建成小康社会 夺取新时代中国特色社会主义伟大胜利：在中国共产党第十九次全国代表大会上的报告．人民日报，2017－10－28（1）.

的意义上，很多人由于无法处理好人际关系而变得性格异常，甚至导致极端行为的发生，这在当今社会也是一种日益增多的现象。

从法学的角度来说，人格主要涉及的是"人格权"这个范畴，即人之所以被认定为人（公民）的基本资格，在这个语境中，人格权包括选举权、监督权以及基本的自由权、生存权等。哲学意义上的"人格"主要指的是哲学意义上的人性的体现，这主要涉及理性、道德、自由意志等方面的内容。总的来说，人格就是在一定的历史背景下，作为主体的人在认识、改造外部世界和内心的过程中，形成的精神风貌和行为习惯。

从伦理学的角度来说，所谓人格指的是一个人的道德修养以及由此表现出的稳定的道德品质，从这个意义上来说，人格与品质往往密切相关。那么，什么是品质呢？品质不是某件事情或某个时期表现出来的行为方式，而是在一个较长时期内形成的稳定的行为习惯。换言之，只有形成了自觉不自觉的习惯，才能称之为品质。比如一个人在某一天做了一件善事，我们称赞这个行为善良，但并不是称赞这个人具有善良的品质；只有当这个人长期行善，养成了良好习惯，才能获得人们的普遍认同，才会认为他具有善良的品质。显然，这个形成良好品质的过程也就是人格的形成过程。

高尚的人格必然具有优秀的品质，优秀品质的培养过程也就是人格形成和外化的过程，两者在理论上可以分开，但在实践中却无法分开，两者是辩证统一的关系。就人格品质的内涵和特点来说，可以表现为真、善、美三个方面，也可以说，完美的人格品质应当体现为真、善、美的统一。

从"真"的方面来说，主要体现为"爱智慧"的品质。被称为"科学之科学"的哲学的本义就是"爱（philo-）""智慧（-sophy）"，对智慧的追求就是对真理的追求。当然，从哲学的本义来说，"爱智慧"原本是指对形而上学（Metaphysics）的追求，因为只有形而上学才能通达永恒不变的、绝对的真理。不过，"爱智慧"现在通常指的就是对物质世界的真理的追求。所谓真理，指的是主观与客观的符合，即能够通过人这个主体的主观努力，认识到客观世界的规律（包括人的道德良心或理性道德律），从而为人们的行为提供正确指南。因此，对真理的追求可以表现为人们对任何事情都要追求真相，不仅对于自然科学规律，而且对于经济规律、社会发展规律以及各种社会现象，包括"职业腐败""毒奶粉事件""非主流文化"及相关群体性事件，都要进行求真务实的分析和对待。在这个追求真理、探索规律的过程中，人们就拥有了"智慧"这个美好品质。

从"善"的方面来说，"善"就是善良、心存仁爱等。《论语·述而》云："三人行，必有我师焉。择其善者而从之，其不善者而改之"，这里的"善"是指人格高尚的人。从伦理学上来说，"善"就是将内在的仁爱之心在行动上表现出来。所谓仁爱就是破除利己主义之后，对他人、集体、国家、民族的爱，这种爱超越于狭隘的利己心，从而具有崇高的道德意义。在当代社会，内心的善良是一种极为重要的品质，尤其在各种非主流思想盛行、人们的道德水平日益滑坡的当下更是如此。

从"美"的方面来说，这是审美意识在社会中的呈现，同时也是追求自我完美的内省机制的自然要求。每个人都有追求完美的倾向，对于人格来说也是如此，因此我们才具有了纠错、慎独、反思、知耻、改过等能力，从而能够做到对自我的深刻剖析，以实现自我的提高和完善。这种能力可以体现为对自然之美的欣赏和自省，如经常欣赏自然美景，人们可以超越欲望的束缚，从而实现人格的升华，也可以体现为对社会之美的欣赏和自省，如在英雄模范人物及其光辉事迹中，人们反省自身的不足，从而在实践中不断修正错误，实现人格的升华。

（二）由核心价值观形成理想人格

由核心价值观形成理想人格，要借鉴优秀传统文化中的丰富内容，然后对其加以现代化转换和创新性发展，最终结合现实，构建适合于当代人的理想人格。

1. 传统理想人格的现代借鉴

习近平总书记曾说："没有中华优秀传统文化、革命文化、社会主义先进文化的底蕴和滋养，信仰信念就难以深沉而执着。"① 在总书记看来，

---

① 习近平. 全面贯彻落实党的十八届六中全会精神 增强全面从严治党系统性创造性实效性. 人民日报，2017-01-07（1）.

当代中国社会主义事业的建设需要在理想信念上进一步加强，信仰信念的根基应当在中华优秀传统文化、革命文化和社会主义先进文化中打好。革命文化是在革命斗争中形成的，社会主义文化是在社会主义建设中形成的，这当然需要我们继承发扬。中华优秀传统文化也需要我们继承、扬弃，因为作为一个中国人，华夏传统始终是我们文化上的根，所以对于传统我们要进行现代化转换和创新性发展，以适应时代的需要。而且，中华优秀传统文化也的确具有博大精深的内容和奋发向上的精神，能够为现阶段社会主义建设提供非常有益的参考和借鉴，无数脍炙人口的传统故事及其体现出来的崇高人格也值得我们学习。

在中国传统文化中，尤其是在儒家价值观中，圣人、君子的理想人格是人格的典范，也是人生追求的目标。所谓圣人，实际上就是道德品质最高尚的人；所谓君子，也是道德品质非常优秀的人。圣人、君子积极入世、舍生忘死、拯救世风的崇高品德，时至如今仍值得我们学习。在道家思想中，那些淡泊名利、清心寡欲的真人，对于市场经济中利欲熏心的欲望追逐也是一剂"清醒剂"。可以说，传统文化中非常多的优秀人格典范，对于我们现在仍有着非常重要的启示意义。

在传统社会实现广泛持久社会认同的儒家价值观对于我们有着重要的借鉴价值。从理想人格的角度来说，成圣成贤是儒家价值观的指向。在春秋战国时期，孔子是最完美的道德典范，而孔子认为最高的道德典范是尧、舜、禹。孔子曾经感慨尧的伟大："大哉尧之为君也！巍巍乎，唯天为大，唯尧则之。荡荡乎，民无能名焉。巍巍乎其有成功也，焕乎其有文章！"（《论语·泰伯》）可以看到，尧的人格魅力体现在道德崇高，竭尽全力地对老百姓施以恩惠，建立了无数功绩，创立了灿烂美好的礼仪制度。对于舜，孔子说："无为而治者其舜也与！夫何为哉？恭己正南面而已矣。"（《论语·卫灵公》）舜之所以能够做到无为而治，只是因为舜以身作则，以崇高的道德品质和人格魅力影响百姓，从而使得天下安定。对于禹，孔子这样评价："禹，吾无间然矣。菲饮食，而致孝乎鬼神；恶衣服，而致美乎黻冕；卑宫室，而尽力乎沟洫。禹，吾无间然矣！"（《论语·泰伯》）大禹治水是古代典故，禹的人格魅力体现在大公无私，不追求个人享乐，身居陋室但重视对先祖的祭祀，致力于为老百姓兴建沟渠治理洪水，对老百姓特别仁慈。孔子还说："巍巍乎！舜、禹之有天下也而不与焉。"（《论语·泰伯》）这说明舜、禹都不追求自己的享乐，而是将天下百姓放在首位，为天下百姓操劳一生。《论语》中记载："尧曰：'咨！尔舜！天之历数在尔躬，允执其中。四海困穷，天禄永终。'舜亦以命禹。"（《论语·尧曰》）由此可见，尧、舜、禹三代圣王，都真诚地执守中正之道，关心老百姓的疾苦，如果老百姓不能过上安居乐业的生活，那么上天赋予的王位就要永远失去了。

对于孔子自己来说，他一生惶惶然周游列国，无非是为了教化百姓、传播仁道，以期实现太平盛世。可见儒家所推崇的圣人都是道德品质高尚的人，人格魅力足以影响世人从善。正是因为上位者（统治者）能够不以统治者自居，而处处以老百姓为主，才能做到上勤下顺，形成良好的道德风尚与和谐稳定的社会秩序。

在理想人格的建构上，孟子在对三皇五帝等圣人推崇备至的同时，也提出了大丈夫的人格典范："富贵不能淫，贫贱不能移，威武不能屈，此之谓大丈夫。"（《孟子·滕文公下》）在孟子看来，成为大丈夫是一件不容易的事情，因为世人往往因为富贵、贫贱、威武等原因失去道德底线和人格尊严。实际上在当代社会也有这种现象，很多人因为富有而变得为富不仁，或者为了追求更多的财富而贪赃枉法。十八大以来，我国因为贪污腐败落马的高官不在少数，这些都是不能坚守道德底线和理想信念所造成的后果。在市场经济条件下，几乎没有人甘于贫困，"贫贱不能移"也成为一种极难达到的境界。因为很多人会因为急于赚钱、发家致富而枉顾道德，甚至违反法律。"威武不能屈"也很难实现，因为在资本逻辑下，资本具有了最大的权威，一切东西，包括爱情、亲情、友情这些以前看起来很崇高的情感，都要受到金钱的评判。在这种情况下，一些人在遇到掌握资本或权力的上位者时往往丧失人格，卑躬屈膝，俯首乞怜。因此，孟子所主张的大丈夫人格对于现代社会仍有着非常重要的启示意义。

就总体而言，儒家价值观所指向的理想人格有两大特征，这些对于塑造现代人格有着非常积极的意义：

第一，要具有仁爱的情怀，构建和谐的人际关系。

一个崇高的理想人格一定是一个道德高尚的人才能达到的，而道德高尚的人，一定是无私奉献的人，也就是一个"爱人"的人。对于普通人来说，就是要做到对人友善，能够代人之劳、成人之美，"静坐常思己过，闲谈不论人非"。对于一个掌握权力的官员来说，就是要秉公执法，不对强权低头，不被金钱收买，处处想到的是维护人民群众的根本利益。对于一个君主来说，就是要爱民如子，体恤民力，实行仁政德治。

具有仁爱的情怀是理想人格的前提。尤其是在市场经济中，人们往往因为对自我利益的追逐成为利己主义的拥趸，将人与人之间的关系简单化为利益交换的关系，由此导致人际关系冷漠。人与人之间出现利益冲突的时候，往往不是都退一步，而是不择手段地为自己谋利。显然，在这种条件下，人际和谐是不可能实现的，崇高人格也是不能形成的。因此，我们要以核心价值观为引领，建立完善的社会主义道德体系，引导人们具有仁爱的情怀，以及为人民服务的志向，从而建设一个美好和谐的幸福社会。

第二，要有济世的胸怀，构建和谐的家国关系。

儒家价值观不仅强调个人的心性道德修养，而且特别强调入世，强调通过社会实践实现治国、平天下、为万世开太平的目标。这种胸怀深刻影响了历朝历代的知识分子，使得他们不仅读圣贤书，而且效仿圣贤为社会做出自己的应有贡献。在传统社会中，由于这种济世胸怀、仁爱情怀的存在，使得家国天下的关系比较和谐。当然，"小家"与"大家"的冲突也是有的。

在传统中国中，家庭或家族是一个非常重要的单位，家庭或家族中最大的是家长，所有家庭成员都要服从家长。简单地说，家庭中的家长就是父亲，子女都必须服从父亲，这就是"孝"，由此推广到家族乃至整个社会。由于是"家天下"，所以家长即皇帝就是最大的权威，是每个子民所必须服从的，这既是"忠"也是"孝"。在个人的小家庭和国家之间产生冲突的时候，总体而言，是要以服从国家的要求为主，这就是古人说的"忠孝不两全"。但是"忠孝不两全"的实际冲突并不多，真正遇到这种冲突的时候，对于小家庭的"孝"，朝廷也能特别看待。譬如有这样一个故事：一个士兵总是在战场上消极作战，甚至临阵逃脱，按律当斩。长官问他这样做的原因，他说家中有老母待养，而他是家中独子，所以故意消极避战。长官因此网开一面，在向上级请示后特赦士兵回家孝养老母。可见，在传统社会中，家庭和国家的关系是有和谐的一面的。

但是在现代的"陌生人社会"中，人们之间的感情已经越来越淡薄，人们对于他人、集体、社会、国家的情感比传统社会淡薄了很多。这种情况下，在遇到"小家"与"大家"的冲突时，往往就会选择"顾小家不顾大家"。譬如在洪水、地震等灾难中，负有责任的人必须到抗击灾难的前线去，这是职责之所在。但是到洪水、地震等灾难前线是有风险的，譬如在1993年大洪水、2008年汶川大地震中，不少人员在抗震救灾的过程中英勇牺牲，有的甚至并非职责所在，而是积极主动地去参加抗击灾难，这些人具有高尚的品德。但是在灾难面前，并不是每个人都具有高尚的品德，也的人为了"小家"枉顾职责，甚至临阵逃脱。

这些行为看起来是为了自己的小家庭安稳，并没有损害国家的利益，其实不然，因为这些人本身是负有救灾职责或义务的，譬如人民教师，在面对灾难时应当想到要保护未成年学生的安全，尽管这并非法律强制，但属于其应当承担的社会责任。2008年"范跑跑"一跑成名，作为一名教师，在面对灾难时不顾教室里学生的安危，自己首先逃掉，想到的只是自己小家的安危，这实际上就是对社会、国家利益的损害。还有的官员，在面对危险时，首先想到的是如何保护好自己的小家，故意拖延推诿，不愿直接面对并化解危险，结果导致危害升级。这些人都受到了舆论的谴责、法律的惩罚。因此在当代社会，提倡济世之胸怀、仁爱之情怀，对于构建和谐的人际关系、家国关系具有非常重要的意义。

从墨家的理想人格来看，兼士是奉行墨家兼爱学说的人。墨子说，"吾闻为高士于天下者，必为其友之身若为其身，为其友之亲若为其亲，然后可以为高士于天下。是故退睹其友，饥则食之，寒则衣之……兼士之言若此，行若此"（《墨子·兼爱下》）。因此，兼士必须是毫不利己、专门利人的人，他们"视人之国若视其国，视人之家若视其家，视人之身若视其身"，是一种"死了都要爱"的理想主义人格。兼士追求人类的大爱，而不是个人或小团体的爱，这和儒家的有差等的爱不同。儒家最大的爱是"孝"，即对父母的敬爱，其次是对兄弟、亲戚、朋友、邻人的爱。墨家的兼爱看起来要高尚一些，不过儒家的孝似乎更现实一些。墨家的理想人格还要求人有一种宏大高尚的献身精神，自己吃苦是为了天下大乐。相对于墨家的兼士、儒家的君子而言，法家的理想人格表现为英雄，无论是"圣王"还是"能法之士"，都是积极入世、公正守法的卓越之人。

道家的理想人格追求的是一种隐士的境界。"至人无己，神人无功，圣人无名"（《庄子·逍遥游》），在庄子看来，圣人是超越名利束缚的人，追求的是心性上的自由自在，那些世俗的规章制度只是针对那些俗人，对于圣人来说是完全没有必要的。对于神人来说，世俗功利是没有价值的，功名利禄只能成为心灵的枷锁。至人是超越了自我执着的人，忘记了自己的身心和意见，只追求大道的奥妙。与儒家价值观不同，道家追求的不是世俗的名利，而是超越世俗的逍遥。当然从入世与出世的角度来说，儒家和墨家都是积极入世的典型，而道家则是消极避世、甘当隐士的典型。道家追求的是游于世间、出离世间的精神，追求的是与道的奇妙玄同，但是似乎又并不完全脱离世间。

佛教是一种出世的哲学思想，认为现实的世界是充满苦难的，要想脱离苦海，普度众生，就必须通过修行佛法获得般若智慧。最高的觉悟者拥有圆满的智慧，这就是"觉行圆满"的大彻大悟者即佛。佛教认为人生皆苦，而苦的根源在于人的欲望太多了，因此消除人生苦恼的途径是消除人的欲望。只有消灭一切情欲和苦恼，才能超凡入圣，达到涅槃成佛的境界。

就传统理想人格而言，以儒家、墨家、法家等为代表的理想人格是积极入世型的，这比较符合当代社会的需要。儒家追求人的自我道德的实现，墨家追求人生功利的实现，法家追求个人权势地位的实现。在实现途径上，它们都强调人要积极进取、努力拼搏。孔子就是个"知其不可而为之"的人，这充分体现了《易经》中"天行健，君子以自强不息"的精神，而这种精神也是中国文化中最核心的精神。道家和佛教为代表的理想人格总体来说是消极避世型的，它们否定现实人生的价值，强调超然物外，以完成自我的精神解脱为最高理想。在现实面前，它们主张无为、逃避、忍耐，"知其不可奈何而安之若命"。

在当代中国社会，显然儒家的理想人格（君子、圣贤）是值得我们借鉴和提倡的，对墨家、法家的理想人格也可以择善而从。道家与佛教的理想人格并非全无作用，因为其倡导的清心寡欲、清静无为的思想，对于陷入拜金主义、利己主义，缺乏基本道德规范的现代人来说，也有一定的警醒和纠正作用。

2. 核心价值观与理想人格的建立

从社会主义核心价值观来说，每个人都完全认同和接受核心价值观的过程，同时也是理想人格的建立过程。当然这个过程中既需要继承传统文化中的优秀元素，也需要对其进行扬弃，从而构建适合现代人的理想人格。

相对于中国传统以儒家为代表的价值观而言，核心价值观体现了现代性。核心价值观对于传统价值观是一种扬弃的态度，不是全盘继承，而是要对传统价值观进行甄别，对于儒家、墨家、法家、道家、佛教的思想都要全面考量，尤其是要从 21 世纪的现代社会来考虑传统文化的转换和创新问题。同时，核心价值观需要借鉴西方价值观的优点，但也不是简单搬运，因为西方价值观毕竟根源于西方文化，完全照搬到中国只会导致"水土不服"，甚至对我国的社会主义建设产生消极影响。

我们看到，传统儒家价值观提倡的圣贤、君子人格，墨家的兼士人格，道家的真人人格，等等，对于我们塑造现代理想人格有着重要的启示价值。这些人格有一个共同点，就是对物质利益以及欲望的摈弃，虽然并非不需要物质利益或欲望，但是要节制，要取之有道，要保持初心。儒家和墨家提倡的是一种积极入世的精神，要仁爱（爱有差等）、兼爱（博爱），这种爱显然是需要摈弃利己主义的，因为利己主义追求物质利益和自我欲望的满足，最终导致的结果是只爱自己，而将他人只看作竞争对手甚至利用和压迫的对象。当代社会，由于对经济利益的过分强调，实际上已经导致了利己主义的盛行，人们为了赚更多的钱，满足更多的欲望，而将道德、理想置之脑后，导致人际关系、家国关系的紧张。如果能够有儒家仁爱、墨家兼爱的精神，对于缓和人际冲突、塑造和谐关系是非常有用的。道家以及佛教中理想人格的表现也是对物质利益和欲望的摈弃，但不同的是指向出世的追求。这种思想在当代社会也是有用的，因为如果每个人都有一点超越世俗的心，能够在山水田园中陶冶情操，还是有利于身心健康与社会和谐的。

不过，传统价值观也并非全部都是好的，应当体现出其与时俱进的品质。因此，传统（儒家）价值观需要社会主义核心价值观的引领，因为相对于传统而言，现代性是核心价值观的典型特色。由于传统（儒家）价值观的主要适用环境毕竟是封建社会，距今有很长时间，社会制度也发生了根本性改变，因此必须进行现代化转换和创新性发展。由于传统社会是君王统治的封建社会，所以传统（儒家）价值观不可避免会带有封建社会的痕迹，很多内容就不能照搬到现代社会来。比如传统道德修养中重要的"三纲五常"就需要加以甄别，不符合时代的就要坚决舍弃，符合时代需要的也要进行重新诠释。这些都需要社会主义核心价值观的引领。

核心价值观与理想人格的建立也可以借鉴、参考西方价值观的内容，但要注重中国特色。西方近现代以来的价值观与中国传统（儒家）价值观有着较大不同，但是在社会上的影响比传统价值观有过之而无不及。西方近现代以来价值观的传入主要是从鸦片战争之后开始，在五四运动之后达到了高峰，然后在新中国成立之后沉寂，改革开放之后又迎来了一个传播高峰。

当前在我国社会主义建设中，西方价值观的影响很大，对社会建设既有积极影响，也有消极影响。客观来说，西方价值观强调自由、平等、民主、理性等，这些对于我国的社会主义建设是有用的。但是，西方价值观也有其消极影响，就是对个人主义的过度强调，导致利己主义、功利主义、实用主义的流行，对社会上原有的马克思主义、集体主义、爱国主义、奉献精神等造成了很大冲击。在这种情况下，就特别需要对西方价值观进行规范引导。当西方价值观提倡个人至上、塑造的是个人主义的人格形象的时候，我们要对其予以客观评价和辩证看待，要在结合中国国情的情况下，对其进行改造，使其一方面能够充分发挥出人们的主观能动性，另一方面能够使人们有爱国、为民的意识，不至于因为追逐个人自由而丧失爱国情怀和为人民服务的价值取向。因此，对西方价值观及其理想人格的改造，也需要社会主义核心价值观的引领。

社会主义核心价值观反映了社会主义的本质要求和根本特征，是塑造现代理想人格、养成良好品质的指南。培养和践行社会主义核心价值观的人，应当是具有社会主义人格的道德人。把德性作为人的根本，是人的全面发展的基础和目标。这里所说的"人"既不是抽象的人，也不是片面、孤立的人，而是完整的、健全的、有着社会实践意义的人，这正如马克思所说，现实的人"是一切社会关系的总和"①。在这个社会关系中，评价一个人道德水平高低、人格品质好坏的根本，在于如何看待个人与他人、集体、国家之间的关系。只有在发生利益冲突的时候，超越利己主义的狭隘视角，能够设身处地为他人着想、为集体和国家着想的人，才有资格被称为一个有道德的人。

从社会类型和时代关系看，社会主义核心价值观显然是适应社会主义建设的新时代价值观，对优秀人格的形成起着至关重要的作用。新时代的价值观必须建立在正确认识个人与社会、物质生活与精神生活关系的基础上，促进人们对真、善、美的更深刻理解。

在这方面，社会主义核心价值观的现代性蕴含着超越传统的现代理想人格，这种人格与传统社会特别是儒家思想指导下的道德人格最大的区别在于人的现代意识及社会存在的时代差异。与儒家圣贤、墨家兼士、法家英雄、道家真人等理想人格不同，由社会主义核心价值观形成的理想人格更具有现实性、实践性和先进性。因为封建社会的人格形象虽然也有其合理性和进步性，但毕竟与当时的社会环境密不可分。譬如儒家圣贤、法家英雄人格的树立都离不开封建社会统治阶级的认可和提倡，其本质虽然也有利于人民的幸福生活，但从根本上还是为统治阶级服务的。至于墨家兼士、道家真人等人格，并不为统治阶级所提倡，虽然具有朴素的进步性，但由于缺乏社会实践内容而变得空心化。因此，在扬弃传统理想人格、借鉴西方价值观的基础上，社会主义核心价值观所涵育的现代人格是一种对真、善、美有着深刻理解的，与中国特色社会主义建设密切相关的，着眼于人类历史发展的崭新人格形象。

3. 优秀人格品质的养成

从形式上看，核心价值观所形成的理想人格是一种群体人格，是在社会主义核心价值观的作用和指导下，对现代社会政府提倡、民众认可的主

① 马克思恩格斯选集：第1卷.北京：人民出版社，2012：135.

流人格的描述和预设，是当代中国人应该具备并不断发展的现实人格。显然，人格品质的形成是一个有方向、有目标的长期过程，它不应该漫无目的或一蹴而就，而是需要制定一个长期战略，通过社会各个层面的引导，使之深入人们的内心，由此形成人们广泛认同的理想人格及道德品质。现代理想人格是由核心价值观在人的价值标准、价值目标和价值层次上所决定的。因此，要充分发挥核心价值观在现代人格塑造中的作用，切实把价值观要求与人格培养的全过程即优秀品质的培养过程紧密结合。

第一，以核心价值观统领社会思潮，引导人们做出正确的价值选择。

显然，在当今世界，文化的大一统是不可能实现的，而且在经济全球化、网络全球化的当下，文化的大一统在一个国家内实现也是不可能的。由此对于当今任何国家来说，都面临着多元文化及其引起的各种问题。客观地说，文化的多元化并非没有好处，这甚至是历史进步的必然结果。即使是在传统中国，社会上也存在着各种各样的文化。在改革开放已经进行了四十多年后的今天，我国社会上也存在着多种社会思潮。网络信息化的快速发展，使得人们面临多元化的社会思潮及相关价值选择，这很容易导致人们价值选择上的迷茫和困惑。在这其中，涌入中国的西方价值观和焕发新生的传统价值观对于人们的影响日益加大，再加上原有的马克思主义价值观、革命价值观，以及网络上流行的各种非主流价值观等，都对人们产生了影响，导致了人们价值选择上的困难。在国内外复杂的社会思想体系中，社会主义核心价值观是社会主义中国的主导价值观，理应对各种社会思潮或非主流文化进行统领，从而引导人们做出正确的价值选择。而且，就核心价值观本身来说，其所体现的科学性和先进性也应当担负起引领社会思潮、使之规范化，进而为社会主义服务的重任。

第二，以核心价值观统领文化教育，发挥文化育人的主渠道作用。

人格是行为文化化和文化行为化相互作用的直接产物。"文成教化"是文化的主要功能，一个时期的文化教育是能够潜移默化地改变一代人甚至数代人的重要途径，因此核心价值观塑造理想人格，培养优秀品质，要特别重视文化教育的作用。比如在传统中国，儒家价值观的创立者孔子首先就是作为一个教育者出现的，"有教无类"是孔子的教育特色。正是在孔子孜孜不倦的教育下，他的门下弟子才多有出色之人，从而将儒家文化发扬光大，由此孔子也被称为"至圣先师"。从西方来说，苏格拉底就是古希腊的一个教育者，他的个性化启发式教育方式时至今日还有着重要影响。一定的社会形势与一定的教育方式是相契合的，传统中国社会对儒家圣贤人格的培养就与封建王朝的支持分不开，宋明以来，科举考试的主要内容就是儒家文化思想。文化包含的层面很多，但最核心的是价值观这一内容。价值观是文化凝练而成的，具有更强的传承性和影响力。社会主义核心价值观是与中国特色社会主义建设相契合的价值体系，是最适合中国国情的价值体系，因此我们要充分发挥文化教育的作用，通过直接的、间接的各种渠道将其宣传下去，使人们形成高尚的理想人格，成为社会优良风尚的塑造者和维护者。

第三，以政策引导、制度约束和组织管理来保障核心价值观的实现。

亚里士多德曾说，人是政治的动物。显然，生活在现代社会，每个人既是经济人，也是社会人，都有参与政治活动的权利。在我国，经济生活和政治生活是人们生活中不可分割的重要内容，尤其是对于党员干部来说更是如此。因此对于宣贯核心价值观以塑造理想人格、培养优良品质来说，通过政治手段加以保障是正常的，尤其是当价值观的矛盾和冲突出现时更是如此。譬如对于党员干部来说，当遇到义与利的冲突的时候，如果不能加强自我修养，没有明确的党纪国法的限制，那么就可能受到不良思潮的影响而做出错误的选择。因此，我们要充分发挥政策、制度（包括党的纪律、法律）以及组织管理的作用，将其作为一种重要的杠杆或工具，起到引领人们树立正确价值观的目的。诚然，现在是一个比较自由的社会，人们可以在组织里工作，也可以自由创业，还可以选择彻底不工作的极端方式（"啃老"也是一种），因此要想在这个社会中凝聚人心，让所有人深刻理解和认同核心价值观及其提倡的理想人格是一件很困难的事情。但正因为如此，所以我们要迎难而上，通过各种方式将核心价值观的宣贯落实下去，将核心价值观在政策、制度、组织规章（公司章程等）、社区条规等方面体现出来，从而使之成为培养现代理想人格的重要方式。

（三）理想人格包含的具体品质

理想人格的形成过程也就是优秀品质的形成过程，理想人格也必然外在地表现为优秀品质。这些品质主要包括以下八个方面，这也是理想人格的具象化：

第一，无私奉献。显然，现代理想人格的首要之义就是无私奉献。这既是对传统社会理想人格的继承和发展，也是当代我国社会主义建设的必然要求。无论是对利己主义、拜金主义、道德相对主义、"四个主义"（个人主义、分散主义、自由主义、本位主义）、职业腐败的抵制和批判，还是营造为人民服务、友善和谐的社会环境，都要求一个具有理想人格的公民具有无私奉献的优秀品质。无私奉献的反面是损人利己，这是道德的反面（缺德）、法律的反面（违法）的典型表现。理想人格是一种脱离了低级趣味的高尚情操，是摆脱利己主义等不良思潮之后的崇高追求和品德养成。损人利己恰恰是将人格拉低，破坏人们的道德观念，激发人际冲突的恶劣现象。可以说，在追求利益的市场经济社会中，提倡无私奉献是塑造理想人格的基本要求。

第二，爱国爱党。在当代社会主义中国，爱国爱党是理想人格的重要内容。热爱祖国，这是每个公民应当具有的正确价值观。而在我国，热爱祖国也就意味着热爱中国共产党，因为中国共产党建立了新中国，是领导各族人民前进的核心。这正如习近平总书记所强调的那样："弘扬爱国主义精神，必须坚持爱国主义和社会主义相统一。我国爱国主义始终围绕着实现民族富强、人民幸福而发展，最终汇流于中国特色社会主义。祖国的命运和党的命运、社会主义的命运是密不可分的。只有坚持爱国和爱党、爱社会主义相统一，爱国主义才是鲜活的、真实的，这是当代中国爱国主义精神最重要的体现。"[①] 现在社会上有一种错误思想，即将爱党和爱国分开，这实际上是不理解我党与新中国的关系，人为割裂党与国家关系的颠倒认识。我党建立了新中国，也只有我党能发展社会主义，实现国家富强、民族复兴、人民幸福的伟大目标。在人类历史上，只有坚持全心全意为人民服务，坚持人民至上的政党才能彻底消灭剥削压迫，实现人民当家作主和共同富裕的伟大目标。在当今世界上，只有中国共产党能够做到这

---

① 中共中央文献研究室．习近平关于社会主义文化建设论述摘编．北京：中央文献出版社，2017：129.

一点。因此，从这个意义上来说，爱国和爱党是同一的。

第三，慎独自律。一个具有无私奉献、爱国爱党理想人格的人，必然也是一个严于律己的人。"慎独"是传统儒家文化的一个重要概念，讲究个人道德水平的修养，看重个人的品行操守，是个人风范的最高境界。"慎独"一词出于《文子·精诚篇》："圣人不惭于景，君子慎其独也，舍近期远，塞矣。""慎"就是小心谨慎、随时戒备；"独"就是独处，独自行事。意思是说，不靠别人监督，自觉控制自己的欲望，即便是在无人看到的地方也能做到道德自律。这种能够自我监督的意识也就是自律意识。一个人是不是真的具有高尚的人格品质，要看他独处一室、无人监督时的表现。如果一个人独处时能够始终保持严格自律，始终保持无私奉献的博大胸怀，那么这就是一个真君子。显然，要想做到慎独自律，就必须树立远大理想信念，进而不断提升自己的修养水平。

第四，诚实守信。诚实守信是理想人格所必备的品质。对于当代我国来说，诚信问题是近年来社会关注的重要问题。而诚实守信这一品质在传统中国有着极大的认同感，时至今日，传统中国的诚信观仍有着重要的借鉴意义。因此，对于理想人格的养成来说，不仅要诚实守信，而且要做到坦诚相见。即便是在追求物质利益的过程中，也要讲究亲情、爱情、友情，重视人与人之间的情感交流，营造良好的人际氛围。因此，人与人之间相处和交往，不仅要讲礼貌、谦虚、和气，还要坦诚相见，使人放心，这样才能赢得朋友，易找到患难之交，这就是所谓的"精诚所至，金石为开"的道理。如果你能给予他人诚挚的敬意和真心真意的赞扬，而不是用虚伪的奉承来满足他人的自尊心，那么任何一个人都可以变得更令人愉快、更通情达理、更易与人合作，从而实现共赢。

第五，仁爱友善。仁爱友善关涉的范围很广，其指向人际关系的和谐。从对象上来说，除了尊重所有人的人格之外，尤其要做到尊老爱幼、尊师敬贤。中国是个文明古国，素有尊老爱幼、尊师敬贤的美德。一般来说，老年人有丰富的生产知识和生活经验，对社会或多或少地都做出了自己的贡献，应该受到后辈的尊敬。儿童是社会的未来，人类的希望，在德智体美劳诸方面都处于成长的过程中，需要大人的关怀和照顾。师长是人生的向导和知识的传播者，担负着传道、授业、解惑以及传承中华文明的重任。今天尤其应该发扬尊老爱幼、尊师敬贤的传统美德，以形成良好的社会风尚。不过现在社会上似乎有一种不尊老爱幼的风气，这种风气的产生并非没有根据。因为近年来，"为老不尊""熊孩子"等各种现象使得人们对于传统的尊老爱幼之风产生了怀疑，对老师也是如此，因为少数没有师德的老师严重损害了教师这一职业的高尚性。不过这是构建现代道德体系中必然遇到的问题，我们不能以偏概全，要看到尊老爱幼的全局性意义，在具体个案上要有策略地加以妥善处理。从行为举止上来说，要做到礼貌和气，谦虚友善。为人要有礼貌，这是为人处世最起码的要求。礼貌是尊重自己的表现，对人有礼貌表现了一个人对自己和他人的基本态度。彬彬有礼的人，必然赢得人们的信赖和尊重。谦虚不是自卑，更不是贬低自己，而是一种内在修养的外化，表现为与人交往时虚怀若谷，尊重他人的人格，学习他人的长处，从不夸耀自己，举止言谈谦恭有礼。这些都是优秀品质的外在表现。

第六，乐于助人。这包括见义勇为、成人之美、帮助别人等方面。传统价值观大力倡导"君子成人之美，不成人之恶"。一个人应当与人方便，切勿乘人之危，落井下石，或见死不救。目前社会中这种乐于助人的风气受到了一定影响，尤其是助人者反而被讹诈等事件曝光后，对社会造成了严重影响。但是，乐于助人还是应当积极提倡的，对于那些因为助人而受到讹诈的事件来说，要加强法律制度建设，以保证不让好人吃亏上当。"爱人者人恒爱之，敬人者人恒敬之。""人人为我，我为人人。"现实生活中的人不会时时快乐、事事顺心，总有需要别人帮助的时候。懂得了这个道理，就要主动帮助别人，以助人为乐。在当代社会，提倡助人为乐也就意味着提倡见义勇为，因为这是最能帮助别人的时刻，也是最能体现社会正能量的时刻。在当代我国市场经济社会中，尤其需要提倡见义勇为，同时要制定相关的法律法规严惩罪恶，切实保证见义勇为者的正当权益。

第七，爱岗敬业。除家庭之外，单位是一个人花费时间最多的地方，也是一个人谋生、养家糊口乃至追求事业成功的地方，因此职业道德的建设是培养理想人格的重要方面。爱岗敬业在当代市场经济社会中尤其需要提倡。由于拜金主义、利己主义的泛滥，一些人不再抱有爱岗敬业之心，而是从自我利益出发，千方百计地将集体的利益占为己有，甚至搞权钱交易、职业腐败。这些既严重损害了单位利益，也严重影响了个人品德和工作前程。只有从道德的、法律的层面切实引导所有人树立爱岗敬业的职业道德操守，才能保证社会主义市场经济的有序发展。

第八，遵纪守法。遵纪守法是培养道德人格的重要条件，尤其在建设社会主义法治社会的当下更是如此。因为传统社会人们更多依靠"人治"，解决问题依靠的是"人情"，时至今日这种思想仍在社会中有着重要影响，因此，建立法治思想既是个人品德修养的需要，也是积极宣传、提升全民族法治意识的要求。对于社会来说，公共秩序及相关法律法规是社会生活保持相对稳定与和谐不可缺少的因素。遵守公共秩序，为的是不妨碍他人的正常活动，也是自己参与公共活动的必要条件。遵守公共秩序，要求人们有纪律观念，有较强的律己自控能力。纪律反映了人们的共同要求，体现了人们的共同利益。对于理想人格的形成来说，要做到遵纪守法，同时尽可能宣传法治思想，进而与一切违法乱纪行为坚决做斗争，这既是优秀品质的养成过程，也是建设社会主义法治国家的必然要求。

三、由核心价值观形成正确的行为准则

具有崇高的理想信念，形成高尚的理想人格，在现实中的落脚点就是要在行动中体现出这种高尚性。因此，由核心价值观形成正确的行为准则就成为形成理想人格的必经之途。当我们每个人的行为都能体现出良好的道德规范的时候，道德人格也就塑造起来了。

（一）行为准则的性质与特点

行为准则是指行为所遵循的规范、规则或标准。没有规范、规则，就没有秩序。如果规范、规则或标准缺失，不仅会影响正常的社会秩序，使人们无所适从，还会影响社会发展和生活质量。良好的社会秩序要求人们遵循一定的行为准则，进而调整一系列的利益关系，建立正常的社会关

系。社会作为一个群体是由个人组成的。所谓个体，是指在现实生活中有自己的意志、兴趣、需要和行为的个人。群体是由具有共同目的和合作关系的个体组成的社会系统。在社会活动中，个人与群体、个人与个人之间的关系，本质上是一种利益关系，因此行为准则必须在处理个人与个人、群体的利益问题上发挥协调作用。

行为准则是规范人际交往、实现社会控制、维护社会秩序的工具，它来源于主体与客体的互动，是人们说话和做事的标准，也就是社会所有成员都应该遵守的规则。可以说，行为准则是社会团体或个人参与社会活动所遵循的规范和规则的总称。它是社会公认的、人们普遍接受的具有普遍约束力的行为准则。从历史发展来看，行为准则是根据人们的需要、好恶和价值判断，在现实生活中逐步形成和确立的，它是社会成员在社会活动中应遵循的标准或原则。因为行为准则是建立在维护社会秩序的理念基础上的，它对所有成员都具有引导、规范和约束的作用，因此引导和规范全体成员能做什么、不能做什么、怎么做，是社会和谐的重要组成部分，也是社会价值观的具体体现和延伸。

行为准则具有以下特性：

一是规范性或强制性。但是这种强制性不像法律那样刚性，以暴力机构为支撑。必须对每个人的行为做出规定，即哪些可以做，哪些不可以做。这种行为规范不像法律那样是一种他律，迫使人们不得不遵守；但这种行为规范也不是一种可有可无的空洞评价，而是通过社会、集体、单位、家庭和他人的评价、舆论以及相关的措施来加以约束。比如核心价值观所提倡的"诚信"。当一个不诚信的行为并没有违反法律的时候，法律很难对此做出惩戒。但是当一个不诚信的行为或一个不诚信的人被社会谴责的时候，将对这个行为或这个人本身及其相关因素（如涉及企业声誉、合同签署、广告代言等）产生现实影响，从而促进诚信之风的形成。

二是导向性。很显然，既然行为准则本身具有一定强制性（规范性），那么其指向的目的当然就具有导向性。正如上述关于诚信的价值观一样，规范的目的是引导所有人讲诚信，在全社会形成诚信的良好道德风尚。行为规范的导向性具有非常鲜明的时代特征，在传统社会，行为规范主要导向道德人格的形成，引导人们成为君子。在当代社会，行为准则主要导向理想信念和优秀人格品质的形成，引导人们成为有远大理想和高尚品德的社会主义事业的建设者和接班人。这种导向性从根本上来说是一种群体性导向，往往是政府所提倡的，符合政府的利益所在。当政府代表人民的时候，这种导向就具有最大的民主性；当政府并没有代表人民（比如西方国家的政府表面上代表人民，实际上代表的是资本家的利益）的时候，这种导向性就是有问题的。这也是我们需要正确看待西方文化及其价值观、道德观的重要原因，以防止在形成人格品质的过程中受到西方思潮的不良影响。

三是概括性。行为准则不是类似精细化管理那样的条款，而是具有一定的概括性。毕竟对于社会来说，纷繁复杂的形势使得行为规范主要着眼于一种大方向上的规范和引导。我们还是以诚信为例，诚信是一种每个人都应当遵守的价值观，但是诚信这一价值观很难细化到每一个人的具体行为，因为每个人在不同时间、地点遭遇不同的事件，很难用一个一成不变的标准来涵盖所有变化。即便是马克思主义传入中国后，也要经过一个较长的、曲折的中国化发展过程，更何况每个人的具体境遇呢？因此，行为准则具有一定的概括性，引导人们养成美好品德，而不是提供一套庞杂的具体细则。

（二）由核心价值观形成正确的行为准则

人类的行为复杂多样，可遵循着一定的规律，不同的性别、不同的社会领域、不同的职业、不同的岗位，往往有着不同的行为准则。那么，是否存在着一个最高的行为准则？显然，这个最高的行为准则是符合核心价值观的要求的。这个最高的行为准则是长远的，而不是眼前的；它是整体的，而不是局部的；它是社会性的，而不是个体性的；它是全面价值层次的，而不是单一价值层次的；它是客观意义上的，而不是主观意义上的；它是综合性的，而不是片面性的；它是辩证意义的，而不是形而上学意义的。人类各种具体的、低层次的行为准则都是这一最高的行为准则的具体表现形式，都在根本上服从于这一最高的行为准则。这一行为准则事实上就是核心价值观的现实体现。

从社会主义核心价值观本身来说，引导人们形成正确的理想信念、人格品质是较为宏观的抽象要求，引导人们树立正确的善恶观、是非观、美丑观、义利观则是具体要求，在这些具体要求的实践中需要引导人们形成正确的行为准则。

首先，需要引导全社会形成正确的思想观念和价值观念。任何人的行为都是在一定的思想和价值观的指导下完成的，要使人的行为具有更高的效率和目的，更好地符合社会和自然的规律，就必须树立正确的观念和价值观。人类通过长期的经验总结和理性思考，总结和抽象出各种社会规律之间的逻辑联系，总结出一系列有机统一的思想和价值观，并使之具有理论系统性、概念同一性、概念连续性、数理逻辑相容性，从而成为正确思想观念和价值观念的基础。因此，思想观念和价值观使人们的行为具有较高的针对性和效率，这是人类行为的一种特殊形式，也是精神财富的一种特殊形式。思想和价值的特征可以用"真"与"假"的标准来衡量，当然，从价值判断的角度来说，用"应当"或"不应当"来衡量也是一种很好的方式。不过在真、善、美本身一致的情况下，思想观念和价值观念的真假与对错是一致的，即实然和应然是一致的。

其次，严格遵守社会规则，充分兼顾他人利益是基本准则。任何财富或价值的创造都必须通过一定的人类行为来完成。为了使人的行为更高效、更长远、更具前瞻性和协调性，必须从不同角度、不同方式对人的行为进行规范。社会规则是人类通过长期的历史积淀和实践经验发展并完善起来的行为规范，用以约束和引导人类的行为，它包括许多具体形式，如法律法规、规章制度、伦理道德、技术标准等。在核心价值观的指导下，人的行为应能够更好地协调人与人之间的利益关系，更好地处理社会发展与环境保护的关系，更好地处理经济发展与社会稳定的关系，更好地处理长远利益与眼前利益、局部利益与整体利益的关系，从而更加长远、持久、广泛、高效地创造社会所需要的财富。一言以蔽之，严格遵守社会规则，实际上是为了使一个人的行为更有效率、更具前瞻性和协调性。

经济基础决定上层建筑，在任何社会中，人与人之间必然存在一定程度的利益关联，即一旦他人的利益关系发生变化，就会或多或少地改变自己的利益关系。由于人与人之间关联的紧密性，使得一个人帮助别人时，他其实在间接地帮助自己。从这个意义上来说，无私奉献的利他行为是一种主观上的利他行为，但客观上也能起到增加自己利益的效果。关心别人就是间接地关心自己，维护别人的利益就是间接地维护自己的利益。充分兼顾他人利益，实际上就是约束和规范自己的行为，以更好地处理个人利益与他人利益、长远利益与眼前利益、局部利益与整体利益之间的关系。表现在行为上，就不仅促进了社会物质财富的增加，也促进了社会精神财富的增加，不仅促进了财富的创造，而且促进了道德文明风尚的形成。

最后，敬业奉献、积极传播正能量是行为准则的应然要求。任何一个集体的社会功能都是为了直接或间接地创造价值或增长财富，生产出各种各样的生产资料与生活资料，或者提供各种各样的社会服务。经济领域直接创造财富，政治领域是一种特殊的经济领域，间接地创造财富，文化领域也是如此。可以说，在核心价值观的引导下，爱岗敬业，认真做好本职工作实际上就是为了使集体创造更多的财富，生产出更多更好的产品，为社会提供更多更优质的服务。要在核心价值观的引领下形成敬业奉献的氛围。工作不仅是一种创造物质财富的方式，也是一种创造精神财富的方式，而心怀社会、无私奉献就是一种高风亮节的表现。尤其是在经济社会中，能够摆脱物质利益的束缚，以无私奉献的精神去忘我工作，这尤其值得提倡。

如果说敬业奉献似乎是一种较为消极保守的行为准则的话，那么传播正能量就是一种积极主动的要求了。在当代社会主义建设事业中，要想在全社会营造健康向上的社会氛围，从而有益于所有人的自由全面发展，就必须积极传播正能量。尤其是在当下各种非主流价值观盛行、人们的行为失范的情况下更是如此，要积极与不公正行为做斗争，坚决抵制负能量，积极传播正能量。可以说，核心价值观所提倡的国家层面、社会层面、公民个人层面的价值要求就是必备的行为指南，要在实践中将这些价值观积极主动地体现出来，为社会风气的良善做出自己应有的贡献。

（三）正确行为准则包含的具体内容

行为准则是个人、集体或社会的行为所服从的约束条件。从行为准则本身来说，可以分为两大基本类型：一是"应该"型行为准则，二是"不能"型行为准则。对于"应该"型行为准则来说，"应该"就是主体在众多价值事物中选择具有最大正向价值效应的事物的实际过程，"应该"型行为准则的价值本质就是选择和实行能够产生最大正向价值效应的行为准则，即主体行为所必须达到的价值高度。对于"不能"型行为准则来说，"不能"就是主体在众多价值事物中拒绝具有最大负向价值效应的事物的实际过程，"不能"型行为准则的价值本质就是避免和拒绝产生最大负向价值效应的行为准则，即主体行为所避免逾越的价值界限。当然从扬善弃恶的角度来说，"应该"属于扬善的范围，"不能"属于弃恶的范围。核心价值观提倡的，就是"应该"型行为准则的指导思想，一切违反核心价值观的行为就是"不能"型行为准则的认定依据。

核心价值观引导形成的行为准则是规范性的、导向性的、概括性的，不过具体到各行各业乃至于每个人来说，行为准则包含的具体内容各有差别。行为准则针对不同行业、不同人群有着千差万别的要求，从不同的观察角度来看表现为各种具体形式：

其一，核心价值观与限制性行为准则、提倡性行为准则。

限制性行为准则就是不能做什么，提倡性行为准则就是应该做什么。比如对于一个公民来说，友善属于提倡性行为准则，是应该具备的基本价值观。即便不能做到友善，但至少应该做到"己所不欲，勿施于人"（《论语·颜渊》），不损人利己就是限制性行为准则。核心价值观更多表现为一种提倡性行为准则，但同时可以通过舆论以及法律、规章的保障，以实现限制性行为准则的功能。以诚信为例，核心价值观提倡公民都讲诚信，这看起来是一种提倡性行为准则，但是不诚信受到的限制或惩罚，可以根据其造成的后果大小加以舆论、道德、法律等各种惩罚，这就是一种限制性行为准则了。总体而言，核心价值观道德化之后，每个具体价值观都应该既成为提倡性行为准则，也成为限制性行为准则。从这个角度来说，核心价值观与刚性行为准则（或强制性行为准则）、柔性行为准则（或非强制性行为准则）的规定也是相关的，因为限制性行为准则虽然不等于强制性行为准则，但与之相似；提倡性行为准则虽然不等于非强制性行为准则，但与之相似。

强制性行为准则往往需要政府力量的保障，这种力量的典型表现就是法律，以法律强制性要求所有公民遵循的行为准则就是刚性行为准则，非强制性行为准则属于一种引导、范导，政府通过各种非强制性手段引导公民去自觉执行相关行为准则。从核心价值观的视角来说，"诚信"就是一种刚性行为准则，并且以法律和道德舆论等方式作为保障，而"友善"就是一种柔性行为准则。有的价值观介于两者之间，如"爱国"。严格来说，每个公民都应当具有爱国的美德，对于那些没有体现出爱国的美德，但并没有造成恶劣社会影响的行为来说，也没有加以惩罚，但是那些造成恶劣社会影响的不爱国行为是必定要受到严厉惩罚的。

其二，核心价值观与个人行为准则、集体行为准则。

个人行为准则涉及单个人的行动，比如讲礼貌、讲诚信、讲奉献；集体行为准则涉及的往往是一个作为经济或政治实体存在的单位，比如对于作为经济实体的企业来说，保护生态、不污染环境就是集体行为准则；再比如对于一个社区来说，爱护公共卫生、不能损害公共设施就是集体行为准则。无论是个人行为准则还是集体行为准则，都是在核心价值观指导下建立的，也是每个公民必须遵守的准则。而且核心价值观提倡，在个人行为准则与集体行为准则可能发生冲突的地方，应当以集体行为准则为重，这也是集体主义的体现。

其三，核心价值观与职业行为准则。

根据职业的不同，可分为企业（公司）职员行为准则、公务员行为准则、学生行为准则、军人行为准则等。随着改革开放的深入，社会上出现了各种各样的职业，相对于正在消失的传统职业来说，新近出现的职业有日益增多的趋势，比如快递员、外卖员、微商、网络写手、自由职业者等，都是以前从来没有出现过的。正是因为职业的种类越来越多，所以对于各个行业的行为准则的规定也越来越细，越来越具有行业自身的特点。

因此，对于各行各业的指导，核心价值观起到的是精神指导、道德引领、行为规范的作用，应当让具体细致的职业行为准则与核心价值观的内在要求保持一致。因为不同职业有着不同的性质，所以不同职业的行为准则有所差异。比如企业职工行为准则以强调敬业诚信为主，公务员行为准则以强调为民服务为主，学生行为准则以强调学习互助为主，军人行为准则以强调保家卫国为主。从具体行为准则的角度来说，譬如公务员的行为准则至少包含以下八个方面的内容：政治坚定（树立共产主义理想信念，与中央精神保持高度一致），忠于国家（热爱祖国，拥护共产党领导，维护国家形象），勤政为民（忠于职守，自觉做人民公仆），依法行政（公正执法，文明行政），务实创新（踏实肯干，锐意创新），克己奉公（遵纪守法，清正廉洁），团结协作（服从大局，勇于牺牲），品行端正（坚持真理，品德高洁）。

其四，核心价值观与经济类行为准则、政治类行为准则与文化类行为准则。

在市场经济社会中，经济类行为准则是引导人们趋向道德良善的最重要的规范。但是经济领域并非法外之地，每个经济人都需要正确的政治引领，成为一个政治合格的社会人，因此政治类行为准则也极为重要。国家在建设文化软实力，但是文化软实力背后有意识形态硬要求，这就要求对文化领域进行规范。就核心价值观的引领来说，经济类行为准则主要体现的是对拜金主义、利己主义、无序竞争的限制，以及对集体主义、公益慈善、生态文明的提倡；政治类行为准则主要体现的是为人民服务的宗旨，对国家、社会层面诸如民主、自由、平等、公正、法治等价值观的强调，以及对"四个主义"以及官僚作风、懒政思想等的反对；文化类行为准则的主要体现是百花齐放、百家争鸣下的"文艺为大众服务、为社会主义服务"的方针，以及对"三俗"之风等歪风邪气的限制。

其五，核心价值观与生活类行为准则、工作类行为准则。

就核心价值观的引领而言，涉及公共领域的行为准则、家庭行为准则以及职业行为准则，这些都要求公民在不同的活动方式中，遵从道德规范，养成良好品德。大致而言，生活与工作是人生的主要内容，在生活中我们要遵从核心价值观的引领，自觉践行核心价值观的要求，做一个遵守家庭道德规范、社会公共道德规范的人；在工作中我们要尽职尽责，做一个遵守职业道德规范的人，并尽可能地传播正能量，为社会道德文明的提升做出应有贡献。

其六，核心价值观与法律法规行为准则、伦理道德行为准则。

法律法规（法治）与伦理道德（德治）这两种规范并非截然对立，恰恰相反，两者相辅相成。在中共十八届中央政治局第三十七次集体学习时，习近平总书记指出："坚持依法治国和以德治国相结合，就要重视发挥道德的教化作用，提高全社会文明程度，为全面依法治国创造良好人文环境。"① 党的十九大肯定了近五年来我国在法治建设领域所取得的成绩，进一步强调将依法治国和以德治国理论相结合的重要性。

习近平总书记进一步指出："要注意把一些基本道德规范转化为法律规范，使法律法规更多体现道德理念和人文关怀，通过法律的强制力来强化道德作用、确保道德底线，推动全社会道德素质提升。"② 因此，核心价值观道德化所产生的作用既能体现为伦理道德行为准则，也能促进法律法规的完善，更好地实现道德对法律的理论支撑，以及法律对道德的实践保障。可以说，核心价值观的引领着眼于理想人格和优秀品质的培养，在提倡伦理道德行为准则的同时以法律为保障。任何一种行为准则，在道德可以干涉、纠正的情况下以道德规范为主，但是超出道德可以干涉、纠正的范围，法律是最好的调整方式。德治和法治相辅相成，以法治为根本，以德治为重要手段，这是当前我国社会主义事业建设的必然要求。

① 习近平. 习近平谈治国理政：第 2 卷. 北京：外文出版社，2017：134.
② 同①117.

第二部分　经验篇

第五章 中国传统社会儒家价值观实现社会认同的伦理分析

　　社会主义核心价值观通过伦理认同的方式实现普遍的社会认同，需要对人类历史上曾经存在及仍然存在的主流价值观（中国传统儒家价值观、近现代以来西方价值观、近代以来中国的马克思主义价值观）实现社会认同的方式加以借鉴或学习。就具有五千年灿烂文明的中国而言，对传统儒家价值观实现社会认同的方式加以借鉴非常重要。

　　自先秦以降，儒家价值观就在传统中国发挥着极为重要的作用，无论是从历史客观事实分析的角度来说，还是从儒家价值观具有内在合理性的逻辑角度来说，儒家价值观通过伦理途径实现社会认同的方式，对于当代中国核心价值观实现社会认同具有重要的参考和借鉴意义。学习儒家价值观实现广泛社会认同的经验，其中一个非常重要的内容就是学习儒家价值观的包容性，并在这种包容性中坚持自身的独立和对其他文化的引领。正如在传统社会，作为主流的儒家价值观对于非主流的道家、佛教及其他价值观的包容与引领一样，具体到当代社会主义中国的建设来说，就是要坚持社会主义核心价值观对非主流文化（主要表现为西方价值观、中国传统价值观等）的包容和引领。

　　在这个信息自由传播的"地球村"时代，中西方价值观的传播、交流、对抗更为激烈，西方社会"和平演变""文化侵略"的意图也从未消失，因此核心价值观实现社会认同面临着非常复杂和严峻的形势。鉴于儒家价值观实现社会认同的长期性和曲折性，社会主义核心价值观实现广泛而持久的社会认同也应当是一个长期战略。在这个长期的历史进程中，核心价值观必须始终坚持自己的基本原则，在此前提下以开放、包容、引领、规范的姿态迎接一切非主流价值观的交流与挑战，从而实现更大范围的国内外认同。

一、儒家价值观的伦理内涵

儒家价值观看起来包罗万象，从修身、齐家到治国、平天下无所不包，实际上究其本源，儒家价值观就是一种道德学说。从个人修养到君王自律，从家庭和谐到治理天下，道德始终处于中心地位。可以说，儒家价值观具有丰富的伦理内涵，而这种伦理内涵也是儒家价值观实现普遍社会认同的根本原因。

（一）儒家价值观概说

儒家价值观对于我们从传统文化中寻找理论支撑以夯实、筑牢舆论阵地，对于社会主义核心价值观取得广泛社会认同具有重要借鉴意义。儒家文化的思想资源非常丰富，就价值观而言，主要包括"仁、义、礼、智、信"，或者说"孝、悌、忠、信、礼、义、廉、耻"几个方面。"仁"主要指仁爱，这是孔子伦理道德思想的核心概念。"仁"既是孔子的社会治理、伦理道德方面的最高标准，也是孔子思想中最具有现代意义的内容。以仁爱之心为出发点，实现人际关系的和谐有序是儒家思想的核心，也是儒家思想最终被统治者接受，并用于维系传统社会数千年稳定和谐的重要元素。从人际关系的处理来看，仁爱是人际关系和谐有序的基础，如果每个人都怀有仁爱之心，那么人与人之间就能相互关爱，建立和谐的社会秩序。从社会治理的角度来说，仁爱的政治实践就是德治。社会治理的核心是"礼"，"礼"以种种外在形式规定人们，其内在核心是"仁"。"礼"是"仁"的外在表现，"仁"是"礼"的内在根本。

"义"原来指的是"宜"，因为行为举止符合"礼"，所以举止适宜。"礼"是外在的表现，"仁"是内在的本质，因此"义"的本质体现是对仁义道德的遵守。与"义"相对立的是"利"，即行为举止不符合天下的公利，而仅符合一己私利，因此是不适宜的。孔子认为君子与小人的区别就在于对义利看法的不同，君子注重的是义，是仁者爱人，是为了天下社稷不惜牺牲自己的利益；而小人注重的是利，为的是一己之私，甚至为此不惜损害社会公益。可以说，"仁"的外在表现是"义"，见义忘利、舍生取义是仁者、君子应当具有的高尚品德。

"礼"主要指各种道德规范。最初这种规范是周文王、武王时期制定的，这种规范规定了朝廷上的君臣关系和家庭中的长幼关系，以及在社会上与人交往的各种原则。孔子认为，之所以要强调"（周）礼"的原因在于这种礼体现的内涵是"仁"。同样，"义"也可以通过"礼"表现出来。当然，由于"礼"固化为一整套规章制度，所以在封建社会后期越来越被统治者利用，成了束缚人性的工具，这在现代社会是需要批判的。但是从"礼"本身体现出来的本质思想（"仁"）来看，是需要继承的。

"智"指的是智慧，不是指小聪明，而是指符合礼、体现仁的大智大慧。在孔子看来，智慧主要体现在仁义道德的培养和实践上。虽然研究外在事物的知识是必要的，但通过道德修养成为一个正人君子更为重要。虽然在这里孔子表现出一种非知识主义的倾向，即认为不需要了解太多的自然科学知识，而且孔子似乎也有一种"民可使由之，不可使知之"的愚民主义倾向，这些是需要批判的，但是究其核心而言，孔子凸显的是道德修养的重要性，这是值得肯定的。

"信"指的是诚实守信。这不仅儒家提倡，也为儒、释、道三家所共同提倡。"信"的坚守，要求人们做到诚实不欺，言行一致。诚信这种品质，在当代社会尤其重要，这也是儒家文化中非常值得继承的价值观。当权者讲信用，老百姓也讲信用，那么从天子至庶人，就可以做到上下互信，社会就能够安定有序。

除仁、义、礼、智、信之外，儒家价值观中一个非常重要的内容是"孝"。孔子认为"孝"是仁的基础，仁是礼的内容，也是其他一切德性的前提。由此可以看到，在儒家价值观中，"孝"是最核心的价值，所以古代也有"孝治天下"之说。在儒家思想中，由于父子之情是最天然的情感，因此父慈子孝就是最符合天理的。建立在"孝"的基础上，由此向外推广，如对兄长的"悌"，其原因在于"长兄如父"；又如对君主的"忠"，其原因在于"君为主，臣为子"，而且君主又自称"天子"，即天之子，由此也代表了"君权神授"的意思；再比如对于师傅的"敬"，其原因在于"一日为师，终身为父"；再比如对于朋友的"信"，是因为朋友之间有着亲密的情感，如同兄弟、父子一样。所以《论语·学而》中说，"孝"是仁的根本："其为人也孝弟，而好犯上者，鲜矣。不好犯上，而好作乱者，未之有也。君子务本，本立而道生。孝弟也者，其为仁之本与。"

总体而言，儒家价值观包含的各种德目实际上都是伦理道德规范的体现，虽然儒家价值观对自然科学知识以及手工技艺等不强调，甚至有所轻视，但是对于每个人的道德修养是极为重视的。

（二）儒家价值观的伦理内涵

伦理本位主义是儒家价值观的典型特色，可以说，儒家价值观归根到底是一种道德学说，具有强烈的伦理道德色彩。

梁漱溟对于儒家价值观有着这样的评价："人一生下来，便有与他相关系之人（父母，兄弟等）……家人父子，是其天然基本关系，故伦理首重家庭。父母总是最先有的……是关系，皆是伦理；伦理始于家庭，而不止于家庭。"[1] 传统中国是一个"家国同构"的结构。小的家庭属于一个大的家族，数个大的家族组成更大的群体单位，这些更大的以血缘亲情为纽带的单位组成小的诸侯国，数个诸侯国构成一个王朝（天下）；而在皇帝看来，整个天下都是一家，即所谓"家天下"，国家就是最大的家庭（家族）。

因此在传统社会中，以"孝"为核心的伦理思想就不仅成为家庭管理，而且是国家治理的根本性手段。由于在传统中国社会中，家庭是社会的单位，对于家族稳定、社会稳定有着非常重要的作用，所以传统社会的伦理道德首先从家庭开始，然后推而广之，形成"天下一家"的格局。对于家庭和谐而言，最重要的道德是"孝"，然后是"悌"，之后推己及人，将此道德情感和道德规范推广到亲戚、朋友、陌生人乃至一切人。由于在所有道德规范中，"孝"是如此重要（稳定家庭和社会最重要的道德范

---

① 梁漱溟. 中国文化要义. 上海：上海人民出版社，2011：72.

畴），因此有"百善孝为先"的说法，即在所有善中"孝"是第一位的，有着最高的优先级。和"百善孝为先"相并列的另外一句俗语是"万恶淫为首"，为什么说在所有的恶中"淫"是第一位的，必须首先加以反对呢？是因为"淫"这种行为违反了等级秩序，即父母长辈与子女、媳妇、女婿等之间，朋友之间，上下级之间，主仆之间等在封建社会中已经明确规定的等级关系，而这种等级关系一旦破坏，整个家庭（家族）和社会就会陷入混乱之中。可以说，"孝"确定了各种等级秩序（父子关系是最根本的，其他关系都是从父子关系中类比推衍出来的），所以是最大的善；而"淫"破坏了各种等级秩序，所以是最大的恶。

从信仰的角度来说，儒家价值观虽然没有明确的宗教指向，但有宗教信仰色彩。用梁漱溟的话说，就是"中国之家庭伦理，所以成一宗教替代品者，亦即为它融合人我泯忘躯壳，虽不离现实而拓远一步，使人从较深大处寻取人生意义。它实在是那两面中间变化之一种"①。所以从传统来说，儒家价值观似乎没有非常明确的宗教信仰，但实际上有着比较强烈的宗教信仰色彩。对于典型性宗教道教和佛教来说，传统社会固然信奉的人也不少，但从来没有形成过"政教合一"的政治局面，即使在封建帝王非常崇信道教或佛教的时期，儒家文化仍有着强大影响力，事实上一直占据着主流文化地位。因此，儒家价值观实际上起到了对民众的道德教化、引导民众树立道德信仰的重要作用，具有不可替代的重要地位。

因为儒家价值观有着非常强烈的伦理道德色彩，所以儒家推崇的是"德治"。所谓德治就是主要依靠道德来治理国家，治理国家首先需要统治者自身具有高尚的品德，否则上梁不正下梁歪，因此《论语·为政》说："为政以德，譬如北辰，居其所而众星拱之。"因为行的是德治，所以被孟子等后世儒者称为"王道"。与"王道"相对的是"霸道"，即不依靠道德治理，而是依靠暴力机器，以及以暴力机器为保障的严刑峻法，商鞅、韩非子、申不害及后世法家就主张这种方式。

由于道德治理的根本是确定社会秩序，所以儒家政治道德思想特别强调对等级秩序的维护与对社会规范的遵守，如"齐景公问政于孔子。孔子

---

① 梁漱溟．中国文化要义．上海：上海人民出版社，2011：79．

对曰：'君君，臣臣，父父，子子'"。又如，"季康子问政于孔子。孔子对曰：'政者，正也。子帅以正，孰敢不正?'"（《论语·颜渊》）也就是说，做君主的要有君主的样子，即君主要有高尚的道德品质，对臣子要诚心相待，尊重臣子的人格，不随便侮辱、使唤臣子甚至滥杀无辜（当然，好的君主也是要有智慧的，能够做出正确的决策）；臣子要有臣子的样子，要有赤胆忠心，对君主忠心耿耿，而且要有一颗体恤万民之心，即不仅是为君主尽忠，而且要关怀老百姓。当君主的决断不利于天下苍生时要敢于犯颜直谏，这就是最大的忠诚。在家庭中，父亲要有父亲的样子，即对子女要慈爱，负责子女的教育，使子女熟读四书五经等传统经典，成为道德高尚、为国尽忠的人才；子女要有子女的样子，即对父母孝顺，时时关心父母，然后在尽职尽责地效忠君主的同时尽好孝道。从德治的角度来说，儒家价值观所强调的"礼"实际上也是对封建等级秩序的维护，这种等级秩序的维护也就是道德（孝、仁）的体现。

从人格修养的角度来说，儒家价值观有着鲜明的伦理内涵，即培养的是具有高尚道德的君子。在传统社会，社会的长治久安主要依靠两种方式，一种是严厉的刑法，一种是道德培养。由于时代背景的关系，传统社会并没有保护老百姓权益的民法而只有刑法，即对民众的行为做出强制性的规范，如果违反了刑法规定，就要施以严厉惩罚。相对于现代社会来说，这种惩罚很严重，譬如杀头、凌迟、灭族等都很常见。在这种情况下，民众当然由于畏惧刑法而不敢犯罪。但是，仅仅依靠刑法来实现社会的和谐稳定是不够的，因为刑法毕竟只能让老百姓产生畏惧，而不能从内心产生认同而自觉遵守刑法，换言之，刑法只是一种形成他律的方式，只有道德才能形成自律。

于是，自周公、孔子以来，历朝历代统治者大多采取道德劝善的方式进行国家治理。为了让民众尤其是知识分子产生深刻的社会认同，道德理想就是必不可少的手段，即君子人格的引导。因为在传统社会中，绝大多数民众都是文盲，掌握知识的少数人成为影响社会的重要因素，在这种情况下，对于知识分子的引导就至关重要。因此，从春秋时起，孔子就主张人们学习的目的是修养品德，是为了成为君子。

成为君子是一个道德人格目标，比之普通人的要求更高。《国语·晋语》云："为仁者，爱亲之谓仁。为国者，利国之谓仁。"也就是说，一个有仁德的人不仅要孝敬父亲，而且要能够为天下老百姓考虑，这样才算是一个道德君子。"不仁者不可以久处约，不可以长处乐。仁者安仁，知者利仁"（《论语·里仁》），对于一个仁义君子来说，长久地处于困难处境而依然能够坚守仁德。这就是超出普通人的道德要求。而且，"仁远乎哉？我欲仁，斯仁至矣"（《论语·述而》），仁义道德从来不是外于人存在的东西，而是每个人自身修养提升获得的品德，只要有远大志向，不忘仁德，那么美德就一定能养成。显然，在知识分子影响下的传统社会，如果人人都能够做到"以德为先"的话，那么自然而然就能够实现社会和谐，而不必依靠刑法的威慑力。

当然，为了保证道德的实践（毕竟不是每个人都能够成功被道德教化），将一些道德规范上升为法律也是一种通常的做法，即"伦理法"。这也是传统社会的一种重要特色。比如在传统社会，一个重要的"违法"行为是"不孝"，历朝历代对于"不孝"的惩罚都非常严重。显然，这就是道德规范受到法律保障的典型例子，或者说，这是道德与法律相结合的例子。

综上所述，儒家价值观具有非常鲜明的伦理内涵，其所体现的"伦理本位"思想时至今日在社会上仍有着巨大影响，也有着重要的时代价值。

二、儒家价值观实现社会认同的历史与逻辑分析

儒家价值观在中国传统社会占据主流地位近两千年，形成了普遍的社会认同，究其根源，这既有历史发展（一系列重大历史事件的推动）的原因，也有儒家价值观的内在合理性和历史进步性的原因。分析其原因，有助于我们深刻理解儒家价值观实现社会认同的根源，为核心价值观的社会认同提供有益借鉴。

（一）儒家价值观实现社会认同的历史分析

儒家价值观不是从一开始就成为社会认同、统治者信奉的主流价值

观，而是经历了一个较长的时间。儒学为统治者所接受，儒家价值观成为中国传统社会认可的主流价值观，有被历史所证明了的必然性因素在其中。

从儒家思想的建立来说，大致在春秋末期，孔子在继承和总结夏、商、周三代的文化思想（主要是周礼及其内涵）的基础上，结合自己的教学实践建立了儒家思想。在孔子生活的时代，儒家文化并没有成为官方学说，而是众多学说中的一种。在当时的春秋战国时期，诸子并起，百家争鸣，儒家和墨家成为显学，但是法家、道家也有很大的社会影响，同时兵家、农家、名家、阴阳家等也有较大影响。这是中国历史上有着璀璨思想的文化高峰。

孔子创立了儒家学说之后，虽然他孜孜不倦地四处传播他的思想（周礼、仁学），但是由于各种原因，他的思想并没有被当时的统治者接受，不得不"知其不可而为之"。其中的原因是多方面的，从历史现实来看，孔子是鲁国人，但是鲁国国君较为平庸，不思进取，对孔子学说并不感兴趣。孔子离开鲁国周游列国之时，虽然有着巨大的声望和渊博的学识，但是孔子是鲁国人，其他国家的君主并不放心任用孔子。还有一个原因，就是孔子当时主张的周礼和仁学，在很多统治者看来似乎太过于强调传统，在一个"礼崩乐坏"的时代里，统治者很难接受仁政德治。到了战国后期，强调严刑峻法的法家思想更为流行，秦始皇也确实凭借法家思想及其改革取得了成功。因此，虽然在孔子、孟子、荀子以及子思等儒者的努力下，儒家思想在先秦产生了很大的社会影响，对社会产生了潜移默化的作用，但是并没有成为统治者的官方学说，只是为儒家价值观在后世的发展奠定了基础。

秦始皇统一六国之后，法家思想成为秦国的统治性学说。但是秦国的暴政并没有持续很长时间，随着农民起义的爆发，以及旧六国权贵的反对，秦国最终灭亡，汉朝得以建立。汉朝吸取了秦王朝暴政的前车之鉴，在王朝建立之初采取休养生息的方式，主要采用道家黄老之学作为官方思想，希望达到无为而治的效果。而且，在这一时期，由于秦国"焚书坑儒"的影响，作为流派之一的儒家基本消失，因此儒家学说在汉朝建立之初仍没有成为社会上的主要思想流派。

直到汉武帝时期，由于董仲舒的推动，儒家文化及其价值观才成为官方学说，成为社会上的主流文化。董仲舒提出了"罢黜百家，独尊儒术"的主张，强调以儒家价值观为根本，百家思想一律让位于儒家文化（但并不主张消灭其他各家思想），认为"诸不在六艺之科孔子之术者，皆绝其道，勿使并进"（《汉书·董仲舒传》）。董仲舒在儒家价值观成为社会主流文化的过程中起到了至关重要的作用。

董仲舒认为儒家文化是最适合统治者进行国家治理的思想，其他各家思想的流行只会影响儒家文化的社会地位。而且，董仲舒从维护统治者地位的角度出发，对儒家思想进行了巨大变革，即将儒家思想与谶纬迷信等结合起来，使得儒家思想具有了神圣性，从而为稳固汉王朝统治提供了强大思想支撑。具体来说，就是将儒家文化与道家、阴阳家以及其他流派中的迷信思想结合起来，形成了带有强烈迷信或宗教信仰色彩的新儒家思想。

在孔子、孟子、荀子、子思的时代，儒家学说基本上还是一种积极入世的学说，而且反对谶纬迷信的存在。比如孔子虽然非常注重祭祀的礼节，包括祭祀鬼神的仪式，但是孔子本身是反对迷信的，主张对鬼神"敬而远之"，希望引导人们将前途寄托于自己的努力上。孟子、荀子、子思对于迷信的态度也是如此，即非常重视礼仪，但对迷信是拒斥的。但董仲舒不同，他是有意识地将儒家价值观和谶纬迷信结合起来，力图将儒家思想上升到天道的层面，从而使得儒家文化具有了和道教一样的宗教信仰色彩。显然，这对于维护统治者的地位是非常有用的，也更有利于对百姓实行统治。在西汉中后期，儒家思想逐渐成为主流文化，法家思想、道家思想成为儒家文化的重要补充，三者之间的初步融合体现了儒家文化的包容性。

汉朝之后，到了魏晋南北朝时期，儒家文化的影响力有所下降，但是在社会上仍有着重大影响。魏晋南北朝时期，玄学开始盛行，其尊崇的是《老子》、《庄子》和《周易》，代表人物是何晏、王弼、阮籍、嵇康、向秀、郭象等。看起来，似乎玄学盛行对儒家文化造成了很大冲击，实际上也并非如此。为了适应儒家思想对玄学的质疑，玄学代表人物实际上从事的一项重要工作是融合玄学（道家）与儒家思想，这就体现为对"名教"

与"自然"关系的讨论。从最终的结果来看，显然，论证"名教"（儒家纲常伦理）就是"自然"（天道）的思想占据了主流地位，也得到了统治者的青睐。

到了唐代，汉末兴起的佛学在这一时期得到了广泛传播，但是不论佛教思想的影响多么广泛，儒家文化的主流地位似乎一直没有动摇过。因此，在经过自汉末以来的几次大规模的儒佛之辩（譬如以韩愈为首的儒者坚决反对佛教，佛教被视为"夷狄之教"）、佛道之辩（所谓"夷夏之争"）后，佛教思想有逐步儒化的趋势，由此也间接产生了"汉传佛教"。所谓汉传佛教，指的是其教义、仪轨等已经和发源于古印度的原始佛教有所区别（当然根本宗旨是一样的），有着强烈汉民族特色的佛教思想。比如儒家价值观中最重要的是"孝"，出家为僧在儒者看来就是"大不孝"；由此，佛教不得不做出教义上的改变，以论证佛教思想也是注重孝道的，道教也是如此。在唐朝，初步显现了儒、释、道合一的雏形。

到了宋朝，儒家思想发展到"理学"这一阶段，以周敦颐、程颢、程颐为开端的儒家思想有了进一步发展，最后由朱熹形成完整的儒学体系。之后儒学被统治者接受，成为官方学说，儒家价值观一统天下，儒学盛极一时。二程和朱熹实际上是将董仲舒的谶纬迷信式的儒家思想进行进一步的理性化解释，将其迷信色彩逐步淡化，使之成为更加纯粹的道德化宗教信仰。由此，儒学在知识分子心中具有了更高的地位，甚至超过佛、道两教。这一时期儒学与佛教、道教之间的纷争并没有结束，儒者"辟佛"（反对佛教，认为其不符合儒家正统思想）之言论甚多。

到了元朝，虽然蒙古人统治中原，但是仍对儒家文化进行了保护，将其作为统治手段之一，譬如大儒许衡就被委以重任。明朝虽然儒学有所没落，但是仍有着根深蒂固的影响，科举考试的内容也是儒学，尤其朱熹的理学是考试重点。明朝王阳明在继承陆九渊学说的基础上对儒学进一步发展，由此"心学"产生，在士大夫阶层产生了重要影响。心学实际上是对儒家思想和佛教禅宗思想、道教无为思想的某种综合。到了清朝，几乎历代皇帝都对汉族文化尤其是儒家文化非常推崇，大量儒者成为朝廷重臣，儒家思想作为统治学说一直维系着封建王朝的存在。直到1840年鸦片战争，儒家思想开始受到巨大冲击，再到1919年五四运动，儒家文化在传统社会的统治才正式结束。

（二）儒家价值观实现社会认同的逻辑分析

儒家价值观实现中国传统社会的普遍认同具有逻辑必然性，具体而言，儒家价值观无论是在社会道德，还是在教育文化，或是在政治管理上都具有内在价值，对于当代中国社会也具有重要的借鉴意义，其"天人合一"的思想甚至对解决全球生态危机都有借鉴意义。可以说，正是儒家价值观所具有的内在合理性，才使得儒家价值观在传统社会受到极大认可，甚至在现当代也有着重要影响。

由于儒家价值观具有鲜明的道德性，所以必然被社会认同，因为维系一个社会稳定和谐的根基是道德，以及建立在道德基础上的法律。《孟子·告子上》云："生，亦我所欲也，义，亦我所欲也；二者不可得兼，舍生而取义者也。"这种思想在后世儒者那里，已经上升到天道的境界，即为了仁义道德而死是对天道信仰的体现，是最值得提倡的道德境界。儒家文化强调人道与天道的一致性，强调以义制利，忠恕之道，互信互利，这些都符合市场经济与现代公民社会的基本价值取向，这是儒家伦理道德超越性的现代价值体现。

儒家整个道德体系的基础是"孝"（也是"仁"的基础），由此儒家思想通过"孝"这一看似普通但不凡的价值观，将社会的细胞——家庭——的和谐牢牢把握住，由此奠定了整个社会的道德基础。在一个由家庭（家族）组成的血缘亲情社会中，抓住了"孝"这一根本道德规范，确实就有了稳定家庭（家族）和社会的最重要抓手。从这一点来说，儒家价值观得到传统社会广泛持续的社会认同有着很强的理论合理性。从"孝"开始，儒家构建了以"五常"（仁、义、礼、智、信）和"三纲"（君为臣纲、父为子纲、夫为妻纲）为核心的价值体系，由此为封建王朝的长治久安奠定了根基。虽然"三纲五常"现在看起来有封建迷信的成分在里面，但其包含的伦理道德意蕴是有道理的，也能够被人们普遍接受。至于儒家提倡的"杀身成仁""舍生取义""先义后利""取之有道"等价值观，更是为传统社会的士大夫所推崇，产生了非常重要的社会影响。

从教育方面来说，儒家价值观的普遍认同离不开其主张平等的教育理念。孔子无疑是中国最伟大的教育家，他兴办私学，推动平民教育的发展，主张任何人（不分等级、地位）都可以接受教育的主张（"有教无类"）可以说是最早的教育平等思想，在当时有着巨大的进步意义。孔子主张的很多教育观念，譬如"学而优则仕""博学于文，约之以礼""学而时习之""知之为知之，不知为不知"等思想也影响了无数教育活动的参与者。纵观孔子颠沛流离的一生，从15岁"志于学"开始（孔子3岁丧父，17岁丧母），到30岁"而立"（孔子20岁成家，30岁正式建立儒家思想），40岁"不惑"（看任何问题都有自己的观点，不再感到困惑），50岁"知天命"（对于替天传道、传播仁道有了清晰认识，能够做到乐天知命），60岁"耳顺"，到70岁达到"从心所欲不逾矩"（做任何事情都能够顺从天道本心，不逾越规矩）而止，其人生境界不断提升。之所以能够做到这一点，正是其终身"学而不厌"的结果。孔子通过其经历以及理论为后世的教育开辟了一条崭新的道路。其后，在孔子的影响下，荀子、孟子、子思、董仲舒、二程、朱熹、王阳明等大儒，对儒学的教育思想进行了完善和发展，对传统社会的教育思想及科举制度产生了根本性影响，时至今日仍具有重大的现实意义。

从社会治理等方面来说，儒家价值观具有重要的政治价值。儒家的思想文化，不仅是道德的哲学、教育的哲学、生活的哲学，也是政治的哲学。儒家价值观最根本的仁政思想就是民本思想，"民惟邦本，本固邦宁"（《尚书·五子之歌》）是其典型体现。当然，"民惟邦本，本固邦宁"的实质是维护君主专制，这也是儒家价值观得到统治者青睐的重要原因。谈到"民本"就必然要涉及"君"与"民"的关系。虽然传统文化强调以民为本，但在涉及"君""民"关系时仍旧强调"君"的重要性。典型者如董仲舒《春秋繁露·十指》所云，"强干弱枝，大本小末，则君臣之分明矣"，这里的"本"指的是"君"，"末"指的是民。朱熹也有类似阐述，他一方面注释孟子的"民贵君轻"，称"盖国以民为本，社稷亦为民而立，而君之尊，又系于二者之存亡，故其轻重如此"（《孟子集注》卷一四《尽心章句下》），而另一方面又主张"君为政本"，认为"天下事有大根本，有小根本，正君心是大本"（《朱子语录》卷一〇八）。

可以说，在传统社会，强调"以民为本"当然是具有进步性的，但是也同时强调了"以君为本"，两者实际上是辩证统一的关系。就"德"与"刑"两种统治手段而言，传统社会采用的方式是"德主刑辅"。孔子曾说："子为政，焉用杀？子欲善而民善矣。"（《论语·颜渊》）这句话的意思是说，如果采取的是仁义道德的仁政，那么老百姓都会拥有道德，以暴力机器为保障的刑罚就没有存在的必要了。孔子又用"草上之风，必偃"（《论语·阳货》）来说明"道之以德"（用上位者的道德来影响社会，即用官德来培养民德）的重要性。孔子还说，"听讼，吾犹人也，必也使无讼乎"（《论语·颜渊》），主张最好用道德教化民众，而不用严刑峻法的方式，所以孔子又说，"不教而杀谓之虐"（《论语·尧曰》）。

　　总体而言，在传统社会中，刑罚是工具和底线，"为政以德"是根本。"为政以德"包括对为政者本身以及官员选拔任用制度两个方面的要求。首先，为政者自身要"修己以安百姓"（《论语·宪问》）；其次，在官员选拔任用制度上也要体现为政以德的标准。关于用人之道，孔子对鲁哀公建议，"举直错诸枉，则民服；举枉错诸直，则民不服"（《论语·为政》），即让上位者有道德，使其能够以身垂范，教化在下者。毕竟不可能所有人既有崇高的品德，又有高超的才能。孔子回答樊迟时进一步指出"举直错诸枉，能使枉者直"（《论语·为政》）。通过这样的选才标准，就可以把为政者所率之正推广到全天下，由此为"为政以德"提供了制度保障。

　　在传统民本思想中，比"民惟邦本，本固邦宁"更能体现时代进步性的是"以民为天"的价值观。《史记·郦生陆贾列传》中有"王者以民人为天，而民人以食为天"的说法，《说苑·王者何贵》也记载有管仲回答齐桓公的话，"所谓天者，非谓苍苍莽莽之天也。君人者，以百姓为天。百姓与之则安，辅之则强，非之则危，背之则亡"。之所以说"以民为天"是传统民本思想的精髓，是因为它不仅鲜明地体现了"民惟邦本"的内涵，甚至比其更提升了一步，因为这意味着人民的地位高于君王。这的确是一种朴素的"人民至上"的思想。不过"以民为天"在传统社会并没有得到实质上的贯彻，仍然只是一种手段价值，"君主至上"才具有目的价值，"民本"背后隐藏的是"君本"。"溥天之下，莫非王土；率土之滨，莫非王臣。"（《诗经·小雅》）不管是民本还是君本，儒家价值观具有的内在合理性都使其在传统社会得到了上至天子，下至庶人的广泛拥护，这是值得我们深入研究和借鉴的。

儒家的"天人合一"思想在传统社会也有着重大影响，尤其在士大夫、知识分子中有着极为广泛的认同度。因为"天人合一"是有着比较强烈的宗教信仰色彩的最高价值，所以儒者对此极为推崇，并以此来对抗或否定佛道思想，以维护儒家思想的正统性。之所以能够达到"天人合一"的根本在于董仲舒的思想奠基，因为人是天、地、人"三才"之一，又因为"人副天数""天人感应"，所以在不断加强道德修养的过程中，道德境界就会越来越高，最终达到"天人合一"的圣人境界。

同时，"天人合一"也有着比较朴素的生态和谐思想。因为在这种思想下，天与人是一个和谐统一的整体，所以要想社会稳定和谐，就不能破坏生态。当然，这与儒家提倡的仁道有关，也与原始的自然崇拜等思想有关。譬如孟子说："不违农时，谷不可胜食也；数罟不入洿池，鱼鳖不可胜食也；斧斤以时入山林，材木不可胜用也。谷与鱼鳖不可胜食，材木不可胜用，是使民养生丧死无憾也。"（《孟子·梁惠王上》）这就是一种比较朴素的生态和谐思想。孟子还说"君子远庖厨"，这是对君子"恻隐之心"的保持，体现了儒家推己及物的高尚道德情操。从这个意义上来说，儒家价值观不仅在传统社会作用巨大，而且对当代道德建设以及生态文明建设有借鉴意义，因为，"人与自然共生共存，伤害自然最终将伤及人类……我们不能吃祖宗饭、断子孙路，用破坏性方式搞发展。绿水青山就是金山银山"①。

三、儒家价值观实现社会认同的经验与不足

儒家价值观作为两千年来传统社会的主流文化，实现了普遍的社会认同，这当然有其值得学习的地方，同时，我们也要认识到其存在的不足。尤其是要深刻认识到，儒家价值观在近代鸦片战争后遇到西方价值观的冲

---

① 习近平．共同构建人类命运共同体：在联合国日内瓦总部的演讲．人民日报，2017-01-20（2）．

击后崩溃的原因，由此深刻认识中西方文化的差异，以更好地理解儒家价值观的优缺点。

（一）儒家价值观实现社会认同的成功经验

从历史和逻辑的角度来看，显然，儒家价值观成为传统中国社会广泛认同的价值理念是有内在必然性的。就其实现社会认同的经验来看，儒家价值观构建的是一种符合传统中国社会风俗习惯的整体主义价值观，强调个体对整体的服从，强调个人对他人的仁爱，由于这种价值观有利于社会的稳定和谐，因此最终得以被统治者和老百姓接受。

儒家价值观展现的整体主义特性不仅在传统中国具有为实践所证明了的合理性，而且仍对当代中国有着重要的借鉴意义。就儒家价值观的整体主义性质而言，主要表现在对以下四个问题的解决：

一是确立了国家治理的根本方式，即德治。

国家治理的两种方式有人治和法治。但是现代意义上的法治直到18世纪欧洲启蒙运动之后才开始出现，经过上百年的发展才得以完善，因此在传统社会，无论是东方还是西方，现代意义上的法治都是不可能实现的。只是在西方古希腊传统中，法律至上性的意味比传统中国要强，这也奠定了西方近代以来法治的基础。既然传统社会只能采取人治的方式，那么就存在一个如何让人治最优化的问题，这个问题的解决方式就是德治。

在儒家文化里，传统社会是一个"家天下"的社会，那么人治是必然的事情，家长（君主）就是最高的权威。既然国家治理的核心在统治者，那么统治者自身的道德品质就关系到国家治理的好坏，因此，从上而下地实行德治、仁政就是最好的治国方式。孔子及其追随者正是看到了这一点，才一再强调德治、仁政的重要性，而两千年封建社会的实践证明，这也的确是传统社会治理的最优方式。在孔子及其后世儒者的理想中，最好的人治方式是"圣人之治"，即由有着最高品德的圣人来做皇帝。由于圣人具有最高的品德，同时有着最高的智慧（洞悉天道），又处在最高的位置上，所以这样的社会就是最美好的社会。这个理想是有现实性的，这也是儒者一直追求的治国平天下的目标。可以说，儒家价值观之所以在传统社会实现了普遍认同，其根本原因之一就是确立了国家治理的德治方式，并被统治者采用和保障实施。这种方式时至如今仍有着重要的时代价值，即使在当代建设法治社会的过程中，德治思想依然能提供有益借鉴。

二是关于群己问题的解决。

这里实际上解决的是个体主义与整体主义的冲突问题，因为个体主义强调的是"己"，群体主义强调的是"群"，前者个人私利至上，后者群体公益至上。儒家价值观的核心是强调"群"为上，优先于"己"，这非常有利于社会的稳定和谐。因为每个人都有自己的欲望，如果每个人都不知道节制欲望，而是肆无忌惮地为了一己之私而不择手段，那么人际关系就会变成相互竞争的关系，社会和谐就不可能实现。儒家思想正是从这一点入手，强调"存天理，灭人欲"，主张所有人都应当控制自己的欲望，要顺从天理，而天理就是仁义道德。

为了论证价值取向上的"群"优先于"己"，儒者提出"人性善"的构想，正如孟子所主张的那样，"恻隐之心""是非之心""羞恶之心""辞让之心"是人天然就有的。就"恻隐之心"来说，其本质是对利己主义的否定，即认为每个人的本心并不是为了自己的利益，而是对他人有着天然的善意。从这个角度来说，"仁者爱人"就是值得提倡的善行，而且也最符合人的本性。当然，荀子也提出了"人性恶"的思想，但是荀子所论证的是"欲望就是恶"，或者说，利己主义就是恶，这实际上和孟子所说的为他人、为群体、为社会、为国家是善的意趣是基本一致的。荀子曾说："力不若牛，走不若马，而牛马为用，何也？曰：人能群，彼不能群也。"《荀子·王制》这就说明人之所以能够胜过所有的动物，是因为人是一种善于在群体中生存的存在，换言之，群体总是比个人有优先性。当时的社会环境也证明了这一点，单独一个人是无法在恶劣的自然环境中生存的，在集体中才能生存下来，所以集体总是比个人的力量大，也值得每个人去爱护。

对于君王来说，"君者，善群也"《荀子·王制》。在荀子看来，君王之所以成其为王者，是因为君主最善于团结群体，能够得到群体的拥护。所以荀子又说："群而无分则争，争则乱，乱则穷矣。故无分者，人之大害也；有分者，天下之本利也；而人君者，所以管分之枢要也。"《荀子·富国》这里所说的"群"，小而言之，指的是家，大而言之，指的是国，是天下。可以说在传统文化中，在涉及群己关系时，儒家价值观总是以群体为重，所以，"先天下之忧而忧，后天下之乐而乐"的精神就是值得提倡的，也是有利于社会稳定的。

三是关于公私问题的解决。

从本质上来说，公私问题讨论的是群体公益和个体私利的优先序位问题，是群己之辩的展开形式，具有重要的实践价值。儒家提倡的是无私奉献的价值观，这在传统社会有着重要的实践价值，为社会稳定和王朝发展奠定了良好基础。"天无私覆，地无私载，日月无私照。奉斯三者，以劳天下，此之谓三无私"（《礼记》），正如《礼记》所说，为什么每个人要无私呢？是因为天道就是如此，所以每个人都应当遵从。由于天、地、日月都是无私的，所以每个人都应该效仿天道而同样做到无私。所谓无私，就是没有私欲，尤其是在遇到公与私发生冲突的时候，以公为先。

以公共利益为先，既是道德的要求，也是法律的要求。什么是公利？韩非子这样说："匹夫有私便，人主有公利。不作而养足，不仕而名显，此私便也；息文学而明法度，塞私便而一功劳，此公利也。"（《韩非子·八说》）后世儒者将"公利"发挥到极致，认为必须克制自己的欲望（最好是禁欲），完全以公利为重，才是道德君子的应然做法。相反，如果一个人总是想到自己的私利，那么这样的人就是小人。所以朱熹在《论语集注》中言："君子小人所为不同，如阴阳昼夜，每每相反。然究其所以分，则在公私之际，毫厘之差耳。"也就是说，君子和小人有着根本区别，其差异就像白天和黑夜那么明显，两者之所以有如此巨大的差异，原因无非就在于"公私之际"的差别。小人一心为私，君子则大公无私，大公无私就是"仁"。

四是关于义利问题的解决。

义利问题的核心是如何看待利益问题，这个问题并非说完全不要利益，而是说如何通过合乎道德的手段去获得利益，即所谓"君子爱财，取之有道"的问题。因为孔、孟、荀等先贤都承认人有生存的需要，譬如孟子说"食色性也"，那么基本的物质资料是需要的，而且如果一个道德君子掌握了更多的财物，那么他就可以更好地兼济天下。所以孔子说如果能够获得正当的利益，那么他去做"执鞭之士"也是可以的。所以义利问题与公私问题不一样，大公无私是最好的，但是对于义利来说，"以义取利"是最好的。

义利之间有一个特殊的标准问题，就是"利"可以去追求，但是前提是这种追求的方式是符合"义"的，如果不符合"义"，那么"利"就不能去追求。所以当子贡从邻国赎回了奴隶，但是不要求官府的补偿时，孔子认为这并不合适；而子路拯救了一个溺水的人，接受了对方赠予的一头牛（牛在当时是贵重物品）时，孔子认为子路做得对，因为这有利于社会风气的良善。

当然，在任何时候，义都是处于优先地位的，所以孔子也这样说，"君子之于天下也，无适也，无莫也，义之与比"（《论语·里仁》），对于那些违反道义的利益，君子是不屑于去追求的，"不义而富且贵，于我如浮云"（《论语·述而》）。孟子也认为"义"是一切行为的标准，"大人者，言不必信，行不必果，惟义所在"（《孟子·离娄下》）。到了董仲舒这里，同样强调"义"的重要性，"利以养其体，义以养其心。心不得义不能乐，体不得利不能安。义者，心之养也；利者，体之养也。体莫贵于心，故养莫重于义。义之养生人大于利"（《春秋繁露》）。因为"利"所滋养的只是人的身体，只有"义"才能滋养人的心灵，所以对于作为"万物之灵"的人来说，"义"永远比"利"更重要。朱熹则进一步将"义"上升到天理的层面，在他看来，"仁义根于人心之固有，天理之公也，利心生于物我之相形，人欲之私也"（《孟子集注》）。可见，只有遵从仁义才能顺应天道，无往而不利。

总体而言，儒家价值观的合理性表现在它根植于整体主义传统，通过对德治（道德规范）的强调，维护了传统社会的和谐稳定。实践证明，儒家价值观确实起到了维护传统社会稳定和谐的巨大作用，在当代仍有着重大影响。

（二）儒家价值观实现社会认同存在的不足

儒家价值观虽然在传统社会取得了普遍的社会认同，但是仍存在着一些问题。这些问题随着传统社会向现代社会的逐渐过渡而凸显出来，从而导致近代以来儒家价值观在中国的衰落。其根本原因在于以儒家价值观为核心的传统文化与西方文化相比有着巨大差异，而一旦近代西方文化如潮水般涌入中国时，传统文化就面临着巨大挑战，而事实也证明，在西方文化的强大冲击下，以儒家价值观为核心的传统文化一度遭遇了重创。

放在哲学价值观的大背景下来看，中西方价值观的总体差异表现为四个方面：整体主义与个人主义、禁欲主义与幸福主义、德性主义与科学主义、人治主义与法治主义。① 正是这四个方面的差异，使得儒家价值观在近现代社会遇到西方价值观的巨大冲击后（尤其是鸦片战争之后），难以做出正面回应，最终失去社会的普遍认同。

第一，整体主义与个人主义的差异是中西方价值观的最大不同。

西方价值观的出发点是个人主义的。通俗地说，所谓个人主义，指的是强调个人至上的思想。"吾爱吾师，吾尤爱真理"的亚里士多德曾这样说："实体，就其真正的，第一性的，最确切的意义而言，乃是那既不可以用来述说一个主体，又不存在于一个主体里面的东西，例如某一个个别的人或某匹马。"② 也就是说，一反柏拉图的脱离个别事物而存在的整体性的"理念"，亚里士多德把客观存在着的、具体的事物称作实体。由于具体的个别事物本身就是主体，是独立存在的，因而它也就不是存在于一个主体里，即依赖于一个主体而存在的东西。显然，亚里士多德的做法与中国传统是完全相反的。

在传统中国，孔子被尊为"万世师表""至圣先师"，一部《论语》被尊为不可置疑的经典，历朝历代的知识分子都只是学习孔子的思想，对《论语》进行注释，绝不敢对孔子的思想提出质疑。而亚里士多德则不同，他认为尊重老师固然重要，但更加重要的是对真理的追求，这就完全超出了传统中国对个人思想的束缚。亚里士多德的老师柏拉图是个大思想家，亚里士多德虽然尊敬老师，但是仍对柏拉图的"理念论"提出了质疑和反对，并认为柏拉图所说的"理念"是错误的，只有"具体个体"才是第一实体（万事万物之本体）。在这里，柏拉图所说的"理念"实际上有中国传统中整体主义的意味，但是亚里士多德的"具体个体"则完全开启了西

---

① 戴茂堂，江畅. 传统价值观念与当代中国. 武汉：湖北人民出版社，2001：41.
② 亚里士多德. 范畴篇　解释篇. 方书春，译. 北京：三联书店，1957：13.

方个人主义的传统。这一传统在后世，尤其是在欧洲文艺复兴之后得到了继承和发扬。

中国传统的整体主义思想是有其地理因素的影响的，因为作为一个庞大的内陆国家（中原地带），处于农耕社会的中国人只能依靠群体才能战胜自然灾害，才能获得好收成，而固定在土地上的血缘关系也成为家庭、家族联系的纽带。因此在传统社会中，个人的地位并不被突显，因为个人只有在整体中才能实现自我，而且个人追求的也不应当是自我的利益，追求的是整体的利益才值得赞誉。可以说，在中国传统文化里，整体的"我们"才是积极概念，"我们"是被普遍原则概括、抽象的共同体，它赋予个人本质，使其有存在的权利。个体的"我"用以思维和表达的语言、概念，以及行为的规范、准则都是"我们"给予的。当儒家价值观强调"修身、齐家、治国、平天下"的时候，其指向的是将个人融入"家""国""天下"之中。正是这一点的不同，使得在鸦片战争之后，西方文化涌入中国，西方个人主义思想作为一种全新的价值观，对传统中国人（首先是知识分子）造成了巨大冲击。随着腐朽的清王朝的没落，整体主义传统价值观也遭到了越来越大的打击，甚至传统文化由此也被当作彻头彻尾的糟粕抛弃。

第二，西方价值观的总体目标是带有功利性质的幸福主义，儒家价值观的总体目标是非功利性的禁欲主义。

其实在西方哲学中主张清静禁欲的学说并不少，典型的如古代的"犬儒派"、近代的清教主义，以及叔本华的学说等，但是在分析中西方哲学差异的时候，西方的幸福主义无疑是非常典型的，在现实中更是盛行。当然中国也有非严格意义上的幸福主义者，如阮籍、嵇康、陈亮、叶适，不过那终究不是主流思想。以儒家价值观为代表的官方哲学，以道家思想为代表的民间哲学和佛教思想，都是主张禁欲（存理灭欲）的。

自古希腊开始，西方就有追求快乐幸福的传统，而且这种追求不单单是对精神快乐的追求（中国传统中比如庄子也追求精神快乐），而且也追求肉体的快乐（这一点是中国传统所反对的）。譬如伊壁鸠鲁开创了快乐主义，"快乐是幸福生活的开始和目的。因为我们认为幸福生活是我们天生的最高的善，我们的一切取舍都从快乐出发；我们最终目的乃是得到快乐，而以感触为标准来判断一切的善"①。

到了后期，快乐主义者甚至认为，肉体的快乐比精神的快乐更加强烈，更值得追求。这一点到了文艺复兴时期得到了继承，人们更加强调对肉体快乐的追求，而不再如中世纪那样执着于对精神快乐的追求。在文艺复兴开创的西方近现代价值观中，个人主义、利己主义、功利主义占据主流，人们毫不掩饰自私自利之心，在法律的范围内自由追逐欲望的满足和肉体的快乐。这种方式一直到西方当代仍盛行不衰。

中国一直有禁欲主义的传统，认为欲望从本质上来说是一种坏的、恶的东西，要想有道德，就必须克制欲望，所谓"壁立千仞，无欲则刚"就是这个意思。欲望是根植于肉体的，所以中国传统对于肉体欲望（肉体快乐）的追逐似乎天生有一种恐惧感，因为这被视为堕落之途。在传统中国，儒、释、道三家几乎一致否定欲望的正当性，主张清心寡欲，"夫俭则寡欲，君子寡欲则不役于物，可以直道而行；小人寡欲则能谨身节用，远罪丰家"（《训俭示康》）。老子、庄子提倡"清心寡欲，返璞归真"，佛教提倡"自净其意""五戒十善"。儒家更是如此，王阳明更是说"破山中贼易，破心中贼难"（《与杨仕德薛尚谦》），所谓"破心中贼"，无非就是破除内心的欲望，而这是最难的。传统社会的禁欲主义传统实际上是对人性的束缚，当然，由于传统社会对道德的提倡使这种束缚并不显得不正当。但是到了近代以来，当西方提倡幸福、追逐欲望和快乐的价值观涌入中国时，空前激发了中国人的求利动机、欲望满足动机，由此传统儒家价值观也走向崩溃的边缘。

第三，德性主义与科学主义的区别，这是中西方价值观的典型差异。

自古希腊开始，西方就高度重视科学的发展，比如亚里士多德就是伟大的哲学家、数学家、物理学家。古希腊自然科学的发展为西方科学精神的产生奠定了重要基础。到了中世纪，尽管天主教会对于自然科学的发展采取了限制的态度，但是大学却是在中世纪产生的。在中世纪，"科学真理"与"天启真理"（依据上帝信仰而发现的真理）同时存在并被承认，

---

① 北京大学哲学系外国哲学史教研室．古希腊罗马哲学．北京：商务印书馆，1982：367.

具有重大的历史进步性。文艺复兴之后，自然科学的发展突飞猛进。由于理性精神的彰显，现代意义上的物理学、化学、数学等开始产生，工业革命也极大地推动了西方社会的进步。"人自身实在有个使他与万物有别，并且与他受外物影响那方面的自我有别的能力，这个能力就是理性。"①通俗地说，理性就是逻辑推理能力，凡事都应该付诸理性，从而发现真理和客观规律。在西方资本主义创造了以往人类历史所未能创造出的巨大财富的背后，是自然科学的快速发展。而拥有坚船利炮的西方列强也打开了清王朝的国门，近代中国从此进入半殖民地半封建社会。

　　传统中国则自春秋战国时起，就对自然科学不感兴趣，而非常推崇道德品质的培养。在传统中国，儒家提倡的伦理道德被称为"大学"，科学技术（包括天文、地理、医学、水利、生物、化学、农学、算术等）被称为"奇技淫巧"，视为"小道""贱学"。只有儒家经典才是值得学习的，"六经为太阳，不学为长夜"。正是在这种德性主义的推动下，对道德的盲目服从导致了传统社会，理性被遮蔽，迷信开始盛行。从先秦时代开始，当亚里士多德强调逻辑的重要性的时候，传统中国强调的是对权威的盲目服从。亚里士多德强调对真理的追求高于一切，对客观规律的探索付诸理性反思；而传统中国强调对权威（圣贤、君王）的服从高于一切，对客观规律的探索不如对内心道德品质的培养。诚然，对内心道德品质的培养并没有错，但是由此走向对科学精神的压制就是错误的。也正因此，西方社会在理性精神的指引下走向了法治，而中国传统社会一直秉承的都是人治思想，官本位思想在传统中国占据统治地位，吏治腐败始终无法解决。

　　综上所述，不可否认，以儒家价值观为核心的传统文化统治了中国近两千年，使得传统中国社会极为稳定，但是儒家价值观本身存在的问题使得它无法应对西方文化的强烈冲击。因此，我们在借鉴儒家价值观合理因素的同时，对其局限性也要充分认识，这样才能有助于社会主义核心价值观得到普遍社会认同。

---

① 康德.道德形而上学探本.唐钺，重译.北京：商务印书馆，1957：65.

四、核心价值观对儒家价值观实现社会认同的借鉴

核心价值观对儒家价值观实现社会认同的借鉴主要表现在，要深刻认识儒家价值观在传统社会实现普遍社会认同的伦理根源，同时在如何对待非主流文化上要借鉴儒家价值观的包容性和引领性，还要认识到实现普遍的社会认同是一个历史进程。正如时代变迁背景下儒家价值观的现代化转化和创新性发展一样，都需要一个较长的历史时期。

（一）伦理认同是实现社会普遍认同的重要途径

儒家价值观之所以能够实现普遍的社会认同，与其伦理认同是分不开的，或者说，伦理认同是其实现社会认同的重要途径。

就实现社会认同的途径来说，大致而言可以分为两种，一种是内在认同，即人们在内心实现的认同；一种是外在认同，即通过暴力机器等手段实现的社会认同。虽然从短期效果来看，似乎两者达到了同样的目的，但从长期来看，后者可能引发民众的反抗，导致社会认同的突然崩塌，而前者则会实现长期持续的社会认同。因此从严格意义上来说，内在认同是真正意义上的社会认同。

实现内在认同有多种方式，主要有道德、宗教、迷信、权威、风俗等，这些方式可能有交叉或部分重叠。道德当然是一种实现认同的重要方式，我们姑且不论。宗教之所以能够实现普遍的社会认同，是因为信众的广泛性。从西方中世纪来说，基督教大约于公元 1 世纪产生，到公元 4 世纪成为罗马国教，到公元 8 世纪左右成为整个西欧的共同信仰，得到了普遍性的社会认同。

就传统中国来说，道教产生于汉末，最后逐渐体系化，在部分尊崇道教的王朝中，道教实现了比较普遍的社会认同。佛教产生于汉末，在唐朝达到了鼎盛，"家家观世音，户户阿弥陀"显示了其有较高的社会认同度。不过，即使在道教、佛教鼎盛时期，儒家价值观仍有着巨大影响，甚至几乎一直占据着主流文化的核心地位，究其根本，在于儒家价值观有着强烈

的道德色彩，而且其包含的天人合一、积极入世等内容，也带有一定的宗教色彩。

与消极避世不同，儒家价值观更像是一种道德宗教。如《论语·八佾》云："季氏旅于泰山。子谓冉有曰：'女弗能救与？'对曰：'不能。'子曰：'呜呼！曾谓泰山不如林放乎？'"当季氏打算僭越礼仪，以国君之礼去祭祀泰山之神时，孔子称泰山之神之所以是神灵，是因为它们的道德境界更高。如果认为泰山之神会接受季氏的祭祀，这难道是说泰山之神比懂礼的林放的道德境界还低吗？换言之，孔子认为神灵都具有高尚的道德品质，对神灵的祭祀根本上是要引导人们恪守礼节、做有道德的人。强烈的道德色彩是儒家价值观在传统社会中能够始终保持较高社会认同度的重要原因。

迷信与宗教很难分开，谶纬迷信也是如此。当然，迷信的含义比宗教更广，不能简单将迷信等同于宗教，只能说宗教容易引发迷信。东汉前期，谶纬迷信泛滥成灾。所谓"谶"，是一种预卜吉凶的隐语，它既有文字，又有图，所以又叫"图谶"；所谓"纬"，是对儒家经典的神化解释。谶纬迷信是我国传统社会封建迷信的典型表现，当然，对实现儒家价值观的社会认同来说，它具有较大的推动作用。但是谶纬迷信对于儒家价值观的神化宣传，将儒家的道德规范上升到"天道""神道"的高度，这一方式之所以在后世得到了极大贯彻，取得了极好效果，根本上还是儒家价值观的道德认同造成的。换言之，道德加上迷信使儒家价值观获得广泛认同，但根本上起作用的还是道德。宗教也容易引起迷信，因为宗教的本质是宣传信仰高于理性，即号召信众不加丝毫怀疑地信奉神灵。

儒家价值观在后世也逐渐有了宗教色彩，比如孔子就被称为"至圣先师"，甚至后世也有将儒家称为儒教的说法。不过，儒家价值观虽有宗教色彩，但并不浓厚，因为孔子本人是反对迷信神灵的，所以孔子说"未知生，焉知死""未能事人，焉能事鬼"（《论语·先进》）。虽然孔子反对迷信崇拜，但并非否定鬼神的存在，只是希望人们不要沉溺于（宗教）迷信，要把改变命运的希望寄托于自己的主观努力和道德修养，要做到"敬鬼神而远之"（《论语·雍也》）。可以说，孔子提倡的还是道德至上。

以权威的方式实现社会认同，这往往与政府宣传及宗教、迷信分不开。比如在中国传统社会，孔子被认为是"万世师表""文宣王"，他就成了最大的权威，其所说的话也就成了不可置疑的真理，后世便有了"半部《论语》治天下"之说。封建皇帝之所以拥有最高的权威，一方面是暴力机器的作用，另一方面是迷信的作用，如皇帝被视为"天子"，有的皇帝自封为道教圣人（宋徽宗自号"道君皇帝"），等等。但是，单纯的迷信很难实现普遍的社会认同，也很难持续较长时间，孔子之所以成为最大的权威，其根源还是在于他创立了以"仁学"为中心思想的儒家文化，所以朱熹说"天不生仲尼，万古如长夜"（《朱子语类》卷九三）。换言之，孔子因其儒家（道德）文化的认可度而被视为最大的权威。

风俗习惯的养成与道德、宗教、迷信、权威等因素的影响分不开，当然也与自古以来的民风民俗的影响直接相关。风俗习惯中当然有迷信成分，但更多体现了一些朴素的道德观念或生活习惯。儒家价值观对风俗习惯的形成有着比较重要的影响，不过这种影响似乎和民间信仰等混合在一起。民间信仰是与制度化宗教（如道教、佛教、基督教）不同的，是并不带有非常明显的宗教特征的信仰方式，往往与迷信、传说、先祖崇拜等夹杂在一起。两千年来，儒家价值观在风俗习惯中的最大影响就是基本上形成了"以德为先"的民风民俗，成为稳定传统社会的重要因素。在诸多风俗习惯的形成过程中，儒家价值观通过家风家道的塑造，成功地将儒家价值观深入每个家庭，并世世代代传承下去。

在传统中国，一个非常重要的风俗习惯是对先祖的祭祀和崇拜，清明节由此成为最重要的节日之一。对先祖的祭祀和崇拜本身是一种道德行为，连孔子也非常重视。而且对先祖的祭祀和崇拜意味着对祖训的温习和传承，孔子主张"三年无改于父之道"就是如此。家风家道通过族谱、祖训传承下来，成为使整个家族稳定和谐的思想理念。著名的《了凡四训》（袁了凡著）、《曾国藩家书》、《颜氏家训》（颜之推著）、《诫皇属》（李世民著）等都是典型的道德修养经典，此外还有《孔子家语》一书，可见家风家道在传统儒家价值观中的重要作用。

综上所述，纵观两千年来传统社会的发展，儒家价值观实现社会认同的方式有很多，包括道德与宗教、迷信、权威、风俗的混合影响。从本质上来说，儒家价值观实现长期普遍社会认同的根本途径是伦理认同。因此，社会主义核心价值观对于儒家价值观实现社会认同的主要借鉴之处，就是要将核心价值观道德化，使之成为人们普遍遵守的道德规范。在实现伦理认同的过程中，核心价值观要在道德理论、道德规范、道德理想、道德人格、道德原则等方面加以建设。换言之，要以核心价值观为主导构建新时期的社会主义道德体系。在具体的实践中，官方认可和政府支持是必要的（儒家价值观实现社会认同也是如此），通过教育、舆论、互联网等各种手段宣传核心价值观，同时通过家风家道使核心价值观内化于人们的风俗习惯，从而潜移默化地改变人们的道德观念和价值取向，提升人们的道德水平。

（二）实现社会伦理认同要慎重对待非主流文化

儒家价值观能够实现社会认同的一个重要原因是兼收并蓄，能够将诸子百家思想乃至于外来思想（如佛教思想）等进行融合，并在其中发挥引领作用，从而为统治者和大众所广泛接受。

华夏民族的产生大概距今 3 000 年，由此形成了中华民族共同体文化。在这个共同体文化形成、发展和传播的过程中，儒家文化体现出极大的包容性，对于外来文化都能够包容和融合。在应对这些外来文化的过程中，儒家文化作为主流价值观，对于非主流文化进行了引领、包容、规范，最终实现了中华文化的大一统。

儒、释、道合一就是一个典型的例子。在对待非主流文化的态度上，儒家文化也并非一概而不加以甄别地包容，而是采取一种"和而不同"（《论语·子路》）的态度。所谓"和而不同"，意思是指虽然包容其他各种文化，但是是有原则的，即在儒家价值观的领导下，对其他文化包容和改造，使之适应儒家文化的基本宗旨。当然，在这个包容、引领、改造、规范的过程中，儒家文化也得到了进一步发展。比如西汉时期儒家文化对道家思想的吸收和改造，魏晋南北朝时期儒家文化对玄学的吸收和改造，隋唐以后儒家文化对佛教思想的吸收和改造，甚至现代新儒家对西方文化的吸收和改造等也是如此。

因此，社会主义核心价值观对于儒家文化实现社会认同的经验借鉴，就应当学习其对待非主流文化的态度。在学习儒家文化的包容性的同时，依然坚持自身的独立性和对其他文化的引领性。具体到当代社会主义中国建设来说，就是要坚持社会主义核心价值观对非主流文化的包容和引领。

何为非主流文化？主流文化是指在一定的时代、范围内占主导地位的文化，并在政治、经济、哲学、法律、科学技术、文学艺术等方面表现出来；主流文化往往带有官方色彩，如传统社会的儒家文化就是主流文化，儒家价值观就是主流价值观。除主流文化外，还有一种文化形态存在于社会生活之中，也许并不带有强烈的官方色彩，甚至有时候不以书面形式展现出来，但仍在社会中发挥着重要影响，影响着人们的行为举止和风俗习惯，这就是非主流文化。

广义的非主流文化指与主流文化相区别的社会风俗习惯、民族宗教信仰、群体心理习性等。具体而言，非主流文化是相对主流文化而言，有自己独特性质的、对主流文化或是补充或是背离甚至反叛的、主流文化外或主流文化缺位时的所有文化形态的总和。在非主流文化涉及的内容中，社会风俗习惯包括婚丧习性、家族条规、民间法等，民族宗教信仰包括少数民族特有的民族习性、信教群众的特有教义等，群体心理习性包括时下流行的各种非主流思想及行为等。群体心理习性及其表现正在社会中产生越来越大的影响。

客观来说，非主流文化对社会并非没有积极意义，这种积极影响主要表现为：一是适应了不同个体个性发展的需要。因为人性是复杂的，每个人的兴趣、爱好、理想、志向、秉性，以及家庭背景、受教育背景、成长生活环境都不一样，所以不可能要求所有的人都有一模一样的价值观或生活态度。非主流文化恰恰适应了这一点，它能够提供给每个人各自不同的知识或思潮，从而为人们所喜好。

二是非主流文化能够开拓人们的视野。在传统中国这样的大一统社会中，人们的所见所想往往都被主流文化影响，所以很难有广博的视野和反思的精神。非主流文化可以开拓人们的视野，有助于人们个性的发展。

三是非主流文化可以促进人们更好地适应社会变化。社会的变化往往超前于主流文化的反映，因为主流文化往往被官方承认，具有较强的稳定性，但是在社会发展的同时，如果不能及时跟上各种变化，有时就很难促进自身发展和社会进步。非主流文化可以补充主流文化这一局限性，能够促使人们更好地适应时代的变化，尤其是在当代经济全球化、网络全球化的时代。

非主流文化对社会的消极影响主要表现为：一是导致人们价值选择上的矛盾。价值选择上的矛盾是必然的，因为主流文化与非主流文化在价值观上往往不一致。因此当非主流文化盛行的时候，对于主流文化的冲击尤其大，这就直接导致了人们价值选择上的矛盾。比如在传统社会中，人们认为无私奉献、仁者爱人是值得提倡的价值观，但是在现在的市场经济社会中，追逐经济利益、利己主义可能才是被一些人接受的价值观，这就是明显的价值冲突。

二是导致人们价值取向的偏差。在价值选择冲突的情况下，往往由于价值取向的偏差也会产生各种心理的或社会的问题。比如非主流文化在高扬人的个性的同时，也刺激人们产生了极端利己主义的思想："生活在这样的社会里，我们的判断带有极大的偏见。捞取、占有和获利是生活在工业社会中的人不可转让的、天经地义的权利。"① 由此导致人际冲突，对个体心理健康也造成了较大影响。还有人由于对西方价值观的痴迷而对社会不满，从而产生价值取向上的错误，等等。

三是导致人们价值标准的模糊。非主流文化的盛行导致价值观的直接冲突，从而导致人们在行为实践中难以有统一的判断标准。比如在传统社会中，"己所不欲，勿施于人"（《论语·卫灵公》），以及"己欲立而立人，己欲达而达人"（《论语·雍也》）是道德底线，在社会主义建设时期"无私奉献，为人民服务"是道德要求。但是在信奉利己主义的人看来，这些都是不合理的，只有不择手段达到目的才是正确的。显然，各种价值观的冲突使得人们几乎找不到一个统一的价值判断标准。在我们的社会主义社会里，是非、善恶、美丑的界限绝对不能混淆，坚持什么、反对什么、倡导什么、抵制什么，都必须旗帜鲜明。因此，如儒家价值观对其他文化所做的那样，社会主义核心价值观对非主流文化进行包容的同时予以引领、规范是非常必要的。

---

① 弗洛姆．占有还是生存．关山，译．北京：三联书店，1989：75.

核心价值观对非主流文化的正确引导主要包括以下两个方面①：一是要充分发挥核心价值观的显性引导原则。所谓显性引导，指的是通过政府的支持，将核心价值观对全社会进行宣贯，同时以法律保障的方式保证这种宣贯的实施。以政府或国家意志的方式来推行核心价值观，这意味着向全社会表明核心价值观的主流文化的地位，向全社会表明一切非主流文化不得抵触或反对核心价值观。

二是要充分发挥核心价值观的隐性默化原则。文化对人的作用是一个潜移默化的过程，因此在显性引导的基础上，要利用一切手段使核心价值观对社会产生潜移默化的持续影响。具体来说，就是通过教育、媒体、网络、社区等方式对各个阶层的人士进行核心价值观的宣传，从而使核心价值观完全融入社会生活的各个方面。

核心价值观对非主流文化的合理规范主要体现在以下两个方面：一是"划定红线"。所谓"划定红线"，指的是划定一些绝对不能反对的范畴或领域；对于这些红线外的范围或领域，是可以商榷、交流、提意见的。原因在于主流文化对非主流文化的包容是"和而不同"的，不是无原则的兼收并蓄。正如儒家价值观对其他各种文化所做的那样，儒家核心价值体系如"三纲五常"等是绝对不允许反驳的，其他文化只能在儒家核心价值体系之内活动。否则，对非主流文化的包容就可能变成对主流文化社会地位的动摇，这是绝对不允许的。

二是对非主流文化社会作用的甄别。这也是一个非常重要的问题，因为非主流文化及其价值观多种多样，表现形式及其内涵千差万别，是一种"大杂烩"。以当代西方文化来说，既有纯粹学术方面的形而上学、理性主义等思想，也有带强烈政治色彩的宪政民主等思想，还有宗教信仰的传播等。具体到西方文化的传播来源和倾向，也各有不同。因此就需要对它们进行仔细甄别，其目的是弄清楚哪些非主流文化是消极但无害的，或危害性不明显的，哪些非主流文化是明显有害的，哪些非主流文化是有积极作用的。只有对非主流文化进行仔细甄别之后，才能有针对性地采取措施。

---

① 江畅，周海春，徐瑾，等．当代中国主流价值文化及其构建．北京：科学出版社，2017：250-271.

核心价值观对非主流文化的控制和利用是正当的，主要体现在以下两个方面：一是以合理、合法的方式对非主流文化进行有效控制。在仔细甄别非主流文化的基础上，对于那些有消极社会作用、明显有害的非主流文化要进行合理、合法的控制，当然这种控制是在法治框架内进行的。这是维护核心价值观主流文化地位的必然要求。二是非主流文化应当成为宣扬核心价值观的重要阵地。对非主流文化的控制和利用是紧密结合在一起的，因为非主流文化在一段时间内往往比主流文化更加受欢迎（因其适应了人们个性发展的需要等），所以要想增强主流文化的社会影响力，就应当引导、规范、利用非主流文化为主流文化的宣传服务，使之成为宣传核心价值观的重要阵地。

（三）实现普遍的社会伦理认同是一个历史过程

从儒家价值观获得社会的普遍认同来说，这是一个漫长的历史过程。因此，对于核心价值观的社会认同来说，不能主观地认为采取一个一劳永逸的方式就能实现社会全面的、永久的认同，而应当将其视为一个动态的、长期的建设过程。

从儒家价值观的形成发展来说，其形成时期大约是在春秋末期（即孔子生活的时期）。孔子创立了儒家学派和儒家学说，建立了"外礼内仁"的价值体系，在当时产生了较大影响。但是从这一时期来看，儒家价值观只是初步形成，虽然在社会上产生了一定影响，但是孔子传道是"知其不可而为之"，其学说尚未得到社会的普遍认同。孔子一生也是颠沛流离四处传道，但其圣人治世的理想并没有实现。孔子在鲁国有三年施政时期，取得了很大成绩，但最后因与国君不和离开，周游列国传道。当时儒家文化与墨家文化并称"儒墨显学"，但都没有成为任何一个诸侯国的官方学说。

到了战国时期，儒家价值观在以孟子和荀子为代表的儒者手里得到了进一步发展。孟子主张仁政，提出"民为贵，社稷次之，君为轻"（《孟子·尽心下》）的思想，同时又宣扬"劳心者治人，劳力者治于人"（《孟子·滕文公上》）。孟子四处奔走，但还是没有国君采用他的主张并一直施行下去。战国末期，法家思想逐渐占据了主导地位，"霸道"比较盛行。

到了秦始皇统一六国的时期，儒家文化不仅没有得到宣扬，而且遭到了几乎毁灭性的打击，"焚书坑儒"就是一个典型事件。可见，直到战国时期结束，孔子创立的儒家文化的社会地位不高，甚至遭到了重创。

直到孔子去世三个世纪之后，儒家文化才在西汉董仲舒手里焕发新生，从此占据了主流文化的地位。这一时期，董仲舒以儒学为基础，以诸子百家之说为补充，建立了与谶纬迷信相结合的新儒学，同时"罢黜百家，独尊儒术"。由此，西汉成为儒家价值观实现广泛而持久的社会认同的开始。到了隋唐，儒家学说的地位依旧稳固，虽然遭到了非主流文化（玄学、佛学、民间信仰等）的挑战，但终归还是站稳了脚跟。到了宋朝，朱熹把儒学发展到了另一个高峰，由此儒家价值观的主流文化地位更加稳固。自此以后，科举考试的内容也以儒家文化为主。虽然在元朝和清朝初期，儒家文化遭到了一定打击，但是儒家文化仍在社会上有着巨大影响。

儒家文化及其价值观的没落开始于1840年鸦片战争时期。被西方列强打开国门的中国人，面临亡国灭种的悲惨处境，人们开始对腐朽落后的清王朝进行反思和清算，并将文化上的落后归结为中国落后的根本原因。于是，作为传统文化代表的儒家文化遭到了几乎一致的批判，甚至被视为彻头彻尾的糟粕，是中国腐败落后的根本原因。"打倒孔家店"成为其后一个世纪对传统文化批判的响亮口号。1919年五四运动标志着以儒家文化为代表的传统文化的彻底没落和新文化运动的兴起。

新中国成立后，经历了"批林批孔""批周公"等运动，儒家价值观进一步被削弱。直到改革开放之后，儒家学说才得到了实事求是的评价，获得了新的发展。

综上所述，儒家价值观实现社会的广泛认同经历了一个漫长的历史过程，而且过程非常曲折。鉴于儒家价值观实现社会认同的长期性和曲折性，社会主义核心价值观实现广泛而持久的社会认同也必然是一个长期而曲折的过程。前途是光明的，但道路依旧漫长，任何短视的、急功近利的做法都不利于核心价值观产生长远影响。之所以是长期和曲折的，是因为现在的国内外形势比以前更为复杂，在这个信息自由传播的地球村，价值观的传播、交流、对抗更为激烈，西方社会"和平演变""文化侵略"的意图从未消失，因此核心价值观实现社会认同面临着非常复杂和严峻的形势。

在这个长期的历史过程中，核心价值观必须始终坚持"变"与"不变"的基本原则。所谓"变"就是"包容"。因为核心价值观作为主流文化必须对非主流文化加以包容，以往封建社会那种"大一统"的局面在当代网络信息社会已经不复存在，所以为了适应各种人群的不同需要，非主流文化作为主流文化的必要补充是有其存在合理性的，核心价值观对于非主流文化的包容也是应当的。从当今世界的文化发展来看，多元化是一个明显的发展趋势。而且，多元文化也能够适应不同人群的要求，能够对社会产生积极作用。核心价值观对于非主流文化的包容，就能够有机会利用非主流文化的阵地宣传核心价值观，从而为核心价值观的隐性传播提供更好的机会。否则，对非主流文化的不包容态度容易引起人们的反对，对于核心价值观的传播也会产生不利影响。

所谓"不变"就是基本原则"引领"不动摇。引导、规范、利用非主流文化为核心价值观服务，是一项长期、复杂而艰巨的工作。自改革开放以来，我国首先兴起的就是西方文化热，时至今日西方文化及其价值观仍有着广泛的社会影响。作为非主流文化的西方价值观对主流文化也有着广泛影响，这些影响有的是积极的，有的是消极的，因此核心价值观要实现社会认同就必须对西方价值观进行引领。近年来，儒家价值观有日益兴起的趋势，在社会上正在产生越来越大的影响。虽然从根本上来说，儒家价值观中有许多积极的因素，有利于社会稳定，与核心价值观也并不冲突，但儒家价值观中包含的封建的、落后的成分也在日益蔓延，因此有必要加强核心价值观对儒家文化的引领。再加上通过网络等渠道渗透进来的其他各种价值观也在社会上四处蔓延滋生，因此，实现核心价值观对非主流文化的引领是一项长期、复杂而艰巨的工作。所以，我们要从儒家价值观实现社会认同的长期性和曲折性中学到有益经验，通过教育、宣传以及政治、经济等手段实现政府主导、上下宣贯、群众接受，从而逐渐实现和保持核心价值观的普遍社会认同。从这个角度来说，核心价值观的道德化（通过伦理认同的方式实现社会认同）正是这一过程的实践应用。

第六章　西方近现代价值观实现社会认同的伦理分析

　　自文艺复兴以来，西方近现代价值观逐渐被西方社会广泛接受，在全世界产生越来越大的影响。时至今日，以美国为首的西方国家，其国际话语权的理论基础（如对自由、平等、民主、人权等价值的宣扬）都源于西方近现代价值观。因此，对西方近现代价值观实现社会认同的伦理考量是必不可少的。

　　西方近现代价值观之所以能够实现广泛而持久的社会认同，根本原因在于适应了生产力的发展，促进了科学技术的进步，极大地促进了在当时代表生产力发展方向的资本主义生产关系的发展。同时，在促进生产力发展的过程中，西方近现代价值观促使西方社会建立了现代民主政治制度（以法治为基础），回应了人们对自由、平等、公正的价值诉求，保障了人们幸福的实现。当然，由于西方（资本主义）社会始终难以解决的体制问题，人的异化问题也难以彻底解决，而这不利于人民幸福的实现，从而也为西方近现代价值观实现持续社会认同埋下了隐患。

　　对于我国社会主义核心价值观实现社会认同来说，通过借鉴西方近现代价值观的经验，我们认为，核心价值观要始终落脚于人民幸福上，由此才能实现广泛而持久的社会认同。而核心价值观本身也有为人民谋幸福的本质属性，因此发扬这一本质属性造福人民，也是核心价值观的内在要求。但与此同时，我们也要警惕西方"普世价值""普世伦理""全球伦理或全球价值"等观念对我国社会的消极影响。虽然从字面上来看，社会主义核心价值观的内容与西方"普世价值观"的内容有一些重合，但是两者的实质内容和旨趣是完全不一样的，因此我们对当代西方价值观要辩证看待和批判分析。

一、西方近现代价值观的伦理内涵

西方近现代价值观主要指文艺复兴以来兴起，经过启蒙运动发展成熟，最终对西方社会产生巨大影响的价值观念。其内容主要包括自由、平等、人权、民主、博爱、理性等，时至今日，这些价值观仍在当代西方社会有着广泛认同。相对于中国传统社会的"伦理本位"来说，西方近现代价值观的道德色彩似乎没有传统中国这么浓厚，但是几乎重塑了近现代以来西方社会的道德观念，因此仍具有非常明显的伦理意蕴。

（一）西方近现代价值观概说

西方近现代价值观主要兴起于 14 世纪至 16 世纪的文艺复兴运动，以及随后的宗教改革运动和 18 世纪的启蒙运动。其产生的社会背景是对中世纪基督教价值体系的批判、反抗和斗争，随着中世纪基督教价值体系的崩溃，西方近现代价值观逐渐产生、发展和成熟。

所谓"文艺复兴"指的是复兴古希腊的文化，并由此对中世纪基督教文化进行批判，进而解放人们的思想。在中世纪，基督教文化占有唯一的统治地位，但是随着教权阶层及相关统治者的腐化堕落，基督教文化日益展现出封建落后的一面，阻碍了科学技术的发展，极大地禁锢了人性。14 世纪之后，随着中西方文化不断交流融合，一些保存下来的古希腊典籍及艺术品传入欧洲，以意大利为中心的欧洲知识分子对于古希腊文化的了解日益增多。古希腊文化与中世纪基督教文化有着完全不同的特质，由此随着古希腊文化在近代欧洲的"复兴"，基督教文化逐渐受到削弱，人性也逐渐得到解放。

所谓"宗教改革运动"指的是对中世纪占统治地位的基督教（即天主教）的改革，以马丁·路德、加尔文为首成立了基督新教，提倡"因信称义"，鼓励人们脱离天主教会的束缚，并且在教义中重视现世的生活，并且不提倡禁欲，重视人们的职业活动，从而为基督新教与近代资本主义发展在理论上的融合提供了基础。之后的"启蒙运动"进一步将文艺复兴中诞生的人道主义、新教伦理精神发扬光大，进一步高扬了人的理性和自由意志，最终形成了西方近现代价值观。

西方近现代价值观的重要内容是对自由和平等的高扬。人文主义体现的精神就是对人的尊重、对人的关怀，而对于人来说，最重要的就是自由，如果一个人连自由都没有，那么所谓的权利都是虚无的。所谓自由，首先表现为意志自由，然后是行动上的自由。从某种意义上来说，自由就是能够想自己所想、做自己所做，只服从自然法的理性规则。但是在中世纪，人们没有办法自由地想象和自由地行动，因为从灵魂到肉体，从思想到行动，所有的方面都被教会控制了。在中世纪，人性实际上被所谓神性吞没，人的价值和尊严被严重践踏。文艺复兴的目的就是解放人性，通过人文精神的传播，重新树立人的价值和尊严，人文主义对人的自由、平等思想大力宣扬并逐渐深入人心。

对于一个人来说，要想获得真正的自由，思想上的自由是必需的，这正如但丁所说的那样，人的高贵与否并不取决于他的出身，而是取决于他的品质："并非家庭使个人高贵，而是个人使家族高贵。"① 而一个人之所以高贵，在于每个人所具有的天赋理性和自由意志，这是人区别于万事万物的根本所在。与自由必然伴随的就是平等的思想。

因为每个人都是自由的，都具有天赋的理性与自由的意志，或者说有着天赋人权，既然每个人都具有天赋权利，都要实现自身的自由，那么尊重每个人的天赋权利，尊重每个人的自由就成为必然。也就是说，在每个人能够自由行动的同时，他不能以损害别人的自由为代价来实现自己的自由，这就是平等思想。这也正是法律之所以颁布的根本原因。因为每个人都有自由，每个人都要行使自身的权利，在这个人与人密切联系的社会中，就必须要有一种法律来保证每个人的基本权益，而防止一部分人对另一部分人的压迫，防止一部分人剥夺另一部分人的自由，这就是法治社会。

---

① 北京大学西语系资料组．从文艺复兴到十九世纪资产阶级文学家艺术家有关人道主义人性论言论选辑．北京：商务印书馆，1971：4．

在人文主义者看来，人与人之间没有本质区别，没有天生的地位高低，没有天生的贵贱之分，人与人之间只有品德上的区别，根本没有地位上的区别，这也正是"法律面前人人平等"的体现。人文主义者薄伽丘甚至这样说，我们人类的肉体是同样的物质构成的，我们的灵魂是上帝赐予的，每个人都有着天生的理性与意志，所以人与人之间没有任何不平等，只有品德上的高低之分。他举例说，即使是一个穷人，如果他才德兼备，但是如果没有得到提升，只屈居仆从职位，那这就是主人的耻辱，他说，"贫穷不会丧失一个人的高贵品质，反而是富贵叫人丧失了志气"[①]。可以说，人文主义所体现出来的自由、平等的思想，不仅为随后的资本主义发展和科学技术发展奠定了思想基础，而且也为现代西方法治社会的自由、平等原则提供了充分的理论支撑。

西方近现代价值观的另一个主要特点是赋予职业工作神圣性。近代资本主义精神的特征在于把获利视为职业或事业，每个人都感到对这职业或事业负有伦理的义务，促使他在事业上成功，工作成为生活不可或缺的组成部分。上帝应许的生存方式，不是要人们以苦修的禁欲主义超越世俗道德，而是要人完成个体在现实世界的所处地位赋予他的责任和义务。劳动是人生的目的，是天职，是至善，是获得上帝恩宠的可靠手段。

霍布斯、爱尔维修、费尔巴哈的思想分别代表了17、18、19世纪三个不同时期和英、法、德三个不同国度的价值观取向。霍布斯认为自我保存是个人最基本的自然权利，是第一自然法，独立并优先于其他自然法，这与传统的人依附于自然和秩序的观念相区别。爱尔维修认为人类有五种感官，唯一的动机就是求乐避苦。人能感受到肉体的快乐和痛苦，所以逃避后者、追求前者，这是人的自爱本性，是永恒的、普遍的。自爱这种情感是人的肉体感受到的直接后果，与人不可分离。费尔巴哈认为人首先是自然界的产物。利己主义根植于人的生理的新陈代谢中，证明利己天然合理。快乐只有通过利益才能获得，因而是否对自己有利成为判断行为合理性的标准。所以爱尔维修这样认为："快乐和痛苦永远是支配人的行动的

---

① 北京大学西语系资料组. 从文艺复兴到十九世纪资产阶级文学家艺术家有关人道主义人性论言论选辑. 北京：商务印书馆，1971：18.

唯一原则。"①

西方近现代价值观还强调理性及科学精神的重要性。从古希腊开始，西方就有理性主义的传统，逻辑学（理性用以探索科学真理的主要方法）以及自然科学在古希腊就已经萌芽，文艺复兴之后理性和科学精神得到了大力弘扬。启蒙运动进一步爆发，逐渐形成席卷整个欧洲的巨大思想浪潮。在这个思想启蒙的运动中，理性被置于至高无上的地位，一切权威（包括人们信仰的上帝）都要受到理性的考量和审查。从中世纪窒息人的理性的愚昧政策下解放出来的人们，终于确立了理性的权威，并且发现了基于理性的"永恒正义"，这正如英国著名学者布洛克所言："启蒙运动的了不起的发现，是把批判理性应用于权威、传统和习俗时的有效性，不管这权威、传统、习俗是宗教方面的，法律方面的，政府方面的，还是社会习惯方面的。提出问题，要求进行试验，不接受过去一贯所作所为或所说所想的东西，已经成为十分普遍的方法论。"② 这个方法论不是任何别的东西，就是怀疑一切、思考一切的理性精神。理性精神的高扬进一步促进了科学技术的发展，科学知识所产生的强大生产力又进一步使人们相信"知识就是力量"，对科学（理性）的崇拜成为潮流。

（二）西方近现代价值观的伦理内涵

西方近现代价值观与伦理道德密切相关，从本质上来说，西方近现代价值观的重要基础是人道主义，人道主义对人的自由意志的高扬，对人所具有的理性和情感的强调，对世俗生活以及职业工作的重视，都包含着丰富的伦理内涵。甚至在某些方面奠定了现代西方社会所说的伦理道德的基本内容，比如自由、平等、公正等价值观就已经成为现当代重要的伦理价值观。因为，近现代西方价值观几乎重塑了西方社会的道德观念，因此实际上具有非常明显的伦理色彩。

西方近现代价值观包含诸多流派，比如经验主义、理性主义、情感主义等。这些学派的理论都包含了不同的伦理思想。

---

① 葛力. 十八世纪法国哲学. 北京：社会科学文献出版社，1991：503.
② 阿伦·布洛克. 西方人文主义传统. 董乐山，译. 北京：三联书店，1997：86.

就经验主义来说，其主要代表人物有培根、霍布斯、孟德维尔、爱尔维修、霍尔巴赫等。在他们看来，经验主义感性论揭示了社会生活的主要方式，从这一点来说，人们就和动物一样都是趋乐避苦的，这一点引申到伦理道德上，就是认为能够带来快乐的东西就是善的，引起痛苦的东西就是恶的。当然，从经验主义的角度出发，个人利益也被认为是最重要的东西，利己主义被认为是正当的。所谓道德就是在个人利益和社会利益之间取得一个平衡。

就理性主义来说，从笛卡尔、斯宾诺莎、莱布尼茨到康德、黑格尔，理性主义始终认为人的精神（而不是经验性的肉体感受）是更为本质的东西。因此，道德原则就只能建立在理性基础上，而不能建立在经验性的苦乐原则上。这正如康德所说："道德律对于一个最高完善的存在者的意志来说是一条神圣性的法则，但对于每个有限的理性存在者的意志来说则是一条义务的法则，道德强迫的法则，以及通过对这法则的敬重并出于对自己义务的敬畏而规定他的行动的法则。"① 正如康德所说，所谓道德就是对理性的绝对命令的遵从，当我们遵循道德律去行动的时候，我们就是理性的人；反过来，当我们是理性的人的时候，我们没必要被要求按照道德律去行动。康德道德律的根本在于超越了狭隘的利己主义视角，从每个人都普遍具有的理性这一客观视角来看待道德问题。

就情感主义来说，道德情感论因主张道德起源于人的情感而得名，最初的代表人物有舍夫茨别利、哈奇生、休谟、斯密等人。道德情感主义者反对道德源于人的感性欲望或理性，而是把人们的天然情感（如同情）视为道德起源的根本原因，这似乎和孟子所说的"恻隐之心，人皆有之"类似。

就整体而言，西方近现代价值观在宣扬人的个性与权益的同时，遇到的首要问题是如何解决个人与他人的利益冲突问题，如何通过一个合乎伦理道德的方式来解决这个难题，是西方社会实现快速稳定发展的关键。事实也证明，通过对个人与他人关系的调整，通过一种"合理利己主义"或"利他主义"，西方近现代价值观实现了人际关系的和谐，极大地促进了西

---

① 康德. 实践理性批判. 邓晓芒，译. 北京：人民出版社，2003：112.

方社会的发展。

"利他主义"一词是 19 世纪法国实证主义哲学家孔德创造的。作为利己主义的对立面，利他主义是一种强调他人利益，颂扬为他人做出牺牲的高尚美德，并以此作为人类行为方式的准则和判断人性善恶标准的伦理学基础。在文艺复兴之后，对个人自由平等权益的强调必然导向个人主义甚至利己主义的盛行。比如霍尔巴赫说的，无私利他、自我牺牲的道德说教"只不过给了人一些无结果的、空洞的、行不通的诫令"①。

那么，如何解决每个人都利己而必然产生的人际冲突？这就需要付诸理性（外在表现为法律）达到一种通过利他来实现的合理利己主义。达尔文认为，这是由人的社会性本能进化得来的。正如动物中很多种群都有为了整体的繁衍而牺牲个体的例子，在野蛮人中也有为了整个种族的安全而牺牲个体的例子，他认为人有天生利他的本能："不论任何动物，只要在天赋上有一些显著的社会性本能和一些必要的理智能力，包括亲慈子爱的感情在内，而同时，又只要一些理智的能力有了足够的发展，或接近于足够的发展，就不可避免地会取得一种道德感，也就是良心，人就是这样。"② 换言之，人类的道德行为的最高标准就是为了"整个人类的利益"而行动。达尔文基于进化论的伦理思想在社会中产生了较大影响，也为利他主义找到了某种科学依据。

从动物到人类、从原始人群到现代社会的生物种群中，普遍存在的一种现象就是互助。于是，长期旅居欧洲的俄国思想家克鲁泡特金提出了一条原则——互助和互援原则，"并说明这一原则是我们生活的一部分，是一种习惯，是人类心灵的精髓"③。基于对达尔文进化论的认识，克鲁泡特金认为："互助的情感是几千年的人类社会生活和几十万年来人类出生以前的社会生活所培养起来的。"④ 从这个意义上来说，互助在每个人的本性中都具有，"因为它是由我们过去的整个进化过程所培养起来的，从进化的最初阶段起就产生了这种结果，是不可能被这种进化的许多方面中

---

① 霍尔巴赫. 自然的体系：上卷. 管士滨，译. 北京：商务印书馆，1964：315.
② 达尔文. 人类的由来. 潘光旦，胡寿文，译. 北京：商务印书馆，1983：924.
③ 克鲁泡特金. 互助论：进化的一个要素. 李平沤，译. 北京：商务印书馆，1977：246.
④ 同③.

的一个所压服的"①。

克鲁泡特金总结说，互助这一因素在动物界和人类社会进化中所起的巨大作用是十分重要的，"互助这一原则的最大重要性，还是在道德方面表现的最充分，互助是我们道德观念的真正基础"②。他认为有机界是适者生存，但进化的重要因素是合作而不是竞争，互助是自然法则和进化的一个要素。美国著名心理学家弗洛姆则用母爱的伟大解释了亲缘选择。母爱这种无私的利他性是最高层次的爱，在一切感情中最为神圣。母爱的真正伟大之处似乎并不在于母亲对婴儿的爱，而在于对成长的孩子的爱。这种爱的态度源于动物和女性身上已发现的一种本能。"为了成长的孩子的母爱，是一种不想为自己谋求任何东西的爱，也许这是最难以达到的而且更难以辨明的爱的形式，因为母亲能够轻而易举地爱她的孩子。"③

合理利己主义本身也体现了尊重他人、谋求共赢的道德诉求。由于文艺复兴之后，人们希望在社会中实现公正，因此"合理利己主义"的产生是必然的，即在谋求自身权益的同时不侵犯他人利益。由于"一切对社会的联系的加强，并社会的一切健康的发展，使人人觉得在实际上顾到他人福利于自己更加有益；这种加强与发展也使人人越把自己的感情与别人的福利化为一体，或是至少自己感情越来越对别人利益加以实际上的重视"④。正是基于这个原因，即使最强调"趋乐避苦"本性的功利主义者，也承认"最大多数人的最大幸福是正确与错误的衡量标准"⑤。后来，最大多数人的最大幸福原则成为西方社会普遍认同的重要伦理原则。

二、西方近现代价值观实现社会认同的历史与逻辑分析

西方近现代价值观实现社会认同有其历史和逻辑原因。就历史发展而

① 克鲁泡特金. 互助论：进化的一个要素. 李平沤，译. 北京：商务印书馆，1977：259.

② 同①264.

③ 弗洛姆. 爱的艺术. 刘福堂，译. 桂林：广西师范大学出版社，2002：43.

④ 约翰·穆勒. 功用主义. 唐钺，译. 北京：商务印书馆，1957：34.

⑤ 边沁. 政府片论. 沈叔平，译. 北京：商务印书馆，1995：92.

言，以亚里士多德思想为代表的古希腊文化在中世纪东西方文化交流中传入欧洲，促进了文艺复兴的产生。经过文艺复兴、启蒙运动之后，西方近现代价值观日益成熟，并得到了广泛社会认同。当然，之所以会得到广泛社会认同的根本原因，在于西方近现代价值观自身的合理性和进步性，这些都是值得我们借鉴的。

（一）西方近现代价值观实现社会认同的历史分析

西方近现代价值观实现社会认同不是偶然的，可以说，西方近现代价值观实现普遍社会认同的过程就是近代欧洲崛起的过程。在这个过程中，西方近现代价值观起到了巨大的推动作用。

近代欧洲崛起的一个重要原因是社会经济的发展（向资本主义制度的转型）。文艺复兴之后思想家马基雅弗利（又译"马基雅维里"）所写的《君主论》，以及霍布斯等思想家所宣传的政治理论，也从思想上为欧洲的崛起奠定了政治基础。具体而言，欧洲开始的工业革命极大促进了社会生产力的发展，资本主义制度的萌芽，经济的快速发展以及与之伴随的人口增长和工业、农业的发展，海外市场的急速扩大，等等。当然这一切都不开科学技术的发展，造船、航海、武器制造、煤炭开采等技术的发展极大地促进了经济规模的扩大，也为海军装备提供了有力的保障，武装远航商船使西方的海军大国最终取得了控制海洋商路的有利地位。另外，近代欧洲实现崛起的一个重要因素在文化方面。文艺复兴、宗教改革、启蒙运动等解放了思想，极大地推动了欧洲精神面貌的变化，对于近代欧洲的全面崛起起到了奠基性的作用。

具体到国家层面来说，西方近现代价值观在英国等资本主义国家崛起的过程中扮演着重要角色。从历史发展的具体进程来说，英格兰的崛起离不开思想的解放。11世纪以前，由于自身防御的孱弱，英格兰经历了无数次的大规模入侵，1066年的诺曼底征服在英国历史上产生了重大影响，英国避免了像当时的其他欧洲国家一样陷入四分五裂、诸侯割据的混乱局面，确立了英国历史发展的方向和特征。到14世纪，英格兰的民族性已经趋于成熟。强大的海军、众多的殖民地和海外贸易成为英国工业发展、国家崛起的利器。从文化传统方面来说，英国是西方自由主义思想的故乡，自由主义是英国的民族哲学，深深根植于英国的传统历史文化之中。这一传统是在贵族为维护封建权力而同国王进行的斗争中开创的。

17、18 世纪的自由主义思想家把启蒙提升为个人的天赋权利，他们强调限制国家权力，反对任何形式的专制压迫，他们认为政府应在宪法规定的范围内活动，要求保护个人权利，个人自由神圣不受侵犯。这一时期的思想为英国人反抗专制王权、维护自由传统提供了重要的历史依据。到了 19 世纪，自由主义不再强调天赋权利，而强调个人利益的保护。这一时期的社会思想在政治上主张妥协改良，经济上主张自由贸易、自由竞争。这些思想都极大地促进了自由市场经济的发展。此外，英国的经验主义思想造就了英国人保守、稳定和崇尚经验的精神气质。从伦理道德与社会稳定方面来说，英国人有着崇尚自由的文化传统，以生而自由的英国人为荣。因此，英国人更懂得，享受自由的前提是不剥夺他人的自由权利，宽容和妥协成为英国人面对新问题、新事物的态度和特点。同时，信奉经验主义的英国人在政治理念上倾向于保守，保守主义代表着一种稳中求成的社会力量，不愿以激进的手段来改变现存社会秩序，而是崇尚渐进改革并善于改良。由于他们对社会变革的进程和方式持审慎态度，因此成为英国社会得以平稳发展的制动阀，从而使政治改革的道路能够成功。可以说，以自由、平等、人权（功利）为核心的价值观对英国的崛起起到了巨大作用。

从近代法国的崛起进程来说，法兰西民族成分复杂，自查理曼帝国解体后，法兰西处于四分五裂、诸侯割据之中。11 世纪下半叶，法国社会经济的发展为王权增强提供了有利条件。经济交往关系的扩大，各地之间经济联系的加强客观上要求结束分权局面，此外，封建地主制和城市的出现为封建王权的加强提供了可靠的阶级力量——封建地主和城市市民。在这两个阶级的支持下，国王通过战争、外交、联姻、购买等手段不断消除割据领地，到路易十一时期，法国已经基本上完成了领土统一。从文化及价值观层面来说，法国是理性主义精神的集大成者。18 世纪的启蒙学者更是不承认任何权威，"自由、平等、博爱"的价值观就是法国人的首倡。在这三者中，平等占主导地位，平等是自由、博爱的基础。法国革命对平等这一价值做出了特别的强调，赋予了它一种道义上的绝对性。也正是对这种平等价值的执着追求，革命彻底摧毁了法国的封建制度，从而为资本主义在法国的发展清扫了障碍。法兰西民族是富于激情和充满爱国情怀的民族，启蒙学者把"热爱祖国"与共和政体、民主政治联系在了一起，反映了法国人独特的、基于理性的爱国主义思想。可以说，法国的崛起与自由、平等、博爱价值观的提倡是密不可分的。

从近代以来德国的崛起来说，德意志民族的祖先是古日耳曼人，中世纪前期，德意志一直处于神圣罗马帝国光荣与伟大的光环之中。13 世纪中叶，德意志皇权衰落，德意志陷入诸侯割据、小邦分裂的状态，发展的脚步开始变得迟缓。17 世纪上半叶的三十年战争进一步巩固了德国这一分裂局面，这一切使得德意志的发展远远落后于其他西方国家。德意志的主体精神、文化是普鲁士的精神、文化，由此德国也越来越具有军国主义性质。工业、商业、文化、农业等一切都是以军队为转移，借助这支强大的军队，国王开始在国内贯彻自己的专制主义统治，大力加强国家的中央行政机构建设。在弗里德里希二世时期，普鲁士历史发展中占统治地位的精神和文化传统最终定型并典型化。弗里德里希二世把国家利益置于一切利益之上，国家的所有人都被置于"臣仆"的地位，处于国家的强制和高压之下。

其实，近代德国并不缺乏自由、平等、民主、正义等这些西方政治文化传统的价值精髓，它所缺乏的只是一支像法国革命那样以暴力手段推翻封建专制统治的，在经济和政治上都表现成熟的社会政治力量。同时，德国的民族主义情绪一直很强烈，这与其在欧洲的落后状况不无关系。德意志人从未使自己与强大的西方文化融为一体，反西方的传统一直很强。德意志的浪漫主义者把从理性主义禁锢中释放出来的强烈热情完全倾注在民族身上。他们宣扬对法国人的民族仇恨，颂扬战争，蔑视"和平的死"，赞美在敌人的大炮下为国捐躯，尤其强调日耳曼民族的优越性。这些为军国主义和民族沙文主义提供了最初的、富有启发性的概念。从价值观上来说，德意志民族强烈的国家至上观念、高度井然的秩序，同政治服从以及受命于天的义务传统自然地结合到了一起。

在近代欧洲以英国、法国、德国为代表的强国崛起的过程中，我们看到，西方近现代价值观起到了至关重要的作用，正是这些价值观的存在使得这些国家能够迅速摆脱封建社会的束缚，进入资本主义社会，实现大国崛起的目标。在这个大国崛起的过程中，西方文化具有多样性的同时也具有惊人的一致性，即这些西方大国在走向富强的过程中有一些共同的价值观在起着作用，这就是自由市场经济制度的建立，法治及民主政治的确立，以及对自由、平等、爱国等价值观的高扬。

（二）西方近现代价值观实现社会认同的逻辑分析

西方近现代价值观实现社会认同不仅是一种历史的实然，而且从逻辑上来说，这本身就是一种必然，即西方近现代价值观包含着至今仍具有实践性和先进性的成分，所以必然被西方社会接受。

从逻辑上来说，中世纪基督教价值观统治地位的瓦解有其内在必然性。正如康德所说："历史性信仰作为教会信仰，需要一部《圣经》来当作人们的引线，但正因如此也妨碍了教会的统一和普遍性。这种历史性信仰将自行终结并转化为一种纯粹的、对整个世界都明白易懂的宗教信仰。因此，我们今天就已经应当勤奋地为此工作，坚持不懈地使纯粹的理性宗教脱去那层目前尚不可缺少的外壳而发展起来。"[1] 但是基督教价值观失去统治地位之后，理性精神的高扬也并不容易。在中世纪上帝信仰主宰一切的时代，教会不是要求人们具有理性，而是只需要信仰。什么是理性？通俗地说，理性就是人们所具有的逻辑思维能力，可以批判地反思一切事物。也就是说，人要思考、要怀疑、要反思，这是人天生具有的能力，在这个基础上，才有基于理性的平等、自由、人权等各种理念。但是在中世纪，教会要求人们的恰恰不是理性，而是对教会的盲目信仰。时代的进步要求人们高扬理性精神，任何盲目的对民众的统治必然崩溃。而近代欧洲兴起的文艺复兴运动及其带来的人文主义恰恰主张高扬人的这种理性，鼓励人们自由、独立地思考。正是基于理性精神，伽利略才提出了"日心说"、达尔文才提出了"进化论"，尽管这是对上帝信仰的严重动摇，因为"日心说"否定了《圣经》所说的地球是宇宙的中心，"进化论"否定了万物都是由上帝创造的。

---

[1] 康德.单纯理性限度内的宗教.李秋零，译.北京：中国人民大学出版社，2003：140.

文艺复兴开启了"人的时代"，其影响之巨大，甚至很多教会人士最终也不得不承认，在"天启的真理"与"理性的真理"之间没有冲突，可以安住于各自不同的领域。而在中世纪，天启的真理才是唯一真实的，只有来自上帝（《圣经》、教会）的律法、规章才是正确无误的，才是绝对要遵从的，而理性、科学的所谓"真理"是低级的、错误的，只会对天启的真理造成误导。基于此，教会在罗马鲜花广场上烧死科学家布鲁诺就是为了维护天启真理的绝对权威。在人文主义提倡人的尊严、高扬人的理性的现实下，人们最终由对天启真理的信仰转向对理性真理的信仰，而基于理性的现代法律也就代替了上帝，成为人们心中笃信的对象。这正如托克维尔所说："教条性的信仰，因时代不同而有多有少。这种信仰产生的方式不尽相同。而且它们的形式和对象也可能改变。"① 在现实中当人们确信上帝不能保护他们的时候（甚至后来尼采宣称"上帝已死"），他们只能重新建立自己的权威，这就是基于自由、平等、公正等价值观之上建立的现代法治体系。

近现代西方价值观的核心是个人主义，这种价值观适合于现代人的兴趣爱好和权益维护，因此很快被人们接受。欧洲中世纪价值观是整体主义性质的，教会及世俗国王拥有最大的权力，人们成为没有个性的臣民。文艺复兴掀起了个人主义的浪潮，为自己奋斗，不遗余力地追逐个人利益成为人们的生活信条。在这种情况下，自由、公正、人权、民主、理性等价值观迅速被人们接受。

自由是近现代西方价值观的根本价值理念。西方社会至今仍有"生命诚可贵，爱情价更高，若为自由故，两者皆可抛""不自由，毋宁死"等流传广泛的俗语。文艺复兴以来的思想家认为，只有人具有了意志自由，人才能够获得行为自由。"自由的第一原则就是意志自由；意志自由就是关于意志的自由判断。"② 人的自由意味着人的思想自由与行动自由，当然，人的自由还意味着与自由行动相伴随的就是必须承担自己的责任，要

---

① 托克维尔. 论美国的民主：下卷. 董果良，译. 北京：商务印书馆，1998：524.

② 北京大学西语系资料组. 从文艺复兴到十九世纪资产阶级文学家艺术家有关人道主义人性论言论选辑. 北京：商务印书馆，1971：19.

为自己所造成的一切（不管是好的还是坏的）承担责任。所以洛克说："法律按其真正的含义而言，与其说是限制还不如说是指导一个自由而有智慧的人去追求他的正当利益，它并不在受这法律约束的人们的一般福利范围之外作出规定。"① 随着资本主义的发展，自由还体现在对私有财产的保护上，因为在经济社会中，自由的实现离不开私有财产，因此"私有财产神圣不可侵犯"成为资本主义社会公认的价值准则。

根植于"自由"这一价值观的，还有近现代西方价值观所逐渐形成的"公正""人权""民主""理性"等概念。

公正是西方近现代价值观中的重要内容，至今仍被西方社会广为提倡。《美国百科全书》中对"公正"的表述具有代表性："公正是一个社会的全体成员相互间恰当关系的最高概念，它不取决于人们关于它究竟是什么的想法，也不取决于人们对自以为公正之事的实践，而是以一切人固有的、内在的权利为其基础；这种权利源于自然法面前人人皆有的社会平等。"② 这个定义一方面说明了公正原则对于人群关系的重要性，另一方面说明公正以权利为基础，所要维护的是每个人固有的生存及发展的权利。因为公正是如此重要，所以亚里士多德认为公正代表了德性的整体，是所有德性的最高者："公正最为完全，因为它是交往行为上的总体的德性。……所以，守法的公正不是德性的一部分，而是德性的总体。"③

就人权而言，其核心是对人所应当享有的权利的强调。什么是人所应当享有的权利？自由是其首要之义，其次是与之相关的精神需求和物质需求的相关权利，这可以分为生存权、自由权（狭义）、追求幸福的权利等。由于文艺复兴以来的思想家都承认人性有利己的一面，或者说，基于人的自由的权力是最高的（人权是天然权利，是任何人或集体乃至国家都不能侵犯的）。因此，合理地保护人所应当享有的权利，以实现最大多数人的最大幸福就成了自由的必然要求。而这显然符合当时欧洲资本主义的发展，能够解放思想，促进社会经济的快速发展。

---

① 约翰·洛克. 政府论：下篇. 叶启芳，翟菊农，译. 北京：商务印书馆，1964：35.
② 程立显. 伦理学与社会公正. 北京：北京大学出版社，2002：45.
③ 亚里士多德. 尼各马可伦理学. 廖申白，译. 北京：商务印书馆，2003：130.

就民主而言，近现代西方社会的民主不具有传统中国的整体主义色彩，因为民主的基础是个体自由，所以民主意味着作为个体的人有参与国家治理的权利，个人自由等基本人权受到国家法律的保障，等等。

就理性而言，这是近现代西方社会科学技术得以迅猛发展的根本原因，高扬理性破除了欧洲中世纪的封建迷信，从而极大激发了人们独立思考的意识，理性成为对抗神学束缚、获得个人自由的重要手段。因此，对宇宙自然以及社会现象的探索和研究，推动了近现代西方社会科学技术和人文精神的快速发展。

可以说，由自由、公正、人权、民主、理性等理念衍生出来的价值观体系，最终决定了近现代以来的西方社会是个人主义价值观盛行的社会。这些价值观具有适合当时社会环境的合理性，也很容易被从神学束缚下解脱出来的人们接受，进而为西方近代以来社会的飞速发展提供了强大动力。

三、西方近现代价值观实现社会认同的经验与不足

西方近现代价值观在实现广泛社会认同的同时，促进了资本主义社会经济的快速发展，创造了令人瞩目的物质财富。从根本上来说，以法治为核心的民主制度的建立是西方近现代价值观实现社会认同的最重要原因。相对于中世纪封建时期，民主是近现代西方社会的最大特色。但是近现代价值观在占据社会主流地位的同时，也出现了一些社会问题，人的异化问题也始终没有得到解决。

（一）西方近现代价值观实现社会认同的成功经验

西方近现代价值观之所以能够实现广泛而持久的社会认同，一个根本原因在于适应了生产力的发展。换言之，以"自由、平等、公正"为核心的价值观能够解放思想，促进科学技术的进步，极大地推动在当时代表生产力发展方向的资本主义生产关系的发展，在社会中的典型体现为民主政治制度（法治）的建立。

资本主义之所以能够在不太长的时间内，创造出比过去一切世代的全部生产力还要多得多的生产力，其根本原因就在于文艺复兴之后兴起的西方近现代价值观适应了生产力的发展方向，从而极大地推动了生产力的发展。文艺复兴以及宗教改革运动的锋芒直接指向封建专制制度及其宗教思想体系。这些封建落后的专制制度以及与之相适应的腐朽的教权体系，都极大地阻碍了生产力的发展。为了维持旧的封建制度，统治者采用一切手段禁锢人们的思想，打击一切可能的新兴思潮。文艺复兴正是在这种恶劣的环境中兴起的，其高扬的人文主义大旗就是对封建专制思想的尖锐批判。启蒙运动继承并弘扬了文艺复兴以来的人文主义精神，并且以科学技术和理性批判为武器，其反封建的行动比文艺复兴更为彻底。这些都为资产阶级革命准备了思想条件，也为社会生产力的发展提供了助力。

从文艺复兴到启蒙运动以来，西方产生了灿若繁星的伟大思想家和科学家，这些思想家和科学家所带来的价值观对社会产生了巨大的影响，推动了伟大变革的产生，极大地促进了生产力的快速发展。比如孟德斯鸠的"三权分立"学说，就成为资产阶级政治制度的基本原则。之所以"三权分立"学说被广泛接受，至今影响深远，就在于这种价值观顺应了时代的需要，促进了民主政权的产生，促进了生产力的解放和发展。之前的封建王朝是一个专制社会，国王或教皇、主教的权力被视为来自上帝，是不受任何人监督的，人民天生只能被统治。孟德斯鸠的"三权分立"学说明确地指出了一条政治体制的革命之路，为民主政体的产生奠定了重要的政治基础。

以伏尔泰为首的人文思想家倡导自由、平等思想，尖锐批判封建专制制度，从根本上否定天主教会，对社会产生了巨大影响。封建专制制度和天主教会之所以被批判，其根本原因就在于两者紧密结合在一起，对自由、平等思想进行了长期压制和扼杀。当人们的思想无法实现自由，当人们的地位无法实现平等，那么资本主义发展所要求的自由的市场经济就无法产生，生产力就只能长期处于低下的状态中。

思想家卢梭提出了"社会契约论"，鲜明地主张"天赋人权""人民主权"等学说，对封建社会的专制性和落后性进行了尖锐批判。高扬"人权"以对抗"君权""神权",是文艺复兴思想家的重要观点和思想武器。卢梭宣扬"天赋人权",将人民的主权提高到了至高位置,从而为民主思想的产生和传播提供了思想基础。

思想家康德鲜明地指出理性是人的本质,一切信仰都不能抹杀人的理性,并且提出了"人是目的"的命题:"每个有理性的东西都须服从这样的规律,不论是谁在任何时候都不应把自己和他人仅仅当作工具,而应当永远看作自身就是目的。"① 从而从哲学意义上赋予了尊重他人的自由权利以正当性。正是许许多多思想家的不懈努力,才使得西方近现代价值观经过 14 世纪到 18 世纪的发展,最终成为西方社会的主流价值学说,推动了生产力发展,使得西方资本主义的发展创造了以往所有社会所不曾创造的巨大财富。

在这些思想家传播自由民主思想之前,中世纪封建统治时期是一个专制的、毫无民主的时期。生产力低下,人们的生产状况糟糕,天灾人祸不断。而且作为统治者的封建国王以及教权阶层采用种种手段压制新思想的萌芽,以异端之名禁止一切非官方思想的产生,也禁止民众对统治者实行专制制度的反思。甚至对于科学技术的发展,统治者也将其视为"异端""巫术",对于那些有可能产生巨大社会影响的科学发明或发现都予以严格控制,甚至不惜将科学家、思想家以异端之名处死。文艺复兴时期意大利思想家、自然科学家布鲁诺,就是由于批判经院哲学和神学,反对"地心说",宣传"日心说"和宇宙观、宗教哲学,而被教会嫉恨,于 1592 年被诱捕,由宗教裁判所判为"异端"并烧死在罗马鲜花广场。直到 1992 年,罗马教皇才宣布为布鲁诺平反。文艺复兴以来,很多伟大的思想家同时也是科学家,他们反对封建专制,推动科学精神的传播和科学技术的发展,极大地促进了社会生产关系的变革和生产力的发展。生产力决定生产关系,经济基础决定上层基础,因此上层建筑(国体、政体)的巨大革命就是不可避免的。于是资本主义民主政治制度得以建立。

法治思想的确立以及在实践中以法治为核心的民主政治制度的建立是划时代的重大事件。这一切仍离不开思想家所传播的价值观。文艺复兴

① 康德. 道德形而上学原理. 苗力田,译. 上海:上海人民出版社,2005:53.

时期的人文主义者洛克，把人的自由划分为自然状态下的自由和社会状态下的自由，对于自然状态的人来说，"没有一个人享有多于另人的权力……不存在从属或受制关系"①。每个人都拥有这种自然的自由，而且在自然的状态下都是自由平等的，不过虽然没有成文的法律条约的约束，但是受到自然法的约束，实际上也就是依据人类自身的理性来行动，受理性的支配来行动。

人终归要走出自然状态，这个时候人们需要的就是社会状态下的自由，这种社会状态下的自由也叫作政治自由，这种自由显然应当受到民主国家制定的法律的约束："政府制定法律的目的不是为了废除或限制人们的自由，而是为了更好地保护人们的自由，扩大人们的自由，使人们的自由权利获得充分的保障。"② 当然从法律本身的指向来说，法律或者依法治国的本意不是为了限制自由，恰恰相反，是为了保证每个人的自由，或者说为了保证在人与人相互交往的社会中所能实现的自由平等的基本人权。从这个意义上来说，政府的权力同样也必须服务于这个目的，即为了人们自由平等的权利，"政府的所有的一切权力既然只是为社会谋福利，因而不应是专断的和凭一时高兴，而是应该根据既定的和公布的法律来行使"③。可以看到，正是在以洛克为首的西方思想家的努力下，自由、平等、公正的价值观深刻影响并奠定了现代西方法治社会的基本价值取向，并一直影响至今。

（二）西方近现代价值观实现社会认同存在的不足

西方近现代价值观固然在很长一段时间内得到了广泛的社会认同，并一直影响至今，但是自身也存在不足，从而对其后续发展产生了不利影响。这种不足最根本的原因就在于西方近现代价值观的经济基础是资本主义生产关系。随着西方资本主义的萌芽、产生、发展和成熟，随着西方资本主义的日益强大，科学技术的日益发展，生产力的快速提升，西方近现

---

① 约翰·洛克. 政府论：下篇. 叶启芳，瞿菊农，译. 北京：商务印书馆，1964：5.
② 同①36.
③ 同①86.

代价值观也产生了越来越广泛而深远的影响。但是，随着资本主义制度本身的弊端逐渐显现出来，西方近现代价值观实现社会认同遭遇的危机也逐渐浮现出来。比如，对于西方道德家所鼓吹的"良心"，马克思这样说："良心是由人的知识和全部生活方式来决定的。共和党人的良心不同于保皇党人的良心，有产者的良心不同于无产者的良心，有思想的人的良心不同于没有思想的人的良心。一个除了资格以外没有别的本事的陪审员，他的良心也是受资格限制的。特权者的'良心'也就是特权化了的良心。"①这句话指出了西方近现代价值观的本质，即受到阶级地位的影响，并为统治阶级服务。因此，资本主义制度的弊端是在这种制度下，对伦理道德的提倡不能掩盖阶级对立的事实，这表现在社会中就是人的异化。尽管西方近现代价值观在解决人的异化，克服资本主义市场经济的弊端并维持西方资本主义自身的发展方面做出了巨大努力，但异化问题作为一个隐患始终存在，只是程度不同而已。

在资本主义社会中，由于资本主义生产关系的本质属性，人的异化是不可避免的。异化的根本原因，在于西方近现代价值观的逻辑是"资本逻辑"，即表面上主张"个人至上"，实际上主张的是"资本至上"。为什么这样说呢？西方近现代价值观表面上是个人主义的，宣扬的是自由、平等、民主、人权，但实际上随着资本主义的发展，这些曾经宣扬的价值观逐渐被资本吞噬，曾经的自由、平等、民主、人权逐渐失去其本来意义。于是人的异化就不可避免。

在资本主义生产方式中，工人的劳动成为一种异己的力量，成为资本家剥削的对象，所谓的自由是不可能实现的，至于平等更是不可能的。在资本逻辑下，资本家天然居于优先地位，雇佣工人毫无社会地位，成为被压迫的对象。由于资本家掌控了一切，所以民主、人权和自由、平等一样，都变得虚伪。正如马克思所说："劳动所生产的对象，即劳动的产品，作为一种**异己的存在物**，作为**不依赖于生产者的力量**，同劳动相对立。"②人的异化还表现为人与人相异化。在马克思看来，在资本主义社会，"生

---

① 马克思恩格斯全集：第 6 卷 . 北京：人民出版社，1961：152.
② 马克思 . 1844 年经济学哲学手稿 . 北京：人民出版社，2018：47.

产不仅把人当做**商品**、当做**商品人**、当做具有**商品**的规定的人生产出来；它依照这个规定把人当做既**在精神上**又在肉体上**非人化的**存在物生产出来"①。商品和人的非人化处境导致了人与人之间关系的异化，人与人之间并没有适合"自由全面发展"的正常关系，而处于一种物化的异化关系中。

从现当代西方社会来说，工业革命以来，西方国家科学技术日新月异，生产力水平空前提高，但整个社会也出现了诸多新问题，主要表现在经济发展并没有带来居民幸福感的提高，反而引起社会吸毒、自杀、犯罪率上升，这引发了西方社会对片面追求个人享乐最大化的价值观的反思。20世纪50年代，追求个人生理和心理欲望的满足，享乐主义之风在西方社会日渐弥漫。享乐主义认为感官上的快乐就是人生的目的，从而主张人们应当追求最大限度的感官享受，这导致了自我中心主义的滋长。而且，科学技术渗透到现代西方社会的各个角落后，也在某种程度上加剧了人的异化。技术取代了昔日的宗教，成为新宗教。技术异化后，人成为技术的奴隶而不是主人，人拥有了丰厚的物质资料却失去了精神家园。技术缩短了人与人之间的时空距离，但却拉长了人与人之间的情感距离，网络技术的发展更是如此。现代西方社会倾向于理性化与知识化，遗忘了对人的终极关怀和价值关切，导致了严重的价值危机和普遍的精神焦虑。物质主义、享乐主义和偏狭的科学主义，导致了人文精神的扭曲、主体价值的遗忘、消费价值的高估，价值相对主义的盛行对社会稳定产生了巨大的消极影响。

随着资本主义的发展，西方近现代价值观始终不能彻底解决人的异化问题。其中的重要原因在于西方近现代价值观提倡的是个人主义而不是集体主义，从而难以对资本主义制度本身进行大的革新。个人主义当然对应的是私有制，集体主义往往走向公有制，或者说以公有制为主体的社会模式。因此，在提倡所谓自由竞争、保护私人权益的社会环境中，那些处于弱势的人（无产阶级）一旦失去工作，政府出于维护所谓的自由、私有制的需要，只能选择消极应对，从而使这些失业者变成无德者。这正如马克

---

① 马克思恩格斯文集：第1卷．北京：人民出版社，2009：171．

思所说："但是国家才不关心饥饿的滋味是苦还是甜，而是把这些人抛进监狱，或是放逐到罪犯流放地。如果国家把他们释放出来，那它会得到满意的成果：它把这些失去工作的人变成了失去道德的人。"① 因此从这个角度来说，西方社会由于无法解决资本主义私有制问题，所以很难解决人的异化问题。

对于当代中国来说，我们目前是处于生产力不发达阶段的社会主义初级阶段的发展战略，而终极目标仍是公有制的共产主义制度的实现。这正如马克思所说："对**私有财产**的积极的扬弃，作为对**人**的生命的占有，是对一切异化的积极的扬弃，从而是人从宗教、家庭、国家等等向自己的**合乎人性的**存在即**社会的**存在的复归。"② 只有到了共产主义社会，人的异化问题才能彻底解决，文艺复兴以来西方思想家所高扬的自由、平等、公正等价值观才能彻底实现。

四、核心价值观对西方近现代价值观实现社会认同的借鉴

西方近现代价值观实现社会认同的经验和不足对于我们有着重要的借鉴意义，显然伦理认同是西方近现代价值观实现普遍认同的重要途径，而且要想解决资本导致的人的异化问题，伦理认同也是应当继续推进、深化并加以现代化转换的必要手段。同时，在借鉴西方价值观的同时要辩证看待和批判分析"普世价值观"。就当下而言，社会主义核心价值观实现社会认同的根本是要落脚于人民幸福。

（一）从资本逻辑走向人的逻辑是实现社会认同的必然要求

西方近现代价值观实现社会认同的一个重要原因在于，不同于封建社会对人性的压制，西方近现代资本主义社会高呼人性解放的口号。也就是说，近现代西方社会因为对"人"的重视，获得了广泛的社会认同；也正

① 马克思恩格斯全集：第 3 卷．北京：人民出版社，2002：418.
② 马克思恩格斯文集：第 1 卷．北京：人民出版社，2009：186.

是因为这样，西方社会重新塑造了现代道德观，道德被认定为与人性的解放息息相关的行为规范。但是，随着西方资本主义制度的建立和发展，资本逻辑逐渐取代了人的逻辑，其弊端也逐渐显现出来。西方近现代价值观的发展历程启示我们，从资本逻辑走向人的逻辑是实现社会认同的必然要求。这个过程实际上也就是社会的伦理认同过程，因为这是将西方近现代价值观中"人"的因素真正体现出来的过程，是克服人的异化，将其伦理意蕴真正显现出来的过程。

通俗地说，所谓资本逻辑，就是在资本占统治地位的生产关系中，衡量一切价值的标准在于资本运动，能够促进资本增殖的就是合理的，不能促进资本增殖的就是不合理的。在资本逻辑中，为了资本的增殖，对人的压迫、剥削以及导致人的异化等都不重要，因为在资本家看来，促进资本增殖才是最重要的。所谓人的逻辑，是与资本逻辑相反的，反对一切形式的对人性的束缚和对人权的侵害（资本逻辑导致了这种束缚和侵害，所以要反对资本逻辑），促进人的自由全面发展是最重要的事情，也是衡量一切的最终标准。

在文艺复兴之初，"天赋人权"口号的提出有其积极的历史进步性，对于西欧封建社会的腐朽思想产生了巨大冲击。换言之，在资本逻辑还没有显现的时候，西方近现代价值观是暗含人的逻辑的。"天赋人权"指的是人拥有的自然权利（natural right），即自然的（天赋的）、不可转让的、不可剥夺的权利。这正如洛克所说："一种完备无缺的自由状态，他们在自然法的范围内，按照他们认为合适的办法，决定他们的行动和处理他们的财产和人身，而无需得到任何人的许可或听命于任何人的意志。"[①] 对此美国《独立宣言》做了具体诠释："我们认为这些真理是不言而喻的：人人生而平等，造物者赋予他们若干不可剥夺的权利，其中包括生命权、自由权和追求幸福的权利。"天赋人权意味着对个人权利的保护，意味着要尊重每个人而不能将其视为工具（甚至是剥削、压迫的对象），换言之，"个人是目的而不仅仅是手段；他们若非自愿，不能够被牺牲或被使用来

---

① 约翰·洛克. 政府论：下篇. 叶启芳，翟菊农，译. 北京：商务印书馆，1964：3.

达到其它的目的。个人是神圣不可侵犯的"①。客观而言，"天赋人权"思想批判了中世纪封建思想，解放了人性，推动了科学技术和资本主义市场经济的发展。因为正是在"天赋人权"思想的指引下，西方人才彻底摆脱了中世纪神权统治，被上帝"牧养"的"旧人"成为具有独立个性、崇尚自由的"新人"。

天赋人权走向了个体主义道德。相对于欧洲封建社会来说，这种道德是一种重构，通过这种道德重构，西方近现代价值观得到了广泛的社会伦理认同。在文艺复兴之前，欧洲中世纪主要宣扬的是神学道德观，即"一切以上帝为中心"。在这种观念下，道德主要指的是禁欲主义、宗教博爱思想和以"摩西十诫"为核心的道德规范，以及基督教会提倡的各种道德观念，如效忠于教皇，教权高于王权，等等。通过宗教信仰的力量，这种神学道德观在中世纪得到了普遍认同。但是这种道德观毕竟是禁锢人性的，当人性开始觉醒的时候，神学道德观走向崩溃就是必然的社会趋势。西方近现代价值观正是顺应了这一趋势，其提倡的个人主义道德观很快在社会上流行起来，并一直影响到当代。

所谓个体主义指的是一种从个人至上出发，以个人为中心来看待世界、看待社会和人际关系的世界观。作为一种价值体系，它主张一切价值以个人为中心，个人本身具有最高价值。就个人与社会的关系而言，个体主义强调个人进入社会的目的是追求自身的利益，而无须考量社会的利益。个体主义不仅强调个人（自我）的至上性，而且强调个人相对于群体（社会、国家）的优先性。个体主义主张，社会是由个人组成的，没有个人就没有国家，因此从价值基础上来说，一切价值源于个人，国家只是在保护个人的安全和权益时才有合理性。这正如诺奇克所说，社会是虚假的概念，"并不存在为它自己的利益而愿意承担某种牺牲的有自身利益的社会实体。只有个别的人存在，只有各各不同的有他们自己的个人生命的个人存在"②。个人是第一位的，社会则是第二位的，而国家的合法性在于

---

① 罗伯特·诺奇克. 无政府、国家与乌托邦. 何怀宏，等译. 北京：中国社会科学出版社，1991：39.

② 同①41.

其是一个"最弱意义上的国家"，政府只是一个"守夜人"①。可以说，文艺复兴之后的西方近现代价值观高举个人主义的大旗，旗帜鲜明地宣扬个人主义道德观，彰显了个人相对于他人甚至国家的至高性，人权、自由、平等、民主等成为最普遍的道德范畴。

但是随着资本主义经济的发展，人的逻辑逐渐被资本逻辑掩盖、遮蔽和取代，曾经具有历史进步性的西方近现代价值观逐渐变得虚伪，一切道德观念最终都从服务于民众变成了服务于资本家。经历了几个世纪的发展，资本主义的发展也逐渐陷入停滞。究其根源，在"天赋人权""个人至上"的价值观和道德观的深刻影响下，现代资本主义社会出现了四大问题：一是贫富两极分化问题；二是经济危机问题；三是社会生活市场化问题；四是人格异化及社会风气败坏问题。这些问题的出现既是资本主义制度本身所必然产生的，也是其坚持个人主义价值观和道德观所必然导致的。近年来，西方信奉的"国家至上主义"（这是"个人至上"在国家层面的反映）更是严重损害了人类社会的整体利益。所有这些问题表明，西方资产阶级最初所追求的以"个人（权利）至上"为根本价值理念的理想的"理性王国"陷入了重重困境。

因此，核心价值观对西方近现代价值观实现社会认同的借鉴，就在于将已经扭曲的价值观"正立过来"，超越资本逻辑，重塑人的逻辑。所谓重塑人的逻辑，指的是我国社会主义制度以坚持人民至上、实现人民幸福为典型特征的价值观和道德观，是对西方个人主义价值观和道德观的借鉴与超越。从实践来看，正是针对这些早在 19 世纪就已经暴露出来的社会问题，中国共产党在马克思主义指导下选择了社会主义道路，建立并不断完善以社会主义核心价值观为根基，以坚持人民至上、实现人民幸福为价值旨归的中国特色社会主义制度，这体现了社会主义制度对资本主义制度

---

① 所谓"最弱意义上的国家"，就是仅有最低限度的保护功能的国家，以能否维护个人权利为尺度，其功能"仅限于保护它所有的公民免遭暴力、偷窃、欺骗之害，并强制实行契约等"。参见罗伯特·诺奇克．无政府、国家与乌托邦．何怀宏，等译．北京：中国社会科学出版社，1991：35。"最弱意义国家是能够证明的功能最多的国家。任何比这功能更多的国家都要侵犯人们的权利。"（罗伯特·诺奇克．无政府、国家与乌托邦．何怀宏，等译．北京：中国社会科学出版社，1991：155）

的超越，也揭示了现代西方社会价值观发展的应然旨归。从根本上来说，我国社会主义核心价值观实现广泛社会认同的伦理途径是非常重要的，从资本逻辑走向人的逻辑是必经之途。

（二）核心价值观与西方普世价值观的根本区别

从字面上来看，社会主义核心价值观倡导富强、民主、文明、和谐，倡导自由、民主、公正、法治，倡导爱国、敬业、诚信、友善；而西方"普世价值观"则标榜自己是不分种族、国家乃至时代的自由、民主、博爱、平等、法治等价值的集合。由于社会主义核心价值观与近现代以来西方的价值观在字面上有所相似，所以人们不免将两者等同起来。那么，对于当前西方提倡的"普世价值观"而言，社会主义核心价值观与之有哪些本质上的不同呢？

第一，理论基础：抽象人性论与唯物史观的不同。

休谟曾说："我们承认人们有某种程度的自私：因为我们知道，自私是和人性不可分离的，并且是我们的组织和结构中所固有的。"[①] 西方的普世价值观的理论基础就是这种抽象人性论。因为人性天生是自私的，而且这种自私的本性是普遍的，所以一定会存在基于这种自私人性的普世价值，比如每个人都向往的自由，以及协调人际冲突所必需的平等、公正等。所谓抽象人性论，意味着以休谟为代表的西方思想家所说的人性，并不是基于社会实践，而是通过抽象地考察人性而得出的结论。这种抽象性是脱离时代背景的分析，也就是说，在西方思想家看来，人性的自私是存在于任何时代、任何阶级中的，是普世的。当然，也正是因为人性的普遍性，使得西方思想家认为主张市场经济、强调"私有财产神圣不可侵犯"的资本主义制度是最适合人性的制度。

与西方普世价值观完全不同，社会主义核心价值观的理论基础是马克思主义唯物史观。从历史唯物主义的角度看，抽象人性论的出现有一定的合理性。但是正如马克思所说："按照他们关于人性的观念，这种合乎自然的个人并不是从历史中产生的，而是由自然造成的。这样的错觉是到现

---

① 休谟．人性论．关文运，译．北京：商务印书馆，1996：625.

在为止的每个新时代所具有的。"① 唯物史观考察人性的基础是劳动实践，基于"一切生产关系的总和"，这与抽象人性论完全不同。恩格斯详细研究了从猿到人的进化过程，发现对象性的劳动是将猿变成人以及将人与其他动物相区别的关键："动物仅仅**利用**外部自然界，简单地通过自身的存在在自然界中引起变化；而人则通过他所做出的改变来使自然界为自己的目的服务，来**支配**自然界。这便是人同其他动物的最终的本质的差别，而造成这一差别的又是劳动。"② 没有劳动的物质实践，就没有工具、语言、意识和人的自由意志。人类利用劳动来满足自己的需要，动物只能利用现有的自然物生存，这是人的本性与动物性的根本区别。社会主义核心价值观承认人性的社会性本质，并特别重视劳动实践的作用。社会主义核心价值观认为，对人性的具体认识必须从社会关系的研究中得出。由于不同国家、民族在不同时期的生产力水平、社会关系和文化传统不同，它们的人性、心理和价值判断不能统一，所以不可能存在所谓的"普世"价值，只有根植于社会生产实践的分析才能达到对真理的认识。

第二，理论论证：西方思想家的理论设想与中国社会实践的不同。

在西方普世价值观中，人性中自私自利的基因使个体自由显得尤为重要，因此自由成为第一价值。在西方普世价值观下，财产权区分了人与动物，表现了人的个性和能力，是人类自由的基础。平等和法治也是西方普遍价值所强调的，也是为了保护自由而构建的。西方的平等是权利的平等，体现在私有财产神圣不可侵犯和自由市场经济制度中。宪政则是西方普世价值所高歌的法治的核心，其宗旨是要限制所谓的"专制权力"对个人自由的侵犯，本质上也是用来保护自由的，"法治可以通过有效地约束民主中的多数人专制的倾向来确保民主是服从于自由的，即确保一个自由的民主"③。可以说，抽象人性论的理论基础决定了西方思想家的理论设想是形成普世价值观的根源。

社会主义核心价值观的形成不是根植于某些思想家的设想，而是根植

① 马克思恩格斯选集：第2卷.北京：人民出版社，1995：2.
② 马克思恩格斯选集：第3卷.北京：人民出版社，2012：997-998.
③ 刘军宁.保守主义.北京：中国社会科学出版社，1998：130.

于中国的社会实践。从洋务运动、戊戌变法到旧民主主义革命、新民主主义革命，再到社会主义革命和改革开放，一百多年的社会实践最终在理论上形成了社会主义核心价值观。这不是西方思想家在头脑中的设想，更不是基于抽象人性论的预设，而是根植于近代以来中国发展的历史，是唯物实践的历史发展造就了社会主义核心价值观的科学内涵。可以说，社会主义核心价值观的形成源于革命和建设的实践，而西方的"普世价值观"则源于思想家的理论假设，这在逻辑上是完全不同的。

第三，宗旨目的：为资产阶级服务与为人民服务的不同。

"普世价值观"是资产阶级粉饰自身的华丽外衣，本质上还是为阶级利益服务。从根源上来说，所谓普世价值是文艺复兴以后发展起来的反对封建束缚、为资本主义发展扫清障碍的理论支撑，"普世"的外表下深深打着资本主义烙印。马克思、恩格斯早就对此进行了深入剖析，因为在当时的欧洲，这种资本主义的价值观甚嚣尘上，对党的指导思想造成了极坏影响。鉴于此，马克思在写给左尔格的书信中这样说："在德国，我们党内，与其说是在群众中，倒不如说是在领导（上层阶级出身的分子和'工人'）中，流行着一种腐败的风气……这些人想使社会主义有一个'更高的、理想的'转变，就是说，想用关于正义、自由、平等和博爱的女神的现代神话来代替它的唯物主义的基础（这种基础要求一个人在运用它以前认真地、客观地研究它）。"[1] 对此恩格斯这样评价："把社会主义社会看做**平等**的王国，这是以'自由、平等、博爱'这一旧口号为根据的片面的法国看法，这种看法作为一定的**发展阶段**在当时当地曾经是正确的，但是，象以前的各个社会主义学派的一切片面性一样，它现在也应当被克服，因为它只能引起思想混乱"。[2]

社会主义核心价值观作为社会主义社会的基本价值导向，其指向和目的是为人民服务。根据马克思主义的群众史观，人民群众的劳动是一切价值的源泉，人民群众是历史的创造者，因此人民是国家的主人，为人民服务就是根本的价值目标。因此从内在一致性上来说，社会主义核心价值观

---

① 　马克思恩格斯全集：第34卷．北京：人民出版社，1972：281.

② 　同①124.

与"为人民服务"具有高度的一致性。在当代中国，坚持全心全意为人民服务的宗旨，就是不忘初心、永葆党的纯洁性和先进性，由此实现人民幸福和民族复兴的伟大目标。这正如习近平总书记所说："守初心，就是要牢记全心全意为人民服务的根本宗旨，以坚定的理想信念坚守初心，牢记人民对美好生活的向往就是我们的奋斗目标。"①

对"普世价值观"的反对意味着我国采取的是一种和而不同的态度。《论语·子路》云："君子和而不同，小人同而不和。"坚持"和而不同"的原则是主权平等原则下反对一元主义（霸权主义），实现共同发展的必然要求。习近平总书记说："'和羹之美，在于合异。'人类文明多样性是世界的基本特征，也是人类进步的源泉。"②《三国志·夏侯玄传》云："和羹之美，在于合异。上下之益，在能相济。"之所以有美食佳肴，是因为各种不同滋味的相互调和；之所以有良好关系，是因为彼此之间的互相学习和包容。国际交往合作也应当这样。世界上有 2 500 多个民族、200 多个国家和地区，正是这些不同民族、不同国家和地区的文化孕育了多姿多彩、百花齐放的人类文明，并成为人类进步的重要源泉。因此，任何反对多元文化的一元主义都是背离人类文明发展方向的。那种唯我独尊、强迫其他国家接受唯一的"普世价值观"的霸权主义做法更是需要坚决反对的。每一种文明都有其深厚内涵和独有特色，都是人类社会的宝贵财富，文明间的不同不应当成为故步自封的借口，而应当成为促进交流、维护和平的纽带。

只有坚持"和而不同"的国际交往合作理念，才能坚持多元文化、多边主义。多元文化是人类文明历史发展形成的天然形式，在国际交往中坚持文化多元论能够更好地体现以和为贵，尊重每个国家或民族的文化的特征；多边主义是半个世纪以来被事实证明了的解决国际争端的有效形式，坚持多边主义与坚持文化多元论也是相辅相成、互为因果的关系。与多元文化论、多边主义完全相反的是，近年来西方社会抛出的所谓"文明冲突

---

① 习近平谈治国理政：第 3 卷. 北京：外文出版社，2020：523.

② 习近平. 共同构建人类命运共同体：在联合国日内瓦总部的演讲. 人民日报，2017－01－20 (2).

论"。这种文明冲突论并不具有明显的强权政治或霸权主义特征，但却是一种防范、拒斥其他文化形式的做法。有不少西方政治家认为国际社会尽管存在着多元文化、多边主义，但是坚持自身文化的独立性（优越性、排他性）、坚持自身利益的单边主义仍是必需的。在他们看来，现代社会的国际斗争已经从政治领域进入文化领域，因此需要防范一切非西方的文化（如中国儒家文化、伊斯兰文化）入侵。这种看法实际上仍是冷战思维和霸权主义的隐蔽体现，也是"西方文化中心论（优越论）"的现代翻版。这种企图扼杀文化多元性、多边主义发展的做法与现代社会求和平、谋发展的趋势格格不入，因而遭到了越来越多的国家和人民的反对。

概而言之，社会主义核心价值观实现社会认同，在对西方近现代价值观实现西方社会认同的经验进行有益借鉴的同时，要警惕西方"普世价值观"对社会主义核心价值观的侵蚀。因为国情不同，社会主义核心价值观是具有中国特色的理论，西方"普世价值观"并不适用于我国。

（三）核心价值观的社会伦理认同要落脚于人民幸福

西方近现代价值观有其优越性，但也有其局限性。因为西方价值观的指向是个体自由，而我国核心价值观的指向是人民幸福。

从个人出发，西方人本主义追求的价值目标是实现个体自由。重视自由本身并没有错，但当"自由"与"个人（自我）"捆绑在一起时，就与人民幸福矛盾了。在近代以来的西方社会，自由已经被视为最高价值，"人奋斗的目标就是要使自己成为自由人，自己能选择自己的命运"[1]。不过，以人本主义为基础的西方价值观所强调的自由并非群体性的，而是一种"个体自由"。由于个人是社会的一分子，个体自由的实现不是空泛的意志自由，而必然要表现在实践上，因此个体自由必然要在现实中表现为某种定在，这就是私有财产。"从自由的角度看，财产是自由最初的定在，它本身是本质的目的"[2]，因此强调个体自由的必然结果就是主张"私有

---

① 加林. 意大利人文主义. 李玉成，译. 北京：三联书店，1998：102.
② 黑格尔. 法哲学原理. 范扬，张企泰，译. 北京：商务印书馆，1961：61.

财产神圣不可侵犯"。"用一个唯一的词汇就能概括自由主义的纲领，这就是：私有制，即生产资料的私有制。自由主义的一切其他主张都是根据这一根本性的主张而提出的"①，由此资本主义私有制也被认为是所谓"最合理的制度"。

自由本身是值得追求的价值，但西方人本主义强调个体自由就有些偏颇。自由意味着"要做人，但决不能做一个顺民"②，意味着反对对自由的一切形式的限制。在这种极度强调个人自由的前提下，人际冲突是必然的结果。而且从自由的具体内容来看，基于私有财产权的自由实际上指向个人欲望的满足，所以随着西方人本主义思想兴起的还有马基雅弗利、尼采等人的学说，宣扬不择手段地达到目的。"关于人类，一般可以这样说，他们是忘恩负义、容易变心的，是伪装者、冒牌货，是逃避危难、追逐利益的。"③ 因此，在马基雅弗利和尼采看来，利他主义和所谓公道都是不存在的，人应当像狮子那样残忍，像狐狸那样狡诈，不择手段地通过强权实现自己的自由。表面上看起来，似乎人民幸福与个体自由具有内在一致性，因为自由是人民幸福的重要内容之一，事实上恰好相反。究其原因，就在于人民幸福不仅仅是关于个人欲望的满足（自由），更是着眼于群体（共同体）的物质文化生活的全面幸福，是物质文明与精神文明同时发展下的幸福，是能够正确处理人际冲突、实现社会和谐美好的幸福。而仅仅建立在个人欲望满足基础上的个体自由，既没有指向整个社会的物质文明发展，也缺乏精神文明发展的应有之义（导致拜金主义、利己主义、性自由思想泛滥等），因而是不健全、不健康的。

个体自由对于人民幸福有一定的借鉴意义，因为自由本身是一种非常重要的价值观，是幸福的必要条件。社会主义核心价值观所强调的"自由、平等、公正、法治"也包含这一点。但是西方人本主义所强调的个体自由是有重大缺陷的。"尊重别人的自由，这是一句空话，即使我们有可能打算尊重别人的自由，但我们对别人所采取的第一个态度也会是对我们

---

① 路德维希·冯·米瑟斯. 自由而繁荣的国度. 韩光明，等译. 北京：中国社会科学出版社，1995：59.

② 爱默生. 爱默生随笔. 蒲隆，译. 上海：上海译文出版社，2010：77.

③ 尼科洛·马基雅维里. 君主论. 潘汉典，译. 北京：商务印书馆，1985：80.

想加以尊重的这种自由的侵犯。"① 这意味着个人（自我）自由与他人自由是水火不相容的，尊重和承认他人的自由，就意味着取消和否认自己的自由，即"用不着铁铸架，地狱就是他人"②。近代西方以来，边沁、密尔等就个人与群体利益做了协调，"因为功利主义的行为标准并不是行为者本人的最大幸福，而是全体相关人员的最大幸福"③。罗尔斯也从社会正义角度试图为"自由"这一理念赋予更多的群体性内涵④，但"个体自由"的价值观仍在西方根深蒂固，其导致的人际冲突、社会不和谐无法根本解决。在我国，人民幸福意味着所有人的和谐共赢，意味着个人利益与集体利益的辩证统一，意味着自由理念在现实中的最终完成。由此看来，西方有识思想家们未能完成的工作，在我国人民至上的伟大实践中得到了完成和发展。强调"个体自由"的资本主义私有制社会存在诸多缺陷，这个所谓"最合理的制度"必将被先进制度取代；以人民幸福为目标，坚持人民至上的社会主义制度无疑代表了这种先进性。

第一，核心价值观反映了人民的共同诉求，为实现人民幸福指明了具体方向。

实现人民幸福是社会主义建设要达到的目标，要想实现人民幸福就需要一个具体的落实内容。社会主义核心价值观为实现人民幸福提供了具体内容，指明了具体方向。

对于我国社会主义建设来说，人民幸福究竟体现在哪些方面，这是一个需要回答的重大问题。核心价值观回答了这个问题，它能够把握人民的共同需要，反映人民的核心需要。从核心价值观的国家层面（富强、民主、文明、和谐）来说，没有一个强大的国家，人民幸福就根本不可能实

---

① 萨特. 存在与虚无. 陈宣良，等译. 北京：三联书店，1987：480.

② 洛朗·加涅宾. 认识萨特. 顾嘉琛，译. 北京：三联书店，1988：70.

③ 约翰·穆勒. 功利主义. 徐大建，译. 上海：上海人民出版社，2008：12.

④ 罗尔斯提出了两个正义原则来协调个体与他人（社会）的矛盾以达到公平正义："第一个原则：每个人对与其他人所拥有的最广泛的基本自由体系相容的类似自由体系，都应有一种平等的权利。第二个原则：社会的和经济的不平等应该这样安排，使它们①在与正义的储存原则一致的情况下，适合于最少受惠者的最大利益；并且②依系于在机会公平平等的条件下职务和地位向所有人开放。"（约翰·罗尔斯. 正义论. 何怀宏，等译. 北京：中国社会科学出版社，1988：302）

现。近代以来中华民族的血泪史告诉我们，一个衰弱的国家是绝对不可能实现人民幸福的。因此，将我国建设成为一个富强的社会主义强国是应有之义。国家应当是人民当家作主的国家，也就是一个民主国家。国家还应当是一个文明的国家，这是人民的共同愿望。此外，国家还应当是一个和谐的、长治久安的国家，这样才能为人民幸福提供一个良好环境。

从社会层面（自由、平等、公正、法治）来说，实现每个人的自由全面发展是马克思的愿望，也是我国社会主义建设的重要内容。实现每个人的平等（如法律面前人人平等、职业机会上的平等）是人民幸福的前提。实现社会的公平正义既是保证社会和谐稳定的需要，也是保证个人权利实现的需要。建设社会主义法治社会是对传统人治社会的超越，完善的法律制度是对人民幸福的最有力保障。从个人层面（爱国、敬业、诚信、友善）来说，爱国主义是个人品德修养的重要内容。敬业、诚信、友善是人们处理工作、生活及涉及的公共领域、家庭领域、职业领域关系的价值观，也是重要的道德规范。从核心价值观的指引作用来说，全心全意为人民服务就是最高的道德要求。

第二，核心价值观作为价值手段，能够直接满足人民群众的现实需要。

作为一种价值手段，社会主义核心价值观不仅指引人们树立正确的价值观，而且为物质文化的创造提供了不竭动力。社会主义核心价值观不仅是中国特色社会主义道路的风向标和价值取向，也是弘扬中国精神、凝聚社会共识和中国力量的价值基础。

在个体层面上，社会主义核心价值观是个体行为的正确价值取向。人的幸福与精神需求是分不开的，当人的物质生活达到一定水平时，人的精神需求就会成为影响人幸福的主要因素。相对而言，人们的物质需求更容易满足，而精神需求更难满足。核心价值作为人们精神需求的核心要素，可以内化为精神产品，直接满足人们的精神需求，也可以外化为人的行为，表现为一种价值取向。

当前社会有着许多由多元文化引起的社会乱象，这导致了人们价值选择的困惑以及理想信念的迷失，同时对社会主义市场经济秩序产生影响，对人们遵守社会公德、培养家庭美德和职业道德也有消极影响。因此将核心价值观内化为人民的共同价值追求，是改善人民福祉的重要价值手段。

第三，核心价值观作为价值标准，通过合理选择促进人民幸福的实现。

核心价值观对于形成一致的价值判断标准起着至关重要的作用。由于当前非主流文化比较流行，尤其是在经济全球化、网络全球化的环境下，各种非主流价值观的影响越来越大，由此导致价值判断的标准失范。人们要么对于价值判断失去标准，不知道该怎么办；要么就是用新的非主流价值观反对社会主义核心价值观，从而产生社会乱象。

在社会主义初级阶段，要实现人民的幸福，最重要的是引导人民在社会主义核心价值观的指导下，理性认识和追求与社会发展阶段相适应的生活需求。要实现人们的幸福，就必须在满足人们物质生活的基础上，引导人们理性地认识和选择需要。核心价值观从国家、社会、个人层面对人们形成高尚的道德品质、良好的行为习惯、正确的道德观和价值观提供了思想引领。促使人们在日常工作生活中，正确看待国家、集体（单位）、个人三者之间的关系，不以资本逻辑为唯一真理，而要时刻注重人的逻辑，在努力争取个人幸福的同时，力所能及地促进他人幸福的实现。当个人利益与他人、集体、社会的利益冲突时，要有较高的道德素养，要节制自己的欲望，坚守道德底线，摈弃个人至上的利己主义思想，为国家富强、民族复兴、人民幸福做出应有的贡献。

第七章　当代中国马克思主义价值观实现社会认同的伦理分析

近代以来，马克思主义价值观在中国实现了广泛的社会认同，至今，它作为当代中国的主流价值观在社会上仍产生着巨大影响。因此，以马克思主义为重要指导思想的社会主义核心价值观要想实现普遍的社会认同，应当对马克思主义近代以来在中国社会实现认同的经验加以学习和借鉴。

从 1840 年鸦片战争以来的近代中国史来看，马克思主义价值观实现中国社会认同具有历史必然性；从逻辑分析的角度来看，马克思主义价值观实现中国社会的普遍认同具有理论上的必然性，即马克思主义价值观本身所具有的先进性和真理性。马克思主义价值观实现了中国社会的广泛认同，对此的学习和借鉴表现为以下两个方面：首先，社会主义核心价值观实现社会认同的关键在于始终保持先进性。这既是历史发展的必然要求，也是核心价值观内在品格的必然体现。因为客观而言，核心价值观本身就具有先进性，就具有实现广泛持久认同的理论品格。不过在具体实践方面，核心价值观所具有的先进性要在现实中、实践中体现出来，必然是一个长期复杂的过程，需要我们不断推进。其次，我们党提炼和总结的社会主义核心价值观，不是一般的社会价值观，而是中国式的、中国语境下的核心价值观，也可以说是具有中国特色的核心价值观，正是因为核心价值观是在中国背景下构建的，因此始终不渝地与中国具体实际相结合是核心价值观实现普遍社会认同的应有之义。

一、马克思主义价值观的伦理内涵

马克思主义价值观是马克思主义基本原理的重要体现，是唯物史观和唯物辩证法的体现，有着鲜明的实践特色。中国传统价值观的伦理特色体现为以家国关系为核心的伦理本位主义，近现代西方价值观的伦理特色体现为个体主义的道德观。马克思主义价值观的伦理内涵不同于中国传统和近现代西方价值观的伦理内涵，而是一种基于人的解放的、全心全意为人民服务的价值观。

（一）马克思主义价值观概说

19世纪40年代马克思主义产生，并随着马克思、恩格斯思想的发展完善而一步步发展完善。马克思主义价值观是马克思主义基本原理（唯物史观、唯物辩证法）的反映，以全心全意为人民服务和集体主义为核心价值观念，最终目标是实现人的解放，即实现共产主义社会。

从起源来看，马克思主义价值观是代表无产阶级利益的价值观。无产阶级的产生与西方资本主义的发展是分不开的。19世纪30、40年代爆发了三次大的革命运动，为马克思主义的产生、发展以及无产阶级政党的产生奠定了实践基础。马克思、恩格斯根据法国里昂工人起义、英国宪章运动、德国西里西亚纺织工人起义等取得的经验教训，在批判吸收古典政治经济学家、空想社会主义者的理论的基础上，创立了马克思主义。马克思主义价值观是伴随马克思主义产生的，是具有阶级性的革命价值观。

马克思主义价值观的目标和理想是解放生产力，最终实现共产主义。马克思主义价值观是在工业革命中形成的，代表了无产阶级的革命诉求。马克思从唯物史观的角度研究了人类社会的发展历史，指出生产力和生产关系的矛盾运动推动了历史发展。当生产关系对生产力的促进作用到达瓶颈时，生产关系（所有制关系）的变革就是迟早的事情。在当时的资本主义社会，马克思深刻揭示了资产阶级剥削人民的本质，揭示了唯物史观的伟大规律，即资本主义社会必然为共产主义社会所取代。无产阶级战胜资产阶级，是社会发展的必然结果。马克思主张通过阶级斗争和暴力革命，推翻导致人异化的资本主义制度，将人从异化状态中解放出来，形成自由人联合体。马克思主义价值观不仅能够引领我们走向光明的新未来，而且能够证明社会主义和共产主义是现实的实践观，是时代发展的必然，是客观规律的现实表达，能够不断推动、引领社会和时代的进步。

马克思主义价值观有明确的指导思想和理论基础，即辩证唯物主义和历史唯物主义，其具有强大的生命力。它承前启后，既包含了前人取得的优秀成果，又创造性地提出了符合历史发展规律的价值观。马克思主义继承和超越了德国古典哲学、英国古典政治经济学、英法空想社会主义理论，具有真理性和先进性。马克思主义价值观的核心宗旨是以人民解放为目的，与我党秉承的全心全意为人民服务的宗旨完全一致，是一种集体主义价值观。全心全意为人民服务就是把人民置于当家作主的地位上，一切工作都以是否增进人民幸福为出发点。集体主义是主张集体利益高于个人利益，强调无私奉献的价值观，是爱国主义的体现。

从时代背景来看，马克思主义价值观是建立在批判资本主义价值观的虚伪性的基础上的。资本主义价值观的核心是强调自由和人权。在资本主义时代背景下，强调自由、平等、博爱、正义具有重要的历史进步性，但是随着资本主义的发展，在资本逻辑下，这些价值观最终都变得虚伪，人的异化是其必然结果。马克思认为，资本主义统治下的劳动是异化劳动，资本主义社会在不尊重人的内在价值的情况下，把人变成了无价值的东西，即资本主义制度使人处于一种极度异化的状态。随着社会的发展，物质资料确实在增加，但劳动者却在逐渐贬值，这就暴露出资本主义生产关系所不能化解的内在矛盾。因此，马克思提出了资本主义必将灭亡，共产主义必将到来的命题。在对资本主义私有制的否定过程中，马克思认识到资本主义制度并不是古典经济学家所鼓吹的最合理的制度，在资本逻辑下掩盖的是人的逻辑的缺失。在自由、平等、民主、人权等价值观下掩盖的是剥削、压迫的本质。因此马克思主张，消灭资本主义制度，消灭一切私有制，实现共产主义制度，这才是人的解放的最终目标。共产主义是人类历史发展的必然归宿。

马克思主义价值观是建立在历史唯物主义的科学基础上的。马克思主义唯物主义指出了解放人类的道路和方向，同时也使空想社会主义理论成为一门科学，特别是马克思主义唯物史观对剩余价值的发现和社会发展规律的揭示，更能体现马克思主义价值观的科学性。马克思主义唯物史观总结了社会规律，通过发现剩余价值，为人类的解放和发展提供了方向与出路。同时，马克思对资本主义制度的自卑性、非理性进行了深刻的揭露、分析和批判。马克思认为，只有改变旧的生产关系，把生产力的发展放在首位，才是人类解放的基础。只有在生产力高度发展的基础上实现共产主义，才能实现人的根本解放。这是消除社会关系、生产劳动等人际关系的异化的需要，也是马克思对资本主义社会生产力和生产关系、社会制度和生产方法进行认真细致的研究和分析后总结出来的一种价值理想，符合社会历史的发展。人要真正实现全面解放，实现自由发展，就必须消除阶级对立、私有制和老式分工，只有这样，人类社会才能在自由领域实现质的飞跃。可以说，正是马克思主义所揭示的历史唯物主义真理，才使得马克思主义价值观具有真理性和先进性，才能为世界所接受。

（二）马克思主义价值观的伦理内涵

马克思主义价值观蕴含着丰富的伦理内涵，其提倡的共产主义道德就是人类社会道德发展的最高阶段。共产主义道德，是人类道德无限进步能达到和所知道的各个阶段中的最高阶段。共产主义道德最深刻、全面、现实地体现出人们的相互关系和活动中真正的人道主义原则。共产主义社会理想的实现，将永远消灭剥削、压迫、凌辱，消除战争和暴力、贫困和饥饿，将实现历史上从未有过的道德发展愿景。人们现在不得不研究道德问题本身，人们现在常常碰到的那些道德选择状况在日益发生变化，其最根本的前进目标就是实现共产主义道德。共产主义道德从根本上来说，就是一种无私利他的道德追求。在每个人都全心全意尊重他人、关爱他人、帮助他人的环境中，没有剥削，没有阶级斗争，社会的和谐、人民的幸福自然就能实现。

具体而言，马克思主义价值观的伦理内涵（共产主义道德）主要体现在人的解放以及自由全面发展的价值理想上，与为人民服务、以人民为中心、人民至上的价值理念相一致。

为人民服务而不是谋一己私利（在道德上称之为利他主义），追求人的自由全面发展并消除人的异化，这本身就具有丰富的伦理道德意蕴。无论是什么时代和社会背景，人民始终是社会发展的主体和主力军，是物质文明与精神文明的奠基人和延续者，是推动社会进步和时代变迁的主体。社会性是人的本质属性，人只有在社会关系中才能实现自己的价值。按照马克思的价值观，以人为主体是指大多数人在社会关系中，坚持人民的主体地位和以人为本，以广大人民的利益为出发点，而不是坚持英雄主义的错误主张。

马克思主义认为，人是历史的奠基人和发展者，社会进步取决于生产力的发展和进步，而生产力的主要因素是人，只有人才能不断推动社会历史的发展，在丰富物质生活的同时不断提高生产力水平，不断创造精神财富和物质财富。人是社会变革的决定性力量，推动着社会由低级形态向高级形态转变。从这个意义上来说，群众的力量是巨大的，绝不能被忽视和低估。"为人民服务"的价值取向是不可替代的。以人为本的价值取向的价值主体是人，这正如马克思所说，人民创造历史，因此全心全意为人民服务是每个党员必备的素质。

在实践中要尊重广大人民的意见，满足广大人民的需要，为广大人民谋福利，提高人民生活水平，满足人民群众不断增长的物质文化需要。马克思、恩格斯强调，无产阶级运动与其他运动的区别在于，无产阶级运动是为了广大人民的利益，而其他运动是为了少数人或资本家的利益。最广大人民的根本利益和全党事业的宗旨是以人为本，因此，马克思在《共产党宣言》中提到了谋求最广大人民利益的观点，毫无疑问，人民利益是最高价值取向。

人的自由全面发展的价值理想是马克思价值观的一个主要特征。价值理想是价值观的愿景和方向，指出了人们的奋斗目标。在马克思主义唯物史观看来，人的自由全面发展是重要的价值理想，共产主义社会在这个过程中也将逐渐形成。人的自由全面发展是指全人类的解放，突破私有制的束缚、资产阶级的压迫和旧分工所造成的人类发展的局限。

马克思所说的人的自由全面发展的内在含义是，在摆脱了导致人异化的各种因素之后，每个现实的、处在社会关系之中的个人，能够在个性发展、人格养成、能力培养等方面得到全面发展和提升，人的异化被彻底消除，现实个人的自由本质得以完全彰显。人的自由全面发展是我们的价值目标，归根结底，这是因为共产主义社会是唯物史观揭示的最终社会形态。马克思主义价值观的最高目标是人的自由全面发展，这也是在共产主义社会才能完全实现的理想。马克思的价值论把人的自由全面发展作为其价值理想，这一思想贯穿于他的整个理论体系，具有广阔的群众基础，具有最强的生命力和感染力。人的自由全面发展，不仅可以使人摆脱束缚，而且使整个社会产生无与伦比的凝聚力。人的自由、全面、和谐发展，不仅是时代的进步和有利条件，而且符合无产阶级的根本利益和要求。

　　为了实现为人民服务的价值取向和人的自由全面发展的价值理想，马克思主义特别强调实践。共产主义理想作为马克思主义的主要内容，强调应当重视实践的起点和终点，以真正的革命来改变社会。在马克思看来，"人们在自己生活的社会生产中发生一定的、必然的、不以他们的意志为转移的关系……不是人们的意识决定人们的存在，相反，是人们的社会存在决定人们的意识"①。实践是马克思主义价值观的又一鲜明特征。对于为人民服务、促进每个人的自由全面发展进而实现共产主义理想来说，最重要的是实践，要以实践的方式来改变社会，推动"自由人联合体"的形成。显然，在这个实践过程中，共产主义道德也就能得以形成。

二、马克思主义价值观实现社会认同的历史与逻辑分析

　　马克思主义价值观在当代中国实现普遍社会认同有其合理性，无论是从近代以来我国的历史发展来看，还是从马克思主义价值观本身的理论品格来看，我国选择马克思主义因其顺应了唯物史观揭示的社会发展要求而具有历史必然性和合理性。

---

　　① 马克思恩格斯文集：第2卷. 北京：人民出版社，2009：591.

（一）马克思主义价值观实现社会认同的历史分析

马克思主义价值观实现中国社会认同具有历史必然性。从近代中国的历史发展来看，被坚船利炮打开国门的旧中国，迎来了西方文化的猛烈冲击，成为半封建半殖民地的旧中国陷入深重的民族存亡危机之中。在这种情况下，有识之士积极寻求救亡图存的道路。从庚子年开始，就有大批仁人志士留洋寻求拯救中华民族的良方。经过近一个世纪的探索，最终得出了结论。太平天国运动和义和团运动的失败，证明了农民阶级领导的革命不能拯救中国；百日维新没有触及封建社会的统治基础；辛亥革命的失败证明了资产阶级民主革命不能拯救中国。只有在马克思主义指导下的中国共产党，才能使中国免于苦难和黑暗。可以说，纵观整个中国近现代史，马克思主义被中国选中，是有其必然性的。

马克思主义在近现代中国的成功，是各方面因素综合作用的必然结果：

第一，推翻传统封建社会的需要。

虽然1840年以来有识之士一直在寻求救亡图存之路，但正是因为中国传统社会的封建思想根深蒂固，所以近代中国才迫切需要一种与封建文化完全不同的先进的外来文化来取代和消除它。客观上讲，以儒家价值观为核心的封建文化并非全部是糟粕，在成为主流文化之后，它也对中国的稳定起到了非常重要的作用，然而经过两千多年的发展，随着统治阶段的日益腐朽，中国传统文化也陷入故步自封的泥潭。在这种情况下，严重阻碍社会发展、严重制约生产力发展的封建思想必须彻底根除，只有这样中国才有机会自救。事实也证明，小修小补是没有意义的，甚至康有为、梁启超所倡导的具有一定民主色彩的君主立宪制，也不能挽救已经完全腐朽的封建王朝。因此，近代中华民族生存的关键是需要先进的外国文化来推翻传统的封建文化，从而引发社会的全面革命，实现新的发展。同时实践也证明，孙中山领导的革命家们所倡导的资本主义道路是不可行的。而且，近现代西方价值观（如实用主义就在旧中国产生了较大影响）虽然对封建传统文化的批判有所贡献，但不能从根本上拯救中华民族。马克思主义则不同，它具有鲜明的革命特色，倡导阶级斗争和暴力革命，这非常有利于团结大众，给封建王朝以摧毁性打击。因此，马克思主义及其价值观在中国的传播，就以此为契机，形成了燎原之势，最终获得了广泛认同。

第二，实践已经证明，资本主义道路在中国走不通。

推翻传统封建文化的一个重要途径是向西方学习先进文化。近代中国社会的改革运动和农民起义，从某种意义上来说，都是为了向西方学习。从较早的时间来看，1851 年至 1864 年的太平天国运动是近代以来反抗清王朝的较大运动，其爆发契机（基督教的影响）也与西方文化的影响分不开。太平天国失败之后，1898 年康有为、梁启超领导了维新运动，力图学习西方，其本质是一种资产阶级改良运动，但还是失败了。之后孙中山领导了资产阶级民主革命运动，并于 1911 年推翻了两千多年的封建帝制，建立了中华民国；孙中山去世后，蒋介石走上了官僚资本主义道路，但最终还是失败了。直到 1949 年新中国成立之前，中国半殖民地半封建的社会形态始终没有改变。因此可以说，资本主义道路在中国的尝试并没有成功，但客观地说，中国近代以来探索资本主义道路的尝试是有价值的。至少，它使人们对现代科学和民主道德有了初步的了解，走出了愚昧的封建社会，有了初步的自治意识，为社会的发展奠定了文化、经济和政治基础。但是，对于旧的半殖民地半封建中国，资本主义道路不能拯救中华民族，中国不能摆脱西方帝国主义和封建残余的压迫，在走资本主义道路的过程中，官僚资产阶级的出现进一步加剧了社会矛盾。因此，资本主义道路不能拯救中华民族。在这种情况下，以马克思主义为指导思想，中国共产党走了一条适应中国实际、全面领导各民族人民的社会主义道路，最终取得了成功。

第三，俄国十月革命的胜利为中国选择马克思主义提供了契机。

马克思主义在中国的传播离不开世界大局的客观形态和历史背景。1917 年的俄国十月革命是共产主义运动史上的伟大事件，建立了世界上第一个社会主义国家。十月革命胜利的消息传到中国，很快在中国掀起了学习马克思主义的高潮，并间接导致了 1919 年五四新文化运动的兴起。在这一时期，社会上开始流行三种思潮，一种是封建保守主义的，一种是西方资本主义的，一种是马克思主义的。这三种思潮在社会上发生了多次论战，极大地解放了人们的思想。当时，虽然封建王朝已经彻底没落，但是传统封建主义仍有着相当大的社会影响；西方资本主义价值观在社会上也有着越来越大的影响，西方科学技术的发达是有目共睹的，其文化（如君主立宪、民主共和等）也在社会上产生了巨大影响；马克思主义虽然已经传入中国，在陈独秀、李大钊等人的努力下为知识分子所知，但直到十月革命之后，马克思主义的传播才进入一个高峰期。因为十月革命的胜利为马克思主义的现实性和先进性提供了实践证明。因此，在新文化运动中，历史最终选择了马克思主义，这与俄国革命的胜利密不可分。俄国革命的胜利使中国人看到马克思主义的可行性，尽管当时的中国人并不真正理解马克思主义是什么，但随着马克思主义在中国的推广应用和中国化的进一步深入，马克思主义最终成为拯救中国的指导思想。

第四，以马克思主义为指导思想的社会主义道路符合中国国情。

五四运动以前，许多先进分子还不能完全接受马克思主义。随着俄国十月革命的胜利以及马克思主义传播范围的扩大，越来越多的人开始接触、接受并理解马克思主义，使马克思主义在社会上得到了越来越多的认同。中国共产党的成立标志着马克思主义中国化道路的正式开启。随着新民主主义革命的胜利、社会主义改造的完成，人们深刻认识到，只有信仰马克思主义的中国共产党能拯救中国人民，由此，马克思主义成为我国的主流价值观。社会主义建设尤其是改革开放以来取得的伟大成就，进一步表明了马克思主义的先进性。可以说，从新民主主义革命到改革开放，历史充分证明了以马克思主义为指导的社会主义道路取得了不可逆转的成功，社会主义道路是最适合中国国情的必由之路。

（二）马克思主义价值观实现社会认同的逻辑分析

马克思主义价值观实现中国社会的普遍认同具有理论上的必然性，即马克思主义价值观本身所具有的先进性和真理性。

从马克思主义价值观的萌芽阶段来看，马克思在博士论文《德谟克利特的自然哲学和伊壁鸠鲁的自然哲学的差别》中，就对有神论价值观和必然与自由的关系进行了严密分析和讨论。在对自由与法律的分析和理解中，伊壁鸠鲁的哲学思想对马克思产生了深刻影响。马克思在博士论文中实际上并不认同德谟克利特的原子论，对于伊壁鸠鲁的原子偏斜说持赞同态度。在马克思写作博士论文的这一时期，马克思赞同伊壁鸠鲁关于原子的形式与质料的观点，认为人们可以自由地选择自己的活动，因为原子的偶然偏斜使人们得到了自由，挣脱了必然性的束缚。马克思认为事物的偶然性和必然性是辩证统一的，因此，在尊重客观规律的基础上，应当充分发挥人的主观能动性，这也就是自由的体现。可以说，自博士论文开始，马克思的价值观就具有了超越时代的先进性。

从马克思主义价值观的形成阶段来看，在《〈黑格尔法哲学批判〉导言》和《1844年经济学哲学手稿》中，马克思对人的价值（现实的个人成为理解马克思主义的核心概念）以及价值本身进行了深入探讨，对共产主义理想也进行了深入阐发。马克思在《巴黎手稿》中认为，人与人之间、人与自然之间存在着客观的必然联系，这是一切价值的前提。马克思认为价值的本质是实践，即现实个人的劳动实践。离开了现实个人的劳动实践，一切对价值的理解都会陷入唯心主义的泥沼。对于价值的来源，马克思认为价值来源于作为价值主体的人的劳动。价值问题从来不是一个抽象的理论问题，而是一个实践问题，实践是唯物的，落脚点就在于劳动，即物质资料的生产。同时，马克思认为，劳动者应该享有价值，但是在资本主义社会中，劳动者却被异化了。从马克思主义来看，在资本主义社会中，人被异化，劳动被异化，处在物质利益关系中的人只关心金钱和财富，只关心生存和生产，失去了自由全面发展的环境。资产阶级宣扬的所谓代表永恒真理的价值观也成了空中楼阁。

从马克思主义价值观的成熟阶段来看，在《德意志意识形态》、《关于费尔巴哈的提纲》和《共产党宣言》中，马克思展示了一种全新的方法论和唯物世界观。马克思将人的活动理解为实践活动，价值产生于实践活动。实践观要求人们从社会实践的角度和思维方式去理解人，从人的现实生活与实践活动中去发现人的本质和历史作用，从人的历史作用与地位去把握人的生存状态和活动方式，只有这样才能真正了解人。在《德意志意识形态》中，马克思第一次明确提出了"现实的个人"范畴："这是一些现实的个人，是他们的活动和他们的物质生活条件，包括他们已有的和由他们自己的活动创造出来的物质生活条件。"[1] 作为活动的主体，现实的

---

[1]　马克思恩格斯选集：第1卷．北京：人民出版社，2012：146．

个人"是从事活动的，进行物质生产的，因而是在一定的物质的、不受他们任意支配的界限、前提和条件下活动着的"①。

马克思对于人的主观能动性给予了高度重视，在社会实践中，人们不再被永恒的原则或概念束缚，而获得了自由。可以说，只有在社会实践中，才能真正展现一个人的价值和历史作用。马克思认为人是一个在现实中从事一切生产活动的人，是一个受生产力制约的人。人的本质不仅是一个人在他自己的眼睛里或在别人的眼睛里的形象，而且是社会生活中最真实、最现实的人。对于人的本质来说，个人参与社会事务和活动，开展社会工作并创造价值。只有在相应的物质生产条件下从事活动，不受他人支配，才能实现自由。马克思认为价值是客观存在的，其根源是作为主体的人的客观要求和客观的社会属性，基于社会实践的价值观是其与其他哲学价值观的根本区别。马克思在欧洲资本主义文化背景下，对人的解放和自由发展做了全面客观的阐述和论证，提出了人的自由发展的思想。马克思在《共产党宣言》中分析了共产主义社会的基本特征。共产主义可以通过人类社会活动来实现，因为共产主义是先进生产力的代表，也是人类社会前进的必然方向。

由此可见，从马克思主义价值观的萌芽、形成和成熟的各个时期来看，马克思主义价值观的先进性和真理性逐步体现出来。结合中国的实际，从思想逻辑的角度来看，认识马克思主义价值观的先进性和真理性是一种历史的必然结果，或者说，历史必然选择马克思主义价值观。近代以来，实现民族独立、民族繁荣、人民幸福是中国人民的梦想。面对落后的现实，改革开放之后的中国效仿的对象，除了苏联（后来解体了）之外，就只有欧美资本主义国家。然而，有识之士很快意识到资本主义也面临着许多弊端，因此中国不仅要克服传统封建社会遗留下来的弊端，而且要超越欧美资本主义的发展阶段，只有这样才能赶上世界前进的步伐。马克思主义诞生于资本主义社会，其对资本主义的批判深刻而全面，共产主义作为一个"和谐世界"，这种"大同理想"符合中国的国情，这种实践性本身就是马克思主义先进性和真理性的体现。

---

① 马克思恩格斯选集：第1卷.北京：人民出版社，2012：151.

　　马克思主义价值观之所以在中国获得广泛认同，其内在逻辑与中国传统的思维方式也较为相似。就中西文化比较而言，西方文化的特点主要是主体与客体的二分法，而中国文化是一体的。随着现代化的到来，"主体—客体二分法"的西方思维模式受到了巨大挑战，反思的结果是从"主客相分"转向"主客合一"。马克思主义价值观主张的实践观点，以及辩证法的普遍联系观点，正体现了这种"实体即主体"的主客合一的思维，这和中国传统的思维方式非常相似。可以说，马克思运用科学归纳法研究人类历史，从而发现历史规律，跨越主体与客体之间的鸿沟，真正凸显人的主体意义，为人的自我实现找到科学的途径。这种模式类似于中国传统的"知行统一"和"主客统一"，其现实性（表现为科学性和规律性）与中国传统的思维方式相契合。因此，在国家存亡之际，马克思主义被中国接受绝非偶然。

　　从理论发展的角度看，中国特色赋予了马克思主义价值观新的动力。当然，这本身就是马克思主义价值观的开放性和先进性的现实体现。中国人民对马克思主义的选择并不意味着把马克思主义变成机械教条，只有学以致用才能发展马克思主义，使之充满活力。恩格斯曾说："然而是 10 年前你在法国就很熟悉的那一种马克思主义，关于这种马克思主义，马克思曾经说过：'我只知道我自己不是马克思主义者'。"[①] 马克思为什么说"我不是马克思主义者"？ 就是因为那些所谓的"马克思主义者"将鲜活的、实践的、实事求是的马克思主义当作僵化的教条，不合时宜地套用在任何场合，甚至别有用心地对马克思主义进行了曲解。

　　正是马克思主义价值观所具有的鲜明的实践品格，使马克思主义的中国化取得了巨大成功。在革命时代，没有以毛泽东为核心的党的领导集体对马克思主义的"改造"，就很难想象马克思主义在中国的命运；在改革开放的新时期，没有马克思主义的与时俱进，就没有当代社会主义中国的生命力。在马克思主义本土化的过程中，一方面，马克思主义只有与当地的生产方式、生活习惯、思维习惯、风俗习惯相适应，才能生存和发展；另一方面，只有接受马克思主义，本地经济、政治、文化才能从时代的高

---

① 马克思恩格斯全集：第 29 卷．北京：人民出版社，2020：750.

度审视自己，才能实现健康发展。历史已经证明，正是马克思主义价值观所具有的先进性和真理性使得中国社会选择了马克思主义，并以中国特色发展了马克思主义。

三、马克思主义价值观实现社会认同的经验与启示

马克思主义价值观在近代以来的中国社会实现了广泛的社会认同，这与其理论的先进性是密不可分的。同时，这也与马克思主义中国化的发展历程密不可分。前者揭示了马克思主义价值观自身的科学性，后者揭示了与实践相结合，进一步发展马克思主义的合理性。

（一）先进性：马克思主义价值观实现社会认同的理论品格

在中国，马克思主义价值观能够实现普遍社会认同的根本原因在于，马克思主义价值观所具有的先进性。

首先，马克思主义价值观的先进性体现在科学性上。马克思主义价值观是科学的指导思想，为社会主义建设提供了科学的世界观和方法论。不管是从政治、经济、社会，还是从文化等各个方面来说，马克思主义价值观都代表着先进生产力、先进文化的发展方向，能够指引社会主义建设事业的持续稳定发展。马克思主义价值观的科学指导思想为社会主义国家的政治、经济、文化建设和人类文明的进步与发展提供了理论保证。马克思主义价值观具有科学精神，并且是在长期的革命与建设过程中形成的普遍认同的理想信念和价值标准。有了这个共同信念，人们的力量才得以凝聚，社会生产力才能健康发展。马克思主义价值观的科学性在于其真实性和人文性。"求真"是马克思主义价值观科学精神的基本内涵。坚持实事求是，尊重客观规律，这就要求社会主义建设要不断解决不同历史时期、不同时代社会发展面临的现实问题。从人文性来说，马克思主义价值观尊重人的发展，是求真、求善、求美的统一。马克思主义价值观的目标是人的自由全面发展。马克思主义价值观所追求的人的发展不是片面的发展，而是自由全面的发展。从社会建设的角度来说，为了增加社会财富、推动

生产力的发展，人们不断提高自己的劳动能力，在现实社会中实现自己的价值。同时，人是社会性动物，处在社会关系之中，并在实践中实现与他人的和谐共赢。在资本主义社会，工人的片面的、不正常的发展既不能满足基本需要，也不能满足发展需要，更不能实现自由发展。只有在共产主义社会中，人们的自由发展才能全面实现。

其次，马克思主义价值观的先进性体现在人民性上。人民性贯穿于马克思主义价值观的所有内容之中。马克思主义价值观之所以具有科学性，是因为它创造性地揭示了人类社会发展的规律，为全人类指明了从必然王国向自由王国跨越的道路，为实现人民的自由解放指明了道路。马克思主义价值观之所以是人民的价值观，是因为它第一次创造了人民自我解放的思想体系，指出了世界历史进步依靠人民推动的正确主张。马克思主义价值观之所以具有实践性，是因为它能够引导人们致力于改造世界，为人们理解和改造世界提供强大的精神动力。马克思主义价值观之所以是一种开放的发展理论，是因为它始终站在时代的前沿，回应着人类社会面临的新挑战和人类解放发展面临的新问题。马克思的崇高理想是"人的解放"。马克思一生的追求不是为了他的健康和财富，也不是为了他的小家庭的健康和财富，而是为了全人类的解放，而马克思主义的终极目标也就是实现人类解放。马克思主义之所以在世界各国和各个时代产生重大影响，是因为它服务于人民，根植于人民，指出了人类世界依靠人民推动历史进步的真理。

最后，马克思主义价值观的先进性体现在开放性上。马克思主义价值观从来都不是一个封闭的体系，而是一个开放的、能够与时俱进的体系。马克思认为，历史的进步与各民族之间的开放交流是分不开的，这能够促进人类文明的共同发展。在《德意志意识形态》中马克思曾经指出，随着生产力的发展以及随之引起的生产关系的改变，各民族之间的交流将日益增多，先进的民族文化将产生日益重大的影响。因此，先进的民族文化与先进的世界文化是分不开的。马克思指出："人们按照自己的物质生产率建立相应的社会关系，正是这些人又按照自己的社会关系创造了相应的原理、观念和范畴。所以，这些观念、范畴也同它们所表现的关系一样，不是永恒的。它们是**历史的、暂时的产物。**"① 由此可见，所有的理论思维和价值观都是特定历史时期的产物，并随着时代的发展而不断发展。马克思主义所具有的先进性也体现了这一点，即马克思主义不是一个封闭的体系，而是一个开放的体系。经过长期的马克思主义中国化进程，马克思主义以开放的态度，与中国实践相结合，吸收本民族文化的优秀元素，进而锻造出适合中国发展的思想武器，并最终为社会发展提供强大动力。

马克思在《1844 年经济学哲学手稿》中，把共产主义理想理解为人与自然对立的真正扬弃、人与自然矛盾运动的彻底完成。他指出："这种共产主义，作为完成了的自然主义＝人道主义，而作为完成了的人道主义＝自然主义，它是人和自然界之间、人和人之间的矛盾的**真正解决**，是存在和本质、对象化和自我确证、自由和必然、个体和类之间的斗争的真正解决。"② 这句话是对马克思价值观所具有的先进性的最好诠释，也是对人类社会发展的最终蓝图的最好描述。

（二）中国化：马克思主义价值观实现社会认同的现实基础

马克思主义价值观在中国实现广泛社会认同的实践基础是，马克思主义价值观的中国化道路。

"马克思主义中国化"是一个专有名词，特指将马克思主义基本原理同中国实际相结合，不断形成具有中国特色的马克思主义理论成果的过程。具体地说，就是把马克思主义基本原理同中国革命、建设和改革的实践结合起来，同中国的优秀历史传统和优秀文化结合起来，既坚持马克思主义，又发展马克思主义。这个过程包括马克思主义在指导中国革命、建设和改革的实践中具体化，也包括把中国革命、建设和改革的实践经验与历史经验上升为马克思理论。马克思主义价值观之所以能被中国接受并产生巨大影响，是因为历届中国共产党领导人的努力，使马克思主义得以中国化。毛泽东思想、邓小平理论、"三个代表"重要思想、科学发展观就是马克思主义中国化取得的重要理论成果。十八大以来，以习近平同志为

---

① 马克思恩格斯文集：第 1 卷. 北京：人民出版社，2009：603.
② 马克思恩格斯全集：第 3 卷. 北京：人民出版社，2002：297.

核心的党中央继续推进马克思主义中国化、现代化、大众化，提出习近平新时代中国特色社会主义思想，这是马克思主义中国化的最新成果，标志着马克思主义中国化的又一次历史性飞跃。

马克思主义价值观之所以能够中国化，与马克思主义价值观所具有的先进性是息息相关的。

首先，这是马克思主义自身的理论品质所决定的。马克思主义的基本原理所具有的真理性、先进性是我们应当继承的。马克思去世后，对于俄国工人运动恩格斯曾这样说："我感到自豪的是，在俄国青年中有一派真诚地、无保留地接受了马克思的伟大的经济理论和历史理论，并坚决地同他们前辈的一切无政府主义的和带有一点斯拉夫主义的传统决裂……马克思的历史理论是任何**坚定不移**和**始终一贯**的革命策略的基本条件；为了找到这种策略，需要只是把这一理论应用于本国的经济条件和政治条件。"① 正如恩格斯所说，马克思的历史理论是制定一切革命策略的基本指导思想，在这个思想的正确指导下，再结合本国实际情况，就能制定科学的革命策略。马克思主义在创立之初就提出了这样一个观点，"工人没有祖国"，但是工人"本身还是民族的"②。这就揭示了无产阶级的世界性、国际性和民族性的辩证统一性，由此我们就可以自然地推导出，对于马克思主义的基本原理来说，"这些原理的实际运用，正如《宣言》中所说的，随时随地都要以当时的**历史条件为转移**"③。因此，坚持马克思主义和发展马克思主义是一体两面，马克思主义中国化的发展是坚持马克思主义的应有之义。

其次，这是马克思主义所具有的实践品格所决定的，这也是总结我们党的历史经验和教训后郑重得出的结论。恩格斯说："我们的策略不是凭空臆造的，而是根据经常变化的条件制定的；在目前我们所处的环境下，我们往往不得不采用敌人强加于我们的策略。"④ 这段话启示我们，策略的制定不是凭空臆造的，也根本不存在适用于一切形势的固定策略，那种

---

① 马克思恩格斯全集：第 36 卷．北京：人民出版社，1975：301．
② 马克思恩格斯选集：第 1 卷．北京：人民出版社，2012：419．
③ 同②376．
④ 马克思恩格斯全集：第 38 卷．北京：人民出版社，1972：439．

妄想用一成不变的策略来应对一切挑战的想法都是极端错误的，只会给党的事业带来巨大危害。对此，恩格斯专门解释说："对法国、比利时、意大利、奥地利来说，这个策略就不能整个采用。就是对德国，明天它也可能就不适用了。"① 可以说，策略的制定必须适应现实需要，要随时随地根据实际情况加以调整或改变。

正如马克思所说："一个进行斗争的党应当准备应付一切"②。正是因为斗争面临着复杂多变的形势，今天制定的策略也许明天就不适用了，所以为了应对一切可能发生的状况，就必须采取灵活多变的政策和策略，甚至在一定的条件下要采取各种有效方式，灵活应用到实际斗争中去。但是强调政策和策略的灵活并不意味着放弃原则，因为放弃原则就违背了无产阶级政党的初心，就是对革命事业的背叛。可以说，马克思主义具有鲜明的实践性，与中国近代革命史相适应，从而为中国化提供了机遇。中国共产党成立后，对学习和实践马克思主义有两种截然不同的态度，一种是教条主义，一种是实事求是。我们党坚持马克思主义的实践性，反对教条主义，坚持实事求是的态度。用毛泽东的话说，我们要用马克思主义的"矢"来射击中国革命实践的"的"。这就是所谓的"有的放矢"，因为它的理论科学、目标明确。如果我们用中国化的马克思主义指导中国的实践，那必将是不可战胜的。

总之，马克思主义价值观的先进性体现在实践中，具有中国化的理论品格，并且在实践中已经对中国社会产生了巨大影响，为社会主义中国的建立和发展奠定了坚实的基础。

四、核心价值观对马克思主义价值观
实现社会认同的学习借鉴

马克思主义价值观实现社会认同的经验值得好好学习。从当代中国社

---

① 马克思恩格斯全集：第29卷．北京：人民出版社，2020：848.
② 马克思恩格斯全集：第34卷．北京：人民出版社，1972：174.

会的发展来说，核心价值观是对马克思主义价值观的继承和发展。核心价值观要想实现更加广泛的社会认同，就要始终保持先进性并与中国具体实际相结合。

（一）核心价值观对马克思主义价值观的继承和发展

从理论本身的发展来说，社会主义核心价值观是马克思主义价值观的继承和发展，这是一种实然，更是一种应然。从核心价值观与马克思主义价值观的理论根基来看，两者都以人民群众为主体，都高度重视人民群众的地位。马克思主义价值观所说的人民群众，是指一切对社会历史发展起推动作用的人，是社会成员的大多数，从事物质财富生产的体力劳动者和从事精神财富生产的脑力劳动者（知识分子）都是人民群众的主体。这一定义与我国现阶段的"人民"的定义基本上是一致的。

关于历史创造者的问题，传统中国和西方社会诸多学者都从社会意识决定社会存在出发，坚持英雄史观，认为杰出人物（少数英雄）是历史的创造者。如卡莱尔就曾说："世界历史不过是伟大人物的传记而已。"① 只有马克思主义才正确回答了这一问题，"批判的批判什么都没有创造，工人才创造一切……工人甚至创造了人"②。马克思从社会存在决定社会意识出发，坚持群众史观，认为人民群众是历史的创造者，"历史上的活动和思想都是'群众'的思想和活动"③。人民群众之所以是历史的创造者，是因为人民在创造历史的过程中起着决定作用：人民群众的社会实践是社会物质财富的源泉；人民群众的社会实践是社会精神财富的源泉；人民群众的社会实践是实现社会变革的决定力量。

核心价值观始终坚持的也是人民群众的主体地位，以人民为中心，始终坚持人民至上的价值理念。人民群众是历史的创造者，同时也是各项价值的创造者。一方面，人民群众是物质价值的创造者。广大人民群众是社会生产的主体，是物质财富的生产者，也是物质价值的创造者。另一方

---

① 托马斯·卡莱尔．论英雄、英雄崇拜和历史上的英雄业绩．周祖达，译．北京：商务印书馆，2005：33.

② 马克思恩格斯全集：第2卷．北京：人民出版社，1957：22.

③ 同②103.

面，人民群众也是精神价值的创造者。广大人民群众在生产和生活中创造了精神财富，而且人民群众所创造的物质价值是社会创造精神财富的物质基础，科学文化和思想道德的建设都离不开人民群众所创造的物质价值。既然人民群众是价值创造的主体，那么，人民群众也应该是价值享有的主体。不过在剥削阶级占统治地位的社会里，人民群众所创造的价值被剥削阶级占有和享用，只有在人民当家作主的社会主义社会，人民群众才能成为价值的享有者；发展社会主义的最终目标就是让人民群众充分地享有各种价值。人民群众是价值享有的主体，意味着必须以维护人民群众的利益作为最高的价值追求，这在实践中体现为全心全意为人民服务的工作方针。

从价值目标上来看，马克思主义价值观主张的"每个人的自由发展"实际上指向的是人人幸福的大同社会（共产主义社会），这一点与核心价值观主张的"人民幸福"的目标是具有一致性的。马克思在《关于费尔巴哈的提纲》中认为，人的本质"实际上，它是一切社会关系的总和"①。显然，这里所说的人不是抽象的人，而是生活在社会群体中的具有类本质的人，并与我们所说的"人民"的特征是相似相通的。从内容上来看，"人民幸福"意味着"人民美好生活需要"的满足，这种美好生活既建立在物质文明基础上，也建立在精神文明基础上。"人民美好生活在其最充分的意义上就是每一个社会成员都获得全面而自由发展，每一个社会成员都成为道德之人、自由之人和全面发展之人。"② 显然，这和马克思所说的"每个人的自由发展"在内容上是具有一致性的。而且从社会发展来说，"每个人的自由发展"意味着大同社会（共产主义社会）的实现；"人民幸福"的实现也意味着大同社会的实现，社会主义本身就是共产主义的初级阶段。

为了实现"人民幸福"的价值目标，坚持全心全意为人民服务是重要的价值原则；为了实现"每个人的自由发展"，马克思主张要付诸"革命实践"。前者主要应用于建设时期，强调服务；后者主要应用于革命时期，

---

① 马克思恩格斯全集：第 3 卷．北京：人民出版社，1960：5.
② 江畅．人民美好生活的内涵及实现条件．光明日报，2017 - 12 - 15 (11).

强调解放。尽管"为人民服务"和"革命实践"提出的时代背景与侧重点不同，但是两者的目标都是一致的，都指向人民当家作主的理想社会。而且，"为人民服务"本身也包含革命意蕴。近年来，习近平总书记反复强调要进行"自我革命"，他这样说："不忘初心、牢记使命，说到底是要解决党内存在的违背初心和使命的各种问题，关键是要有正视问题的自觉和刀刃向内的勇气。"① 他强调，"我们不能关起门来搞自我革命，而要多听听人民群众意见，自觉接受人民群众监督"②。可以说，在服务人民的同时勇于"自我革命"，这是我党的伟大品格，也是更好地服务人民的必由之路。"革命实践"的服务意蕴表现在，共产主义科学理论服务于无产阶级及其政党斗争的需要，服务于解放无产阶级、解放全人类的伟大目标。这意味着在无产阶级政党的领导下，革命群众以暴力革命的方式砸碎一切旧制度，将压迫人、剥削人的旧制度彻底推翻，消灭阶级和阶级对立，最终实现解放全人类、实现共产主义的伟大目标。显然，无论是有着自我革命意蕴的"为人民服务"，还是有着服务意蕴的革命实践，其最终目标都是为了实现人民享有美好生活、每个人都能自由全面发展的大同社会（共产主义社会）。两者是具有内在一致性的。

社会主义核心价值观是马克思主义价值观在当代中国的进一步诠释和发展，也可以说是马克思主义价值观的当代形态。所谓马克思主义价值观的当代诠释，指的是诞生于 19 世纪的马克思主义价值观在 21 世纪的重新诠释，这种诠释是符合群众史观的本意的，同时又是符合当今时代的发展要求的。核心价值观不仅是马克思主义价值观的当代诠释，而且有进一步发展。依据马克思主义基本原理，在继承我国传统文化的优秀元素、借鉴世界文明先进成果的基础上，我党先后提出了"全心全意为人民服务""权为民所用，情为民所系，利为民所谋""一切以人民利益作为每一个党员的最高准绳""人民拥护和支持是党执政的最牢根基""以人民为中心""人民至上"等执政理念，并且在国家制度、社会治理等层面，在社会主义建设的每一个重要历史时期都履行了自己的诺言，这本身就是对马克思

---

① 习近平谈治国理政：第 3 卷. 北京：外文出版社，2020：532.
② 同①533.

主义群众史观的现代化诠释和创新性发展。从这个意义上来说，核心价值观就是马克思主义价值观的当代形态。

（二）始终保持先进性是核心价值观实现社会伦理认同的前提

借鉴马克思主义价值观实现社会认同的经验，社会主义核心价值观实现社会认同的关键在于始终保持先进性。客观来说，核心价值观本身就具有先进性，就具有实现广泛认同的理论品格。但是对于核心价值观的具体解释，以及在实践中的应用、对人们行为举止的指导、对非主流文化的引领等方面，都需要在具体内容体现出先进性。换言之，先进性是本质，但是这种本质必须在现实中、实践中体现出来，这是一个复杂的、长期的过程，需要持续努力。

不同的社会有不同的核心价值观。资本主义社会不同于封建社会，社会主义社会不同于资本主义社会。14—16 世纪的文艺复兴运动、宗教改革运动拉开了西方资本主义价值观建构的序幕。随后，资产阶级革命不断完善资本主义价值观。到了 18 世纪，法国资产阶级革命点燃了启蒙运动的高潮，资产阶级价值观得到了更充分的体现，即人生而自由、人在权利上是平等的、国家的主权在于人民、私有财产的神圣性和不可侵犯性等。由于经济基础的对立，作为两种社会意识形态的重要表现形式的核心价值观必然会有根本的不同。虽然社会主义和资本主义都主张民主、自由和平等，但几千年的历史证明，西方国家主张的民主、自由和平等，只能在思想和阶级性质紧密联系的前提下，成为统治阶级即资产阶级的特权和专属享受。在社会主义国家，工人阶级作为劳动的主体，能享受到民主、自由和平等，可以说，社会主义核心价值观真正反映了大多数人的利益、愿望和需要。

当前我国的社会主义核心价值观具有先进性，这种先进性主要体现在人民性、时代性、包容性和完善性上。

第一，核心价值观体现了以人民为中心、人民至上的价值理念。

江山就是人民，人民就是江山，这是社会主义核心价值观体现的鲜明的人民特色。从传统中国社会来看，虽然也说"民惟邦本，本固邦宁"，但传统社会中的"民"主要指的是士、农、工、商"四民"，并不包括士大夫阶层。说"民惟邦本"的根本原因在于维护统治者的统治，"民"的社会地位仍旧很低，是被统治者。在传统社会中，与"民"相对的是"官"，官是统治者，最大的官就是君主。所以，传统社会并没有实现以民为本的价值取向，掩盖在以民为本思想下的是以君为本。

到了资本主义社会，虽然强调人道主义或人本主义，主张人的权利至上，自由和私有财产神圣不可侵犯，资本主义社会看上去实现了以人为本的价值取向，但实际上并非如此。一方面，资本主义所宣扬的人本主义实际上是一种个人主义，即个人至上，而不是人民至上。另一方面，因为在资本主义生产关系中，资本占有绝对地位，资本家因为掌握资本，所以成为社会的主人。相反，广大劳动人民成为资本统治的对象。在资本主义条件下，雇佣工人成为被剥削、压迫的对象，不仅没有成为社会的主人，而且成为异化的对象，所谓的自由、民主、平等、人权也成了镜花水月。

只有在我国这样的社会主义国家，人民当家作主才真正变成了现实。在我国，人民才真正代表了所有劳动人民，才拥有了最广泛的民主，才实现了自由、自主、自治。社会主义民主是现阶段人类历史上最高级的民主模式。社会主义核心价值观正是对人民至上、以人民为中心的典型体现，代表了人类社会民主发展的必然趋向，具有无可比拟的先进性。可以说，社会主义核心价值观具有最广泛的人民性，是引领非主流文化、引领全国人民迈向新世纪的明灯。

第二，核心价值观是最适合当代中国的价值体系。

从社会制度发展变化的角度来看，马克思曾经把人类社会分为亚细亚的、古代的、封建的、现代资产阶级的生产方式和未来的共产主义生产方式五种形式。后来，马克思主义经典作家进一步将其概括为五种具体的社会形态，即原始社会、奴隶社会、封建社会、资本主义社会、共产主义社会。每一个社会都有自己的价值观，譬如传统中国的价值观是儒家文化，近现代西方的价值观是文艺复兴之后兴起的以自由、平等、民主、人权、理性为代表的价值观。超越传统封建社会和资本主义社会之后，我国进入社会主义阶段，这个时候价值观的问题就显得尤其重要，因为核心价值观是凝聚全国各族人民的强大思想武器，同时也是表现一个社会具有先进性的重要途径。与其他社会形态相比，社会主义核心价值观具有几个鲜明特点，是最适合当代中国的价值体系。

首先，核心价值观体现了社会主义社会的特色。核心价值观是社会主义社会特色的典型体现，体现了民主、自由、爱国、集体主义以及发展生产力等要求，是新时代马克思主义中国化的重要成果。

其次，核心价值观适应了当代我国人民全面发展的需要。在我国当前社会，随着社会生产力的发展，人民已经满足了单纯的物质需求，有自由全面发展的诉求。核心价值观所提出的国家、社会、个人三个层面的价值引领，涵盖了社会发展的宏观和微观各个层面，能够促进社会的全面进步和人民的自由全面个性发展的需要。

最后，核心价值观是对时代主题以及我国现阶段任务的准确把握。当今的时代主题是和平与发展，虽然局部战争或恐怖主义仍旧存在，但是和平与发展是时代发展的主旋律。在这种条件下，在促进生产力发展的同时引领人民树立正确的价值观是最紧迫的任务。

当前我国的主要矛盾表现为，人民日益增长的美好生活需要和不平衡不充分的发展之间的矛盾。因此，一方面要发展生产力，将国家建设得更加繁荣富强，另一方面需要为人民群众不断提供丰富的物质和精神文明产品，引领人民群众成为爱国爱党、敬业奉献的社会主义建设者和接班人。总的来说，对于当前我国的社会主义建设而言，核心价值观是最适合我国的价值体系，具有科学性和先进性。

第三，核心价值观具有"和而不同"的包容性。

从生产力发展的角度看，我国的社会主义制度及文化本身就具有包容性，这也是核心价值观包容性的制度基础。随着生产力的发展，逐渐形成了以公有制为主体、多种所有制经济共同发展的格局。在当前，除了公有制经济之外，各种形式的私有制经济也存在，与之相应，改革开放以来各种新兴职业也大量存在，这些都体现了我国经济体制的包容性。

从文化发展的角度来说，现阶段我国社会的价值观呈现出多元化的特征，这符合人类社会的发展规律和社会的进步。不可否认，非主流价值观中的一些思想与社会主义核心价值观是一致的，但是有些与社会主义核心价值观是相反的。核心价值观把繁荣、民主、文明、和谐、人的自由全面发展等作为主流，并不否定其他价值观存在的客观性和合法性，积极引导不同的价值观相互理解、相互包容，共同营造一个和谐的发展氛围。在承认其他非主流价值观存在合理性的前提下，彼此影响和交流，并鼓励不同观点的争论，共同促进社会道德风尚的提升和完善。可以说，核心价值观所体现的"和而不同"的包容性和开放性是其先进性的重要体现，在当前多元文化盛行的世界尤其具有合理性。

第四，从完善性上来说，核心价值观是一个成熟体系，具有内在的完善性。

核心价值观是对马克思主义基本原理的继承和发展，是我国社会主义社会的价值体系。对于什么是社会主义，一直存在着多种说法。从马克思主义诞生以来，关于什么是社会主义（或共产主义）及其特征的研究就一直在发展。消灭私有制，实现彻底的公有制是对社会主义特征的概括。但是历史发展从来不是线性的，而是曲折的，对社会主义特征的认识也处在深化发展之中。

在新中国成立之初，对社会主义的认识基本上包括公有制、按劳分配、计划经济等几个方面。改革开放之后，在解放思想、实事求是方针的指导下，我党认为，社会主义社会的基本特征主要体现为：在生产力上，高度发展的生产力是社会主义发展的必然要求和最终结果，指导思想是以共产主义为中心的社会主义精神文明。

进入 21 世纪，经过长期的理论探索和实践检验，我党对社会主义社会的特征有了更加深刻的理解，当前在我国，在政治方面，坚持人民民主专政；在文化方面，以建设体现社会主义本质的先进文化为目标；在社会方面，追求人与自然、人与社会的和谐发展；在发展目标方面，追求国家富强、民族振兴、人民幸福。可以说，富强、繁荣、民主、文明、和谐、以人为本的社会主义核心价值观全面反映了社会主义社会的基本特征，是社会主义政治、经济、文化、社会的有机体系，自身具有完善性。

社会主义核心价值观是具有先进性的科学体系，理应在实践中体现出来并扩大其国际影响：

其一，培育和践行社会主义核心价值观，必须继承优秀传统文化，并不断创新。目前，从流行观念、日常话语和社会风尚的角度来看，西方欧美国家占据了国际话语权的主导地位，我国目前的国际话语权亟待提升。

在国际舞台上，中国文化的影响仍然主要来自古代事物，如孔子的《论语》和老子的《道德经》等，虽然这些经典仍有着不竭的精神活力，但毕竟时代久远，缺乏与当代国际社会对话的更有效途径。而且，虽然我国在提升国际话语权方面做了很多努力，在全世界很多国家也建立了"孔子学院"，但是随着西方文化霸权主义、排外主义的抬头，近年来我国的这些努力受到了西方国家的有意遏制。鉴于此，我们认为，我国应当在继承优秀传统文化的基础上不断创新，使得核心价值观具有鲜明的中国特色和世界风貌，在提高国内认同度的同时提升我国的国际话语权。

其二，培育和践行社会主义核心价值观，必须占领道德制高点。道德制高点与文化自身的先进性是紧密联系在一起的，是（国际）话语权的重要体现。当今世界，以美国为首的西方国家动辄站在道德制高点上对我国指手画脚，因此，充分利用社会主义核心价值观的理论优势以占领道德制高点，是扩大我国国际话语权的重要途径。事实上，西方政治制度的创新与建立，是以文艺复兴和启蒙运动中西方近现代价值观的确立为基础的。民主、自由、平等、理性、公正……所有这些价值观都极大地点燃了中世纪的黑暗之下欧洲人的激情。可以说，西方近现代价值观导致了欧洲社会政治体制的一系列革命性改革。而旧中国的失败，就在于缺乏先进的社会制度和适应于时代的新的思想文化。时至今日，以美国为首的西方国家牢牢把握着国际话语权，站在道德制高点上对世界各国指手画脚，尤其对我国社会主义精神文明建设动辄指责，叫嚣制裁。面对这些挑战，我们要在加强核心价值观国内宣贯力度的基础上，利用各种机会在国际上宣传中国特色、中国优势，以核心价值观为依托，对西方所谓普世价值观提出质疑和挑战，力图占领道德制高点。当今是多元化、全球化发展的时代，谁拥有先进文化，谁占领道德制高点，谁就能引领世界走上新的历史发展道路。在这个发展过程中，老牌资本主义国家（以美国为代表）已经开始走下坡路，其国内的各种不文明现象已经暴露出来，尤其是种族歧视问题使得美国的国际声誉一落千丈。在这个历史时期，我们要把握机会，让核心价值观更快更好地走出国门，和"一带一路""人类命运共同体"一起在国际社会上发挥更大影响力。

其三，培育和实践社会主义核心价值观，必须具有民族自信。近代以来中华民族的发展历史，在很大程度上是我国向西方国家学习先进科学知识及其文化理念的历史。由此，民族自信问题一直存在，西方国家对于我国的轻视和高傲也一直存在。新中国成立以来，特别是改革开放以来取得的显著成就，表现了核心价值观的优越性。从发展历程来说，马克思主义在中国的传播，使得人们的思想和价值理想达到了一个新的高度，而中国共产党成功地把马克思主义基本原理同我国实际相结合，使中国共产党的思想和价值理想达到了新的高度。在实践中，我们培育和践行了先进的核心价值观，但我们还没有向世界清楚有力地表达出来，因此我们必须对自己的发展道路、体制和理论充满信心。只有充满了民族自信，才能在社会主义核心价值观的传播过程中坚持自我，走自己的发展道路，并不断扩大自身的影响，由此才能获得国内外的广泛认同。

其四，培育和践行核心价值观，必须面向世界和人类历史的未来发展方向。马克思曾经说，共产主义社会是人类历史发展的最终方向。在这个最终目标的指引下，国际竞争一直存在，局部的前进与后退，先进的与反动落后的思想交锋也一直存在，由此导致历史发展的复杂性。在这个复杂多变的全球化世界中，核心价值观面临着各种挑战，西方国家对我国的质疑和敌视一直存在，由此导致我国的国际地位及国际话语权并不符合全球第二大经济体的地位。在这种情况下，我们应当提高核心价值观的国际影响力，旗帜鲜明地宣传核心价值观的先进性，揭露西方价值观的狭隘性和虚伪性。我们还要光明正大地向世界展现我国社会主义建设取得的伟大成功，展现社会主义制度的优越性，从而在提高我国国际地位的同时，面向世界、面向人类历史的未来发展方向，展现中国成就、中国力量、中国智慧，为国际问题的解决提供中国方案。

（三）始终与中国具体实际相结合是核心价值观实现社会伦理认同的根基

社会主义核心价值观实现广泛、彻底、持久的社会认同必须始终与中国具体实际相结合，这是马克思主义价值观实现社会认同给予我们的重要启示。

首先，社会主义核心价值观是在中国背景下构建的，具有典型的中国特色。我们党提炼和总结的社会主义核心价值观，不是一般的社会价值观，而是中国式的、中国语境下的核心价值观，也可以说是具有中国特色的核心价值观。核心价值观是对传统中国价值观的扬弃和发展。

比如，中华文化强调"民惟邦本"（《尚书·五子之歌》）、"和而不同"（《论语·子路》）；强调"天行健，君子以自强不息"（《周易·乾卦·象传》），"大道之行也，天下为公"（《礼记·礼运》）；强调"天下兴亡，匹夫有责"（《日知录·正始》），主张以德治国、以文化人；强调"君子喻于义"（《论语·里仁》）、"君子坦荡荡"（《论语·述而》）、"君子义以为质"（《论语·卫灵公》）；强调"言必信，行必果"（《论语·子路》），"人而无信，不知其可也"（《论语·为政》）；强调"德不孤，必有邻"（《论语·里仁》），"爱人者人恒爱之"（《孟子·离娄下》），"出入相友，守望相助"（《孟子·滕文公上》），"老吾老以及人之老，幼吾幼以及人之幼"（《孟子·梁惠王上》）等。

显然，社会主义核心价值观是中华民族传统文化的继承者，充分体现了中华优秀传统文化的特色。同时，核心价值观还是对马克思主义基本原理以及马克思主义中国化成果的继承和发展，体现了鲜明的时代特色。马克思主义中国化带有典型的中国特色，体现了马克思主义在中国应用的实践智慧，是核心价值观的重要理论根基。而且，具有中国特色的核心价值观还是对西方价值观的借鉴和超越，即对西方价值观中的合理因素加以借鉴，对其局限性进行批判，实现了对西方价值观的超越。可以说，核心价值观是带有中国特色，同时又具有科学性、先进性、世界性的价值体系。

其次，社会主义核心价值观的中国特色意味着开放与包容。社会主义核心价值观具有典型的中国特色，并不意味着就是固守中国特色始终不变，而是具有开放性与包容性，能够及时吸收世界文化中的先进元素，从而促进核心价值观在实践应用及理解解释上的不断完善。可以说，核心价值观具有宽广的胸怀和高瞻远瞩的目光，对于人类历史发展中创造的一切有益成果都加以吸收借鉴。

比如说，民主、法治、自由、人权、平等和博爱就并非资本主义所独有，而是在悠久的历史中形成的全人类共有的文明成果，是人类追求的价值观，也是社会主义核心价值观借鉴吸收的重要内容。面向世界，学习一切优秀文化，是中国文化的突出特点和优势，这种特色在当代应该坚持下去。改革开放以来，中国社会已经赶上了时代潮流，取得了长足的进步。不过在改革进入深水区的当下，借鉴世界上的一切优秀经验是非常必要的。因此，立足于中国特色社会主义建设，对世界上一切文化（包括西方资本主义文化）都予以批判性借鉴，而不是故步自封，这充分体现了核心价值观的时代性、进步性的科学本色。

再次，将核心价值观在政策制度层面体现出来，是实现社会认同的重要途径。正是因为核心价值观需要注重中国特色，因此要立足实践，把社会主义核心价值观转化为中国特色价值优势，并将其制度化。习近平总书记指出："核心价值观是文化软实力的灵魂、文化软实力建设的重点。"①换言之，文化软实力建设的背后一定要有意识形态及价值观上的硬要求，这就是社会主义核心价值观所要做的事情。让核心价值观制度化是社会主义建设的题中之义。

在这个制度化的过程中，要始终坚持"人民至上"的价值导向，将增进人民群众的福祉放在第一位。因此，我国的基本经济制度、政治制度和公共政策设计，都要努力满足人民群众的幸福需求。要跟随时代的变化而完善制度，新的制度和政策要符合社会主义核心价值观的要求，这样才能真正将人民幸福落到实处。法制建设是社会主义核心价值观落到实处的重要保障，因此要加强核心价值观在法律体系中的贯彻落实，为核心价值观的全面实施奠定法律基础。

还要动员最广泛的主力军，尤其是要强调领导干部的示范指导作用。实践社会主义核心价值观，领导干部与普通人既有共性，又有差异性。其共性在于，社会主义核心价值观是全体社会成员必须遵守和实践的价值观，领导干部无论地位多么突出，职务多么特殊，都是人民的一员，都应当恪守社会的基本价值观和核心价值观。其差异性在于，领导干部与普通人相比，承担着特殊的政治和社会责任。领导干部是社会风气的风向标，因此必须带头示范，严格履行自己的职责，从而推动核心价值观的践行。

又次，实现核心价值观的社会认同要注重使其习俗化。社会主义核心

---

① 习近平．习近平谈治国理政．北京：外文出版社，2014：163．

价值观是维护和体现大多数人根本利益的价值观，也是大多数人创造自己历史和幸福的价值观。因此，必须重视社会主义核心价值观的普及，并将其转化为人民群众喜闻乐见的风俗习惯。

"习俗移志，安久移质"（《荀子·儒效》），对于人民大众来说，风俗习惯是潜移默化影响其价值观的主要手段，因为价值观必须扎根于现实生活，反映人民群众的现实生活需求，通过适合人民群众接受的方式加以传播。在中国古代，"注错习俗，所以化性也"（《荀子·儒效》），风俗习惯被当作是"仁义德行常安之术"（《荀子·荣辱》），也正是通过政府的提倡以及风俗习惯的改变，使得传统中国"仁义礼智信"等核心价值观被引入家谱族规、学校教育以及百姓生活中，形成了广泛持续的社会认同。

在西方（如在美国），核心价值（自由、平等、人权、民主等）被载入就职演说、独立日演讲、公民教育、诗歌、国歌、宣誓和各种教义中。这些经验确实是值得我们借鉴的。因此，我们应当把社会主义核心价值观转化为社会公德、家庭美德、职业道德，同时加强家风、民风建设，从而全方面地融入人民生活，塑造良好社会风尚，引导人们形成对核心价值观的坚定信念，成为具有高尚道德情操的社会主义建设者和接班人。

最后，在国际社会上坚持中国特色，提升我国国际地位。坚持中国特色、坚持多边主义与反对霸权主义，对国内外非主流价值观的引领和包容并不矛盾，而是辩证统一的。越具有中国特色，才能越具有国际品质，才越能实现对国内外非主流价值观的引领和包容。

人类历史是一幅不同文明相互交流、互鉴、融合的宏伟画卷，是文化多元性发展的重要体现。文化多元的基础是文明的多样性。自人类产生以来，不同地域、不同民族孕育产生了多种多样的文明，并一直流传至今。在当今文化多元化的国际社会，要尊重文明的多样性，坚持文明的平等性，不同国家、民族之间的文明（文化）都应当是具有包容性的（以和为贵），这种包容并不是以某种文明（文化）为独一标准下的"齐同"，而是"和而不同"。因此，在这个作为人类命运共同体的国际社会中，不同文明（文化）之间虽然"异"，但不妨碍"和"，因此，"要尊重各种文明，平等相待，互学互鉴，兼收并蓄，推动人类文明实现创造性发展"①。《孟子·滕文公上》云："物之不齐，物之情也。"正如自然界的生物多样性一样，事物的千差万别本身就是客观规律的体现。

因此在国际社会中，根本不应当存在单一模式的文明（文化）或政治体制。一燕不成夏，一花不是春。文明的多样性、文化的多元化注定了在国际交往中必须坚持多边主义。这正如习近平总书记所说："要奉行双赢、多赢、共赢的新理念，扔掉我赢你输、赢者通吃的旧思维……在国际和区域层面建设全球伙伴关系，走出一条'对话而不对抗，结伴而不结盟'的国与国交往新路。大国之间相处，要不冲突、不对抗、相互尊重、合作共赢。大国与小国相处，要平等相待，践行正确义利观，义利相兼，义重于利。"②

单边主义恰恰是"利重于义"，因为单边主义将某个国家自身的利益凌驾于其他国家及国际法之上，为了自身的"利"而损人利己、见利忘义。时至今日，这种单边主义在国际社会上仍旧存在。因此，为了构建人类命运共同体，为了构建国际社会新秩序，就必须旗帜鲜明地反对单边主义。因此，习近平总书记在国际上一再强调："中国支持多边主义的决心不会改变。多边主义是维护和平、促进发展的有效路径……随着中国持续发展，中国支持多边主义的力度也将越来越大。"③ 自新中国成立以来，我国一直在国际社会中扮演着主张和平发展的重要角色，并在坚持文化多元、多边主义上做出了重大贡献。不管是在 20 世纪五六十年代的冷战时期，还是在改革开放之后，我国在国际社会中都一直主张尊重文化多元，不以意识形态为标准来处理国际关系，并在反对单边主义、霸权主义上立场坚定。

作为第一个在联合国宪章上签字的联合国初始成员国，我国在维护世界和平、调解国际争端、促进经济全球化和政治多极化等方面做出了巨大贡献。"中国将坚定维护以联合国为核心的国际体系，坚定维护以联合国

---

① 习近平. 携手构建合作共赢新伙伴 同心打造人类命运共同体：在第七十届联合国大会一般性辩论时的讲话. 人民日报，2015-09-29（2）.

② 同①.

③ 习近平. 共同构建人类命运共同体：在联合国日内瓦总部的演讲. 人民日报，2017-01-20（2）.

宪章宗旨和原则为基石的国际关系基本准则。"① 进入 21 世纪以来，为了维护这来之不易的总体和平，我国积极参与联合国的各项国际事务，积极推进国际法体系的建设，在不断扩大社会主义核心价值观世界影响力的同时坚持多边主义，坚持包容与开放，为世界的和平发展做出了巨大贡献。

综上所述，社会主义核心价值观具有内在的科学性、真理性，代表着先进文化的前进方向，能够实现国内外的广泛认同。从核心价值观对传统儒家价值观的扬弃来说，儒家价值观具有非常丰富的伦理道德内涵，传统社会也是一个伦理本位社会，这一点是值得核心价值观借鉴的。在传统社会，法律是一种辅助手段，主要的治理手段是道德。因此在传统社会，自天子以至于庶人，皆以道德修养为根本，"失德""缺德"被视为最大的错误，庶民失德就会遭到众人的鄙视和法律的惩罚，君主失德就可能面临罢黜或被民众推翻的危险。核心价值观在借鉴传统儒家价值观伦理认同的经验基础上，应当对自身进行道德化建设以实现社会的伦理认同。事实上，核心价值观本身就具有比较明显的伦理道德色彩，因为核心价值观中国家、社会、个人三个层面的内容都有伦理道德的色彩。譬如就"富强"而言，这看起来似乎不是一个典型的道德概念，实际上这是道德建设的根基。所谓"仓廪实而知礼节，衣食足而知荣辱"，经济基础决定上层建筑，没有富强的国家，人民幸福不可能实现，人民道德水准的普遍提高也很难实现。而且从当前我国社会的道德体系建设来说，也确实需要一个根本性的价值观引领，否则就很难建立起和社会主义现阶段相适应的道德体系。

当前，我国社会传统道德体系虽然有所恢复，但不可能恢复到传统社会那样的大一统状态，而且传统儒家价值观需要现代化转换和创新性发展，才有可能适应当代社会的需要。而且即便如此，传统儒家价值观依旧不可能成为当代中国的主流文化，因为时代已经完全变了，儒家价值观可以成为对主流价值文化的重要辅助和补充，但昔日荣光不可能再现。在这种情况下，社会主义核心价值观对以儒家价值观为代表的传统文化的引领就是非常必要的，以核心价值观为引领构建新时代的社会道德体系也是必

---

① 习近平. 共同构建人类命运共同体：在联合国日内瓦总部的演讲. 人民日报，2017 - 01 - 20 (2).

需的。

在以核心价值观为引领改造传统价值观，构建新时期社会道德体系的同时，对于近现代以来的西方价值观要加以规范引导，这既是完善我国现阶段道德体系的需要，也是维护我国文化安全的需要。

近现代以来的西方价值观确实有其合理性，其提出的自由、平等、民主、人权等价值奠定了西方价值观的根基，时至今日还在发挥着重要作用。但是近现代西方价值观的根基是个人主义，这和我国提倡的集体主义是相反的。而且，近现代以来的西方社会是资本主义社会，信奉的是资本逻辑，这很容易将看起来很美好的价值观进行改造，人的异化不可避免，自由、平等等价值观也会变得虚伪。所以，在构建新时代道德体系，扩大核心价值观社会认同的过程中，要对西方价值观等非主流文化进行规范和引领，借鉴吸收其合理性因素，对其不合理因素要加以批判。这对于当今我国社会尤其重要，因为西方价值观涉及的道德规范与中国传统以及马克思主张的共产主义道德都有着巨大不同，在社会上对人们的思想产生了重大影响，甚至严重影响到核心价值观的贯彻。所以要加强主流价值观（社会主义核心价值观）对非主流价值观（尤其是西方价值观）的引领、规范、控制，这样才能在全社会塑造正确的价值取向和良好风尚。

社会主义核心价值观是对马克思主义价值观的继承发展，是马克思主义价值观的当代形态。马克思主义价值观的先进性、科学性和中国特色，是核心价值观值得学习的重要内容，因此，核心价值观能够在扬弃传统儒家价值观、借鉴批判近现代以来西方价值观的基础上，学习马克思主义价值观的成功经验，实现新时期道德体系的构建和广泛认同。我们相信，通过核心价值观道德化的进程，能够将核心价值观的先进性充分发挥出来，能够实现核心价值观广泛、彻底、持久的社会认同。这既是核心价值观社会认同的需要，也是构建新时期社会主义道德体系的需要，更是提高我国的国际话语权和国际地位、实现民族复兴的需要。

参考文献

马克思恩格斯全集：第 2 卷．北京：人民出版社，1957.

马克思恩格斯全集：第 3 卷．北京：人民出版社，1960.

马克思恩格斯全集：第 6 卷．北京：人民出版社，1961.

马克思恩格斯全集：第 29 卷．北京：人民出版社，2020.

马克思恩格斯全集：第 34 卷．北京：人民出版社，1972.

马克思恩格斯全集：第 36 卷．北京：人民出版社，1975.

马克思恩格斯全集：第 38 卷．北京：人民出版社，1972.

马克思恩格斯全集：第 39 卷．北京：人民出版社，1974.

马克思恩格斯全集：第 44 卷．北京：人民出版社，2001.

马克思恩格斯选集：第 1 卷．北京：人民出版社，2012.

马克思恩格斯选集：第 2 卷．北京：人民出版社，1995.

马克思恩格斯选集：第 3 卷．北京：人民出版社，2012.

马克思恩格斯文集：第 1 卷．北京：人民出版社，2009.

马克思恩格斯文集：第 2 卷．北京：人民出版社，2009.

马克思恩格斯文集：第 9 卷．北京：人民出版社，2009.

马克思．资本论：第 1 卷．北京：人民出版社，2018.

马克思．1844 年经济学哲学手稿．北京：人民出版社，2018.

毛泽东选集：第 3 卷．北京：人民出版社，1991.

邓小平文选：第 2 卷．北京：人民出版社，1994.

邓小平文选：第 3 卷．北京：人民出版社，1993.

江泽民．在庆祝中国共产党成立八十周年大会上的讲话．人民日报，2001 - 07 - 02（1）．

胡锦涛．坚定不移沿着中国特色社会主义道路前进 为全面建成小康社会而奋斗：在中国共产党第十八次全国代表大会上的报告．北京：人民出版社，2012．

习近平．习近平谈治国理政：第 1 卷．北京：外文出版社，2014．

习近平．习近平谈治国理政：第 2 卷．北京：外文出版社，2017．

习近平．习近平谈治国理政：第 3 卷．北京：外文出版社，2020．

习近平．在纪念陈云同志诞辰 110 周年座谈会上的讲话．人民日报，2015 - 06 - 13（2）．

习近平．坚持中国特色社会主义教育发展道路 培养德智体美劳全面发展的社会主义建设者和接班人．人民日报，2018 - 09 - 11（1）．

习近平．携手构建合作共赢新伙伴 同心打造人类命运共同体：在第七十届联合国大会一般性辩论时的讲话．人民日报，2015 - 09 - 29（2）．

习近平．共同构建人类命运共同体：在联合国日内瓦总部的演讲．人民日报，2017 - 01 - 20（2）．

习近平．全面贯彻落实党的十八届六中全会精神 增强全面从严治党系统性创造性实效性．人民日报，2017 - 01 - 07（1）．

习近平．在庆祝中国共产党成立 95 周年大会上的讲话．人民日报，2016 - 07 - 02（2）．

习近平．决胜全面建成小康社会 夺取新时代中国特色社会主义伟大胜利：在中国共产党第十九次全国代表大会上的报告．人民日报，2017 - 10 - 28（1）．

中共中央文献研究室．习近平关于实现中华民族伟大复兴的中国梦论述摘编．北京：中央文献出版社，2013．

中共中央文献研究室．习近平关于社会主义文化建设论述摘编．北京：中央文献出版社，2017．

关于党内政治生活的若干准则．人民日报，1980 - 03 - 15（1）．

阿伦·布洛克．西方人文主义传统．董东山，译．北京：三联书店，1997．

爱默生．爱默生随笔．蒲隆，译．上海：上海译文出版社，2010.

奥古斯丁．上帝之城．王晓朝，译．北京：人民出版社，2006.

保罗·博格西昂．对知识的恐惧：反相对主义和建构主义．刘鹏博，译．南京：译林出版社，2015.

北京大学西语系资料组．从文艺复兴到十九世纪资产阶级文学家艺术家有关人道主义人性论言论选辑．北京：商务印书馆，1971.

北京大学哲学系外国哲学史教研室．古希腊罗马哲学．北京：商务印务馆，1982.

北京大学哲学系外国哲学史教研室．十八世纪法国哲学．北京：商务印书馆，1963.

北京大学哲学系外国哲学史教研室．西方哲学原著选读．北京：商务印书馆，1981.

边沁．政府片论．沈叔平，译．北京：商务印书馆，1995.

蔡德贵．当代伊斯兰阿拉伯哲学研究．北京：人民出版社，2001.

蔡元培．中国伦理学史．北京：商务印务馆，1999.

陈鼓应．老子注译及评介．北京：中华书局，1984.

陈少峰．中国伦理学史．北京：北京大学出版社，1997.

陈修斋，杨祖陶．欧洲哲学史稿．武汉：湖北人民出版社，1986.

程立显．伦理学与社会公正．北京：北京大学出版社，2002.

达尔文．人类的由来．潘光旦，胡寿文，译．北京：商务印书馆，1983.

戴康生，彭耀．宗教社会学．北京：社会科学文献出版社，2000.

戴茂堂，江畅．传统价值观念与当代中国．武汉：湖北人民出版社，2001.

弗洛姆．爱的艺术．刘福堂，译．桂林：广西师范大学出版社，2002.

弗洛姆．占有还是生存．关山，译．北京：三联书店，1989.

葛力．十八世纪法国哲学．北京：社会科学文献出版社，1991.

龚群．当代中国社会价值观调查研究．北京：北京师范大学出版社，2012.

郭齐勇．守先待后：文化与人生随笔．北京：北京师范大学出版社，2011.

黑格尔．法哲学原理．范扬，张企泰，译．北京：商务印书馆，1961.

霍尔巴赫．自然的体系：上卷．管士滨，译．北京：商务印书馆，1964.

季羡林．东方文化史话．合肥：黄山书社，1987.

加林．意大利人文主义．李玉成，译．北京：三联书店，1998.

江畅，戴茂堂，周海春，等．我国主流价值文化及其构建研究．北京：人民出版社，2013.

江畅，戴茂堂．西方价值观念与当代中国．武汉：湖北人民出版社，1997.

江畅，范蓉．论当代中国道德体系的构建．湖北大学学报（哲学社会科学版），2015（1）.

江畅，陶涛．应重视核心价值观社会认同的伦理研究．华中科技大学学报（社会科学版），2018（3）.

江畅，张媛媛．中国梦与中国价值．武汉：武汉出版社，2016.

江畅，周海春，徐瑾，等．当代中国主流价值文化及其构建．北京：科学出版社，2017.

江畅，周鸿雁．幸福与优雅．北京：人民出版社，2006.

江畅．比照与融通：当代中西价值哲学比较研究．武汉：湖北人民出版社，2010.

江畅．德性论．北京：人民出版社，2011.

江畅．论当代中国价值观．北京：科学出版社，2016.

江畅．论价值观与价值文化．北京：科学出版社，2014.

江畅．人民美好生活的内涵及实现条件．光明日报，2017－12－15（11）.

江畅．社会主义核心价值理念研究．北京：北京师范大学出版社，2012.

江畅．现代西方价值理论研究．西安：陕西师范大学出版社，1992.

江畅．现代西方价值哲学．武汉：湖北人民出版社，2003.

江畅．幸福与和谐．北京：科学出版社，2016.

江畅．自主与和谐：莱布尼茨形而上学研究．武汉：武汉大学出版社，1995．

康德．单纯理性限度内的宗教．李秋零，译．北京：中国人民大学出版社，2003．

康德．道德形而上学探本．唐钺，重译．北京：商务印务馆，1957．

康德．道德形而上学原理．苗力田，译．上海：上海人民出版社，2005．

康德．判断力批判．邓晓芒，译．北京：人民出版社，2002．

康德．实践理性批判．邓晓芒，译．北京：人民出版社，2003．

康德．实用人类学．邓晓芒，译．上海：上海人民出版社，2005．

克鲁泡特金．互助论：进化的一个要素．李平沤，译．北京：商务印书馆，1977．

梁漱溟．中国文化要义．上海：上海人民出版社，2011．

刘军宁．保守主义．北京：中国社会科学出版社，1998．

路德维希·冯·米瑟斯．自由而繁荣的国度．韩光明，等译．北京：中国社会科学出版社，1995．

罗伯特·诺奇克．无政府、国家与乌托邦．何怀宏，等译．北京：中国社会科学出版社，1991．

罗国杰．道德建设论．长沙：湖南人民出版社，1997．

罗国杰．伦理学．北京：人民出版社，1989．

洛朗·加涅宾．认识萨特．顾嘉琛，译．北京：三联书店，1988．

马向真．当代中国社会心态与道德生活状况研究报告．北京：中国社会科学出版社，2015．

麦特·里德雷．美德的起源：人类本能与协作的进化．刘珩，译．北京：中央编译出版社，2004．

尼科洛·马基雅维里．君主论．潘汉典，译．北京：商务印书馆，1985．

曲伟杰．道德相对主义的局限及其实践困境．伦理学研究，2018（5）．

萨特．存在与虚无．陈宣良，等译．北京：三联书店，1987．

沈善洪，王凤贤．中国伦理学说史：下卷．杭州：浙江人民出版社，1988.

施捷克里．布鲁诺传．侯焕闳，译．北京：三联书店，1986.

宋希仁．西方伦理思想史．北京：中国人民大学出版社，2010.

托克维尔．论美国的民主：下卷．董果良，译．北京：商务印书馆，1998.

托马斯·卡莱尔．论英雄、英雄崇拜和历史上的英雄业绩．周祖达，译．北京：商务印书馆，2005.

W. C. 丹皮尔．科学史：及其与哲学和宗教的关系．李珩，译．北京：商务印务馆，1975.

乌戈·齐柳利．柏拉图最精巧的敌人：普罗塔哥拉与相对主义的挑战．文学平，译．北京：中国人民大学出版社，2012.

王军．是非观的迷失与重构．探索与争鸣，2011（12）.

魏干．谁造就了"精致的利己主义者"．民主与科学，2012（2）.

休谟．人性论．关文运，译．北京：商务印书馆，1996.

徐瑾，戴茂堂．理性的彰显：批判性思维旨要．武汉：长江出版社，2018.

徐瑾．位格与完整：马里坦人道主义思想研究．北京：人民出版社，2014.

雅各布·布克哈特．意大利文艺复兴时期的文化．何新，译．北京：商务印书馆，2007.

亚里士多德．范畴篇　解释篇．方书春，译．上海：上海三联书店，1957.

亚里士多德．尼各马可伦理学．廖申白，译．北京：商务印书馆，2003.

亚里士多德．亚里士多德选集：形而上学卷．苗力田，编．北京：中国人民大学出版社，2000.

约翰·罗尔斯．正义论．何怀宏，等译．北京：中国社会科学出版社，1988.

约翰·洛克．政府论：下篇．叶启芳，翟菊农，译．北京：商务印书馆，1964.

约翰·穆勒. 功用主义. 唐钺，译. 北京：商务印书馆，1957.

约翰·穆勒. 功用主义. 徐大建，译. 上海：上海人民出版社，2008.

詹姆斯·C. 利文斯顿. 现代基督教思想：从启蒙运动到第二届梵蒂冈会议. 何光沪，译. 成都：四川人民出版社，1999.

张传有. 伦理学引论. 北京：人民出版社，2006.

张岱年. 中国哲学大纲. 北京：中国社会科学出版社，1982.

张世英. 论黑格尔的精神哲学. 上海：上海人民出版社，1986.

张锡勤，饶良伦，杨忠文. 中国近现代伦理思想史. 哈尔滨：黑龙江人民出版社，1984.

周辅成. 从文艺复兴到十九世纪资产阶级哲学家政治思想家有关人道主义人性论言论选辑. 北京：商务印书馆，1966.

后　记

　　核心价值观实现社会认同不仅是核心价值观自身的需要，也是构建新时代社会主义道德体系的需要。当前我国处于建设社会主义事业的伟大时期，道德体系的重建是一个非常重要的问题。道德体系的重建不是说当代中国没有道德规范，而是说没有适合当代中国的完美道德体系。实际上，当前我国社会上充斥着各种价值观，有着各种不同的道德规范，给人们的道德判断和行为规范方面造成了巨大困扰。在这种情况下，重新构建适合于当代我国社会主义建设所需的道德体系，并使之成为所有人普遍认同的主流文化是必要的。

　　在当前中国社会，除开社会主义道德规范（核心价值观）之外，西方价值观和中国传统价值观都有着重大影响。西方价值观主要指近现代以来西方国家奉行的价值体系，其主要内容是自由、平等、民主、人权等。这些价值观与西方社会的道德重建是密切相关的，也具有历史进步性。但是随着西方资本主义社会的发展，资本主义的顽瘴痼疾终究无法克服，于是人的异化也无法消除。这些看起来非常美好的价值观也变得虚伪不实。随着改革开放，国门打开，西方价值观涌入中国，对我国社会造成了巨大影响，对我国社会主义道德和价值体系造成了巨大冲击。再加上西方国家有意地将一些腐朽思想传入我国，对我国的社会风气造成了恶劣影响。在当前的全球互联网时代，要想杜绝西方价值观对我国的影响是不可能的，而且还可能导致文化上重新闭关锁国，而且这也是一种文化不自信的表现。真正的优秀的文化要经得起各种考验，正如中国共产党领导人民建立新中国所经历的艰难困苦一样，挑战和磨难是进步的必经之途。因此，对西方价值观的引领、规范、控制和利用是核心价值观的必要工作。

中国传统价值观以儒家价值观为核心，曾经沉寂了相当长的一段时间，如今在当代中国也开始逐步流行。当然，目前传统（儒家）价值观尚没有完成现代化转换和创新性发展，在社会上虽然有日益增强的影响，但其内容的相对陈旧（毕竟是产生于封建时代）使得其还没有更大的社会认同度。传统价值观的核心是整体主义，这一点和西方价值观所主张的个人主义是完全相反的，因此这两种价值观在社会上有明显冲突，由此也动摇了社会上人们的思想。当然，就整体主义这一特点来说，传统（儒家）价值观和社会主义文化是有契合性的，这也是传统价值观现代化转换和创新性发展的重要基础。不过，中国传统价值观需要社会主义核心价值观的引领。

社会主义核心价值观的道德化既是核心价值观提高自身社会认同的要求，也是构建新时代社会主义道德体系的要求。这首先要求对核心价值观进行理论上的转换。这种转换的首要之义是将核心价值观转化为道德理论，即从理论上论证核心价值观道德化的必要性、重要性及其目标。其次，从具体建设的角度来说，核心价值观应当转化为道德观念，或者说，道德观念的建立应当以核心价值观为引领。道德观念主要包括善恶观、是非观、美丑观、义利观等方面，这些观念与当前我国社会所面临的道德相对主义盛行、是非观迷失、美丑观错位、义利观失范等问题紧密相连。

正是因为当前社会上各种思潮的盛行，人们迷茫、困惑或选择错误，因此要以核心价值观为引领，树立正确的道德观念。树立了正确的道德观念之后，就要将其具体化，即将其转化为社会普遍认同的公共道德规范、家庭道德规范和职业道德规范。这三个领域是人们工作生活的最主要领域。因为在当前的公共领域中，不遵守社会公德的现象比较普遍；在家庭领域中，性自由泛滥、亲情腐败等现象屡见不鲜；在职业领域中，不敬业诚信以及职业腐败问题也比比皆是，因此要树立以集体主义为核心的公共道德规范，以平等和谐为核心的家庭道德规范，以敬业诚信为核心的职业道德规范。如果一个人长期遵守道德规范，那么就可以形成道德人格。当然，道德人格的形成还需要树立崇高的理想信念，这在当代社会也是一个值得重视的问题，很多人因为种种原因（尤其是"一切向钱看"思想的影响）导致理想信念的缺失。在崇高的理想信念的指引下，通过长期践行道德规范，遵守正确的行为准则，就可以形成优秀的人格品质。如果说在传统社会，君子是人格目标的话，那么在当代中国，成为道德模范就是重要目标。

社会主义核心价值观道德化还需要对中西方价值观实现社会认同的经验加以借鉴，这主要指中国传统儒家价值观、近现代西方价值观实现社会认同的经验借鉴。从历史发展的角度来说，中国传统儒家价值观经过一系列历史事件（典型者如董仲舒的"罢黜百家，独尊儒术"，以及唐宋之后儒家价值观成为官方学说），最终获得了传统社会广泛持久的认同，维系了封建王朝两千年的稳定。近现代西方价值观则在"文艺复兴""启蒙运动"以及两次世界大战等重大事件的推动下，其倡导的自由、平等、民主、人权、理性等思想逐渐成为西方社会的主流价值文化。历史的发展背后是文化的内在逻辑，即历史之所以会选择儒家价值观或近现代西方价值观，这不是一个偶然的、毫无规律的现象，而是历史发展的必然，这种必然性与儒家价值观或西方近现代价值观的逻辑合理性是密不可分的。这便是文化合理性的内在逻辑，也是核心价值观需要借鉴的重要内容。

但是，在当前我国社会，是不可能照搬中国传统儒家价值观的，因为时代不同；也不可能照搬西方价值观，因为这是地域和民族文化的不同。思想为主的传统儒家价值观实现社会认同给了我们有益启示，即伦理认同是实现社会普遍认同的重要途径，儒家价值观就是一种典型的道德学说。实现核心价值观的社会认同要慎重对待非主流文化，正如儒家价值观对其他外来价值观的包容和同化一样。我们还要认识到，实现普遍的社会伦理认同是一个历史进程，譬如儒家价值观直到孔子去世 300 年后才得以实现普遍的社会认同。西方近现代价值观实现社会认同给了我们有益启示，即从"资本逻辑"走向"人的逻辑"是实现社会认同的必然要求，资本逻辑只会导致人的异化，这就是最大的不道德；要注意核心价值观与西方普世价值观的根本区别，要警惕当前西方国家打着普世价值观的旗号对我国进行文化侵略；核心价值观的社会伦理认同要落脚于人民幸福，西方近现代价值观正是注重对个人权利的尊重从而获得了社会认同，我们要对其加以扬弃和超越，真正实现人民当家作主。

马克思主义价值观是社会主义核心价值观的重要指导原则，核心价值观也可以说是马克思主义价值观的现代形态。我们要学习马克思主义价值观实现社会认同的宝贵经验和有益启示，在坚持马克思主义指导的基础上继承和发扬马克思主义价值观，为社会主义核心价值观实现社会认同并走向世界打下基础。

最后，希望本书能够对促进社会主义核心价值观实现广泛而持久的社会认同，对构建和完善新时代社会主义道德体系能够有所裨益。

图书在版编目（CIP）数据

道德认同与价值认同：核心价值观的社会伦理认同
研究/徐瑾，江畅著 . -- 北京：中国人民大学出版社，
2023.4
（当代中国社会道德理论与实践研究丛书/吴付来
主编 . 第二辑）
ISBN 978-7-300-31526-3

Ⅰ.①道… Ⅱ.①徐… ②江… Ⅲ.①社会公德－研
究－中国 Ⅳ.①B824

中国国家版本馆 CIP 数据核字（2023）第 044644 号

国家出版基金项目
当代中国社会道德理论与实践研究丛书·第二辑
主编 吴付来
道德认同与价值认同：核心价值观的社会伦理认同研究
徐瑾 江畅 著
Daode Rentong yu Jiazhi Rentong：Hexin Jiazhiguan de Shehui Lunli Rentong Yanjiu

出版发行	中国人民大学出版社				
社 址	北京中关村大街 31 号		**邮政编码**	100080	
电 话	010 - 62511242（总编室）		010 - 62511770（质管部）		
	010 - 82501766（邮购部）		010 - 62514148（门市部）		
	010 - 62515195（发行公司）		010 - 62515275（盗版举报）		
网 址	http://www.crup.com.cn				
经 销	新华书店				
印 刷	涿州市星河印刷有限公司				
规 格	160 mm×230 mm 16 开本		**版 次**	2023 年 4 月第 1 版	
印 张	16 插页 3		**印 次**	2023 年 4 月第 1 次印刷	
字 数	241 000		**定 价**	69.00 元